2026 임용 전공물리 **Master Key** 시리즈

박문각 임용 동영상강의 www.pmg.co.kr

박문각

P H Y S I C S

정승현
고전역학 전자기학

정승현 편저

PREFACE

머리말

고전역학의 탄생은 뉴턴으로부터 시작되었습니다. 경험주의 철학의 부분적 지류로써의 과학을 하나의 학문으로 탄생시킨 계기를 마련해줍니다. 경험과 추상적 해석이 아닌 가설에 의한 예측 및 실험적 증명으로 기존 관측적 데이터의 타당성을 이끌어 내게 됩니다. 케플러와 그의 스승인 티코 브라헤가 수십 년간 행성을 관측하여 행성 법칙을 정립해 나갔는데, 뉴턴은 중력의 가설과 미적분의 고안으로 수식적으로 아름답게 증명해버립니다. 이는 이유를 알 수 없는 귀납적 추론이 아닌 가설에 의해 자연을 보다 더 심도있게 이해하는 시야를 선사해줍니다. 나아가 미적분의 탄생은 전혀 다른 양들의 연결고리로 실체를 구조화해 나가게 됩니다. 시간에 따른 위치변화를 속도로, 그리고 속도의 변화를 가속도라는 물리량으로 점차 확장시킵니다. 이로써 우리는 물체에 어떠한 힘이 작용할 때 초기 위치와 속도의 정보가 주어지면 임의의 시간에 위치와 속도 물리량을 모두 알 수 있다는 고전역학의 핵심에 도달하게 됩니다.

전자기학은 힘의 개념을 장(場)으로 확장하는 계기를 마련해줍니다. 고전역학에서 중력이 작용하는 공간을 중력장이라 하면, 전자기학은 전하에 의한 힘이 작용하는 공간을 전기장, 자기적 성질에 의한 힘이 작용하는 공간을 자기장으로 정의해나갑니다. 그리고 힘을 장의 개념으로 구조화해서 이해하게 됩니다. 나아가 다양한 실험법칙을 맥스웰이 수식적으로 통합시켜 결국 빛이 전자기파 현상임을 밝히게 됩니다. 이후 전자기 파동방정식에서 빛의 속력이 관측자에 무관하게 상수라는 사실을 확인하게 되는데, 이것이 고전역학의 완벽성의 종말과 동시에 특수 상대론의 탄생을 돕는 산파적 역할을 하게 됩니다.

과학은 세계관 속에서 완벽을 추구하고 점차 새로운 것의 발견으로 보완되거나 발전해나가는 여정 속에 있습니다.

그리고 어떠한 제한 조건 속에서 고전역학과 전자기학이 의미를 갖게 되므로 우리는 이를 배우고 익히게 됩니다. 특수 상대론의 탄생으로 고전역학이 엄밀하게 틀렸음을 알게 되었지만, 우리는 속력이 작은 세계에서는 고전역학의 효능성을 무시할 수 없습니다. 제가 이해하는 고전역학과 전자기학의 이면을 취지에 맞게 기술하였습니다. 이 책을 경험하는 분께 도움이 되길 바랍니다.

저자 정승현

GUIDE 가이드 물리에 필요한 수학

1. 벡터 및 좌표계

(1) 두 벡터의 내적(Inner product, scalar product, dot product)

두 벡터 $\vec{a}$, $\vec{b}$의 내적은 다음과 같이 정의된다.

$$\vec{a} = (a_1,\ a_2),\ \vec{b} = (b_1,\ b_2)$$

$$\vec{a} \quad \vec{b} \equiv |\vec{a}||\vec{b}|cos(\theta) = a_1b_1 + a_2b_2$$

벡터의 내적은 상대벡터로 연직선을 그렸을 때 두 벡터의 수평성분의 곱이다.

(2) 두 벡터의 외적(vector product, cross product)

두 벡터 $\vec{a}$, $\vec{b}$의 외적은 다음과 같이 정의된다.

$$\vec{a}\times\vec{b} \equiv |\vec{a}||\vec{b}|sin(\theta)\vec{n}$$

$$\vec{a}\times\vec{b} = \begin{vmatrix} \hat{x} & \hat{y} & \hat{z} \\ a_x & a_y & a_z \\ b_x & b_y & b_z \end{vmatrix} = (a_yb_z - a_zb_y)\hat{x} + (a_zb_x - a_xb_z)\ \hat{y} + (a_xb_y - a_yb_x)\hat{z}$$

벡터의 외적은 두 벡터가 이루는 평행사변형의 넓이와 방향은 평행사변형과 수직한 방향이다. 회전 파트에서 주로 사용된다.

(3) 좌표계

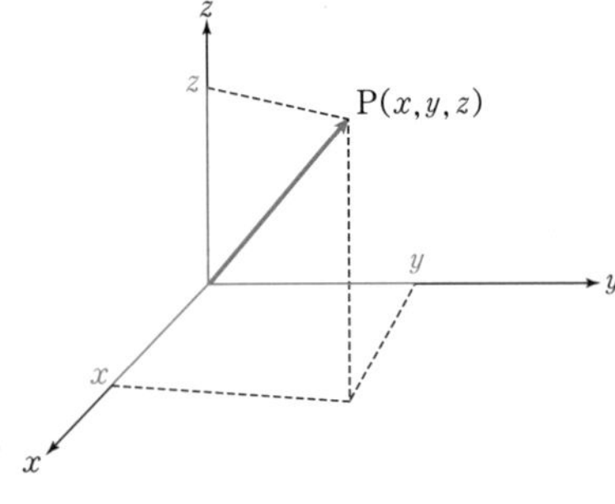

① 직교 좌표계: x, y, z축 각 수직을 이루는 3차원 일반적인 좌표계이다. 평행이동 대칭성이 있어서 일반적인 병진운동에서 많이 활용된다.

직교 좌표계는 회전 대칭성과는 별개로 평행이동 대칭성을 관계에 있으므로 단위벡터를 시간에 대해 미분한 값 즉, $\frac{d\hat{x}}{dt} = \frac{d\hat{y}}{dt} = \frac{d\hat{z}}{dt} = 0$

- 단위벡터: $\hat{x},\ \hat{y},\ \hat{z}$
- 위치, 속도, 가속도

$$\vec{s} = \overrightarrow{OP} = (x,\ y,\ z) = x\hat{x} + y\hat{y} + z\hat{z}$$

$$\vec{v} = \frac{d\vec{s}}{dt} = (v_x,\ v_y,\ v_z) = \dot{x}\hat{x} + \dot{y}\hat{y} + \dot{z}\hat{z}$$

$$\vec{a} = \frac{d^2\vec{s}}{dt^2} = (a_x,\ a_y,\ a_z) = \ddot{x}\hat{x} + \ddot{y}\hat{y} + \ddot{z}\hat{z}$$

- 미소 부피: $dV = dxdydz$

② **원통형 좌표계**: ρ, ϕ, z축 각 수직을 이루는 3차원 좌표계이다. x, y평면 회전 대칭성 및 z축 평행이동 대칭성이 있다.

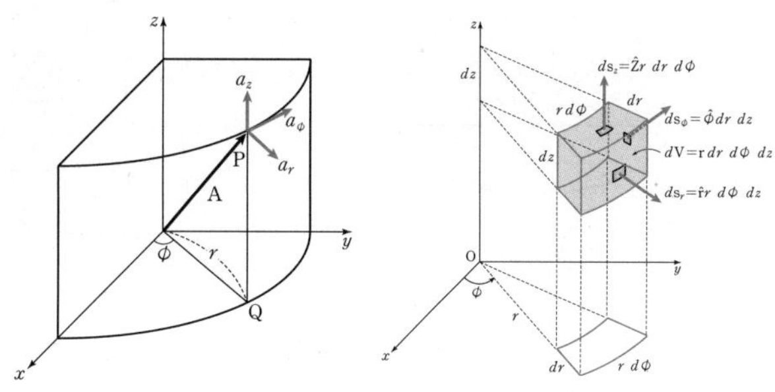

- **단위벡터** $\hat{\rho}, \hat{\phi}, \hat{z}$: 원통형 좌표계에서 단위벡터 $\hat{\rho}$, $\hat{\phi}$는 회전 대칭성을 가지므로 회전하게 되면 시간에 따라 단위벡터의 방향이 바뀌게 된다. 즉, 시간에 대한 상수가 아니다.

- **위치, 속도, 가속도**

$$\vec{s} = \overrightarrow{OP} = (x,\ y,\ z) = (\rho\cos\phi,\ \rho\sin\phi,\ z) = \vec{\rho} + \vec{z} = \rho\hat{\rho} + z\hat{z}$$
$$\frac{d\vec{s}}{dt} = (\dot{\rho}cos\phi - \rho\dot{\phi}\sin\phi,\ \dot{\rho}\sin\phi + \rho\dot{\phi}\cos\phi,\ \dot{z}) = \dot{\rho}\hat{\rho} + \rho\dot{\phi}(-\sin\phi, \cos\phi) + \dot{z}\hat{z}$$
$$\vec{v} = \frac{d\vec{s}}{dt} = \frac{d}{dt}(\vec{\rho} + \vec{z}) = \frac{d}{dt}(\rho\hat{\rho} + z\hat{z}) = \dot{\rho}\hat{\rho} + \rho\dot{\hat{\rho}} + \dot{z}\hat{z}$$
$$\vec{v} = \frac{d\vec{s}}{dt} = (v_\rho, v_\phi, v_z) = \dot{\rho}\hat{\rho} + \rho\dot{\phi}\hat{\phi} + \dot{z}\hat{z}$$
$$\therefore \dot{\hat{\rho}} = \dot{\phi}\hat{\phi}$$
$$\hat{\phi} = (-\sin\phi,\ \cos\phi)$$
$$\dot{\hat{\phi}} = \dot{\phi}(-\cos\phi,\ -\sin\phi) = -\dot{\phi}\hat{\rho}$$
$$\vec{a} = (a_\rho,\ a_\phi,\ a_z) = \frac{d}{dt}(\dot{\rho}\hat{\rho} + \rho\dot{\phi}\hat{\phi} + \dot{z}\hat{z})$$
$$= \ddot{\rho}\hat{\rho} + \dot{\rho}\dot{\hat{\rho}} + \dot{\rho}\dot{\phi}\hat{\phi} + \rho\ddot{\phi}\hat{\phi} + \rho\dot{\phi}\dot{\hat{\phi}} + \ddot{z}\hat{z}$$
$$= (\ddot{\rho} - \rho\dot{\phi}^2)\hat{\rho} + (\rho\ddot{\phi} + 2\dot{\rho}\dot{\phi})\hat{\phi} + \ddot{z}\hat{z}$$

- **미소 부피**: $dV = d\rho(\rho d\phi)dz = \rho\, d\rho d\phi dz$

③ 구면 좌표계: r, θ, ϕ축 각 수직을 이루는 3차원 좌표계이다. ϕ, θ회전 대칭성이 있다.

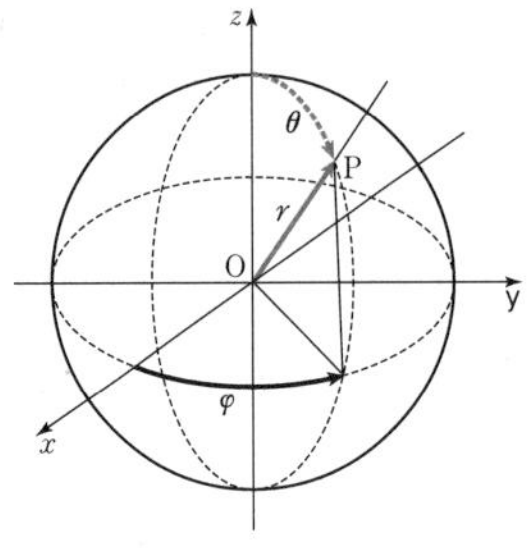

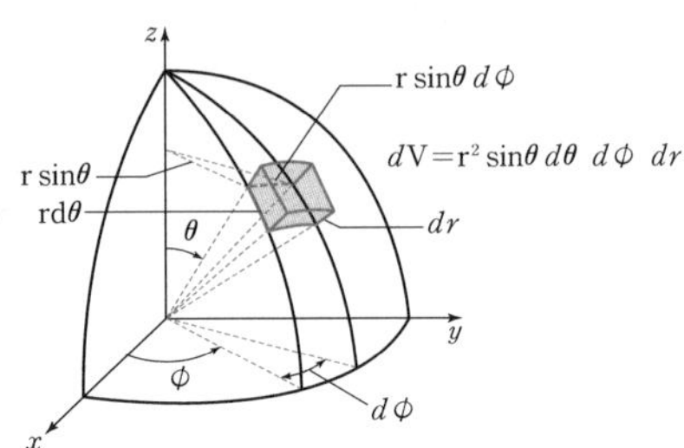

- 단위벡터: r, $\hat{\theta}$, $\hat{\phi}$구면 좌표계에서 $\hat{r}$, $\hat{\theta}$, $\hat{\phi}$는 회전 대칭성을 가지므로 회전하게 되면 시간에 따라 단위벡터의 방향이 바뀌게 된다. 즉, 시간에 대한 상수가 아니다.
- 위치, 속도

$$\vec{s} = \overrightarrow{OP} = (x,\ y,\ z) = (r\sin\theta\cos\phi,\ r\sin\theta\sin\phi,\ r\cos\theta) = r\hat{r}$$

$$\frac{d\vec{s}}{dt} = (\dot{r}\sin\theta\cos\phi + r\dot{\theta}\cos\theta\cos\phi - r\dot{\phi}\sin\theta\sin\phi, \dot{r}\sin\theta\sin\phi + r\dot{\theta}\cos\theta\sin\phi + r\dot{\phi}\cos\phi,\ \dot{r}\cos\theta - r\dot{\theta}\sin\theta)$$

$$= \dot{r}\hat{r} + r\sin\theta\,\dot{\phi}(-\sin\phi, \cos\phi, 0) + r\dot{\theta}(\cos\theta\cos\phi, \cos\theta\sin\phi, -\sin\theta)$$

$$\vec{v} = \frac{d\vec{s}}{dt} = \dot{r}\hat{r} + r\dot{\hat{r}}$$

$$\vec{v} = \frac{d\vec{s}}{dt} = (v_r,\ v_\theta,\ v_\phi) = \dot{r}\hat{r} + r\dot{\theta}\hat{\theta} + r\sin\theta\dot{\phi}\hat{\phi}$$

$$\therefore\ \dot{\hat{r}} = \dot{\theta}\hat{\theta} + \sin\theta\dot{\phi}\hat{\phi}$$

- 미소 부피: $dV = dr(r\sin\theta d\phi)rd\theta = r^2\sin\theta\, drd\theta d\phi$

2. 미적분 공식

(1) 3차원 미분 연산자 ▽

① $gradient\ \vec{\nabla} f$: 기하적 의미는 특정 좌표에서 기울기를 의미한다.

- 직교좌표계(x, y, z): $\nabla f = \left(\frac{\partial f}{\partial x},\ \frac{\partial f}{\partial y},\ \frac{\partial f}{\partial z}\right)$
- 원통좌표계(ρ, ϕ, z): $\nabla f = \left(\frac{\partial f}{\partial \rho},\ \frac{1}{\rho}\frac{\partial f}{\partial \phi},\ \frac{\partial f}{\partial z}\right)$
- 구면좌표계(r, θ, ϕ): $\nabla f = \left(\frac{\partial f}{\partial r},\ \frac{1}{r}\frac{\partial f}{\partial \theta},\ \frac{1}{r\sin\theta}\frac{\partial f}{\partial \phi}\right)$

② Divergence $\vec{\nabla}\cdot\vec{F}$: 기하학적 의미는 특정 좌표계에서 각 좌표축 방향으로 이동 성분을 의미한다. 즉, 중심에 대해 퍼져나가는 성분을 말한다.

- 직교좌표계$(x,\ y,\ z)$: $\nabla\cdot F=\dfrac{\partial F_x}{\partial x}+\dfrac{\partial F_y}{\partial y}+\dfrac{\partial F_z}{\partial z}$
- 원통좌표계$(\rho,\ \phi,\ z)$: $\nabla\cdot F=\dfrac{1}{\rho}\dfrac{\partial}{\partial\rho}(\rho F_\rho)+\dfrac{1}{\rho}\dfrac{\partial F_\phi}{\partial\phi}+\dfrac{\partial F_z}{\partial z}$
- 구면좌표계$(r,\ \theta,\ \phi)$: $\nabla\cdot F=\dfrac{1}{r^2}\dfrac{\partial}{\partial r}(r^2F_r)+\dfrac{1}{r\sin\theta}\dfrac{\partial}{\partial\theta}(\sin\theta F_\theta)+\dfrac{1}{r\sin\theta}\dfrac{\partial F_\phi}{\partial\phi}$

③ Curl $\vec{\nabla}\times\vec{F}$: 기하적 의미는 특정 좌표계에서 각 좌표축을 회전축으로 회전 성분을 의미한다. 즉, 중심에 대해 회전 성분을 말한다.

- 직교좌표계$(x,\ y,\ z)$

$$\nabla\times F=\begin{vmatrix}\hat{x} & \hat{y} & \hat{z}\\ \dfrac{\partial}{\partial x} & \dfrac{\partial}{\partial y} & \dfrac{\partial}{\partial z}\\ F_x & F_y & F_z\end{vmatrix}=\left(\frac{\partial F_z}{\partial y}-\frac{\partial F_y}{\partial z},\ \frac{\partial F_x}{\partial z}-\frac{\partial F_z}{\partial x},\ \frac{\partial F_y}{\partial x}-\frac{\partial F_x}{\partial y}\right)$$

- 원통좌표계$(\rho,\ \phi,\ z)$

$$\nabla\times F=\frac{1}{\rho}\begin{vmatrix}\hat{\rho} & \rho\hat{\phi} & \hat{z}\\ \dfrac{\partial}{\partial\rho} & \dfrac{\partial}{\partial\phi} & \dfrac{\partial}{\partial z}\\ F_\rho & \rho F_\phi & F_z\end{vmatrix}=\left(\frac{1}{\rho}\frac{\partial F_z}{\partial\phi}-\frac{\partial F_\phi}{\partial z}\right)\hat{\rho}+\left(\frac{\partial F_\rho}{\partial z}-\frac{\partial F_z}{\partial\rho}\right)\hat{\phi}+\left(\frac{1}{\rho}\frac{\partial}{\partial\rho}(\rho F_\phi)-\frac{1}{\rho}\frac{\partial F_\rho}{\partial\phi}\right)\hat{z}$$

- 구면좌표계$(r,\ \theta,\ \phi)$

$$\nabla\times F=\frac{1}{r^2\sin\theta}\begin{vmatrix}\hat{r} & r\hat{\theta} & r\sin\theta\hat{\phi}\\ \dfrac{\partial}{\partial r} & \dfrac{\partial}{\partial\theta} & \dfrac{\partial}{\partial\phi}\\ F_r & rF_\theta & (r\sin\theta)F_\phi\end{vmatrix}$$

$$=\frac{1}{r\sin\theta}\left[\frac{\partial}{\partial\theta}(\sin\theta F_\phi)-\frac{\partial F_\theta}{\partial\phi}\right]\hat{r}+\frac{1}{r}\left[\frac{1}{\sin\theta}\frac{\partial F_r}{\partial\phi}-\frac{\partial}{\partial r}(rF_\phi)\right]\hat{\theta}+\frac{1}{r}\left[\frac{\partial}{\partial r}(rF_\theta)-\frac{\partial F_r}{\partial\theta}\right]\hat{\phi}$$

(2) 가우스 발산 법칙

$$\int\vec{\nabla}\cdot\vec{F}dV=\int\vec{F}\cdot d\vec{S}$$

가우스 발산 법칙은 벡터장 $\vec{F}$의 발산, 즉 뻗어나가는 성분을 알아내는데 사용된다.

(3) 스토크스 법칙

$$\int(\vec{\nabla}\times\vec{F})\cdot\ d\vec{S} = \int\vec{F}\cdot d\vec{l}$$

스토크스 법칙은 벡터장 $\vec{F}$의 회전 성분을 알아내는데 사용된다.

3. 행렬

1차식 $x+by=m,\ cx+dy=n$일 때 행렬로 표현하면

$$\begin{pmatrix} a & b \\ c & d \end{pmatrix}\begin{pmatrix} x \\ y \end{pmatrix} = \begin{pmatrix} m \\ n \end{pmatrix} \rightarrow \begin{pmatrix} x \\ y \end{pmatrix} = \begin{pmatrix} a & b \\ c & d \end{pmatrix}^{-1}\begin{pmatrix} m \\ n \end{pmatrix}$$

$$\begin{pmatrix} x \\ y \end{pmatrix} = \frac{1}{ad-bc}\begin{pmatrix} d & -b \\ -c & a \end{pmatrix}\begin{pmatrix} m \\ n \end{pmatrix}$$

복잡한 1차 방정식의 해를 동시에 구하거나 해의 존재성을 판명할 때 사용된다.

※ 회전 변환

$$\begin{pmatrix} x' \\ y' \end{pmatrix} = \begin{pmatrix} \cos\theta & -\sin\theta \\ \sin\theta & \cos\theta \end{pmatrix}\begin{pmatrix} x \\ y \end{pmatrix}$$

▲ 점의 회전 변환

$$\begin{pmatrix} x' \\ y' \end{pmatrix} = \begin{pmatrix} \cos\theta & \sin\theta \\ -\sin\theta & \cos\theta \end{pmatrix}\begin{pmatrix} x \\ y \end{pmatrix}$$

▲ 좌표축의 회전 변환

4. 삼각함수 공식

(1) 피타고라스 정리

- $\cos^2\theta + \sin^2\theta = 1$
- $1+\tan^2\theta = \sec^2\theta$
- $1+\cot^2\theta = \mathrm{cosec}^2\theta$

(2) 삼각함수 합차 공식

- $\sin(\alpha+\beta) = \sin\alpha\cos\beta + \cos\alpha\sin\beta$
- $\sin(\alpha-\beta) = \sin\alpha\cos\beta - \cos\alpha\sin\beta$
- $\cos(\alpha+\beta) = \cos\alpha\cos\beta - \sin\alpha\sin\beta$
- $\cos(\alpha-\beta) = \cos\alpha\cos\beta + \sin\alpha\sin\beta$
- $\tan(\alpha+\beta) = \dfrac{\tan\alpha + \tan\beta}{1-\tan\alpha\tan\beta}$
- $\tan(\alpha-\beta) = \dfrac{\tan\alpha - \tan\beta}{1+\tan\alpha\tan\beta}$

(3) 삼각함수 두배각 공식

- $\sin2\theta = 2\sin\theta\cos\theta$
- $\cos2\theta = \cos^2\theta - \sin^2\theta$
  $= 2\cos^2\theta - 1$
  $= 1 - 2\sin^2\theta$
- $\tan2\theta = \dfrac{2\tan\theta}{1-\tan^2\theta}$

(4) 삼각함수 반각 공식

- $\cos^2\theta = \dfrac{1+\cos2\theta}{2}$
- $\sin^2\theta = \dfrac{1-\cos2\theta}{2}$

(5) 삼각함수 합성 공식

- $\sin A + \sin B = 2\sin\left(\dfrac{A+B}{2}\right)\cos\left(\dfrac{A-B}{2}\right)$
- $\sin A - \sin B = 2\cos\left(\dfrac{A+B}{2}\right)\sin\left(\dfrac{A-B}{2}\right)$
- $\cos A + \cos B = 2\cos\left(\dfrac{A+B}{2}\right)\cos\left(\dfrac{A-B}{2}\right)$
- $\cos A - \cos B = -2\sin\left(\dfrac{A+B}{2}\right)\sin\left(\dfrac{A-B}{2}\right)$

CONTENTS

차례

Part 01 고전역학

Part 02 전자기학

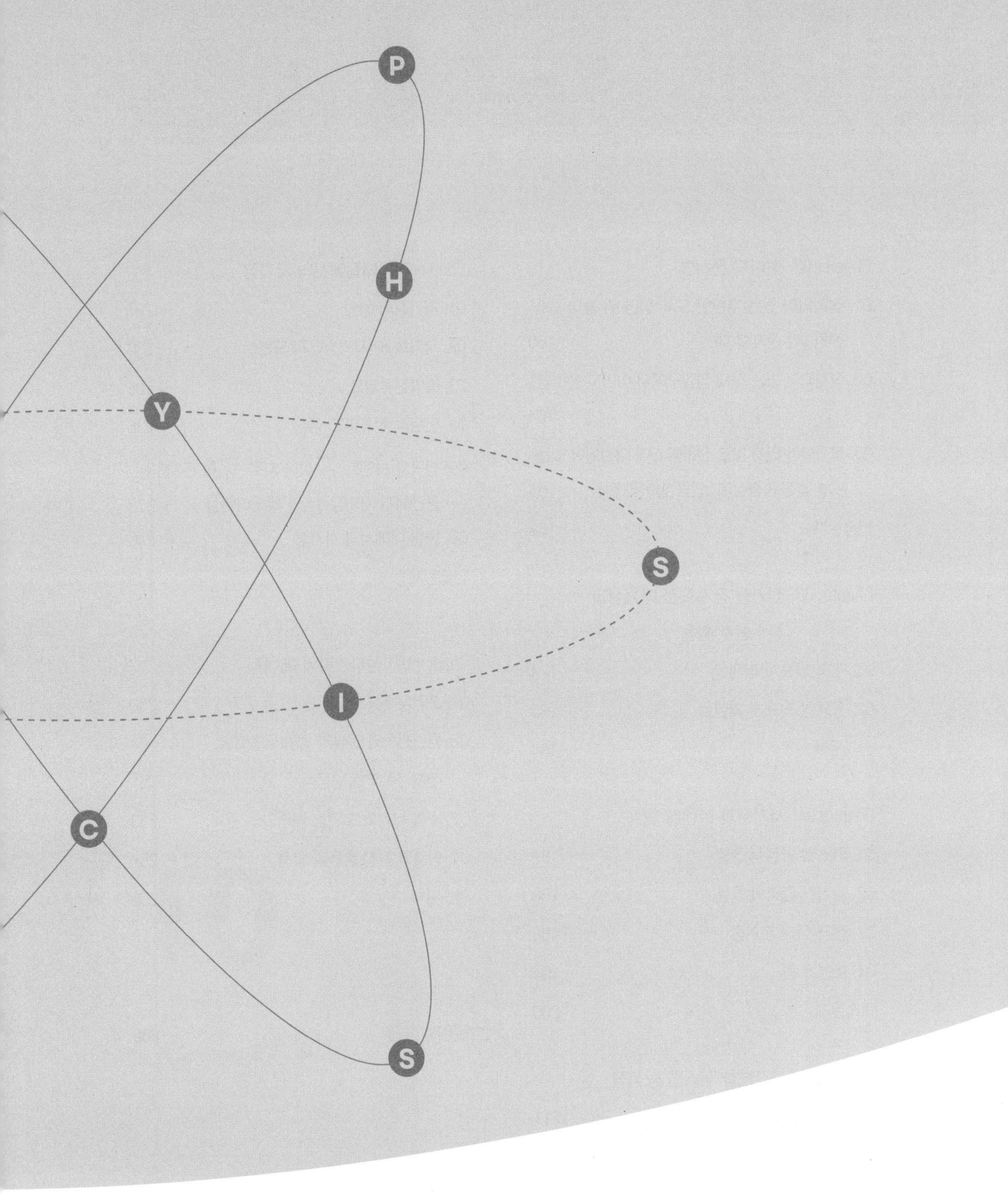

정승현
고전역학
전자기학

Part

01

고전역학

Chapter 01 심화 운동방정식

Chapter 02 회전좌표계 역학과 중력장 운동

Chapter 03 라그랑지안 역학 기본

Chapter 04 라그랑지안 역학 응용 - 구름 운동과 용수철 운동

Chapter 05 라그랑지안 역학 - 정상 모드 진동

Chapter 01

심화 운동방정식

일반물리에서는 가속도의 크기가 상수인 것을 다루었다면 심화역학에서는 가속도가 시간에 따라 변하는 것을 다룬다. 이는 운동방정식을 정의하여 미적분으로 해결한다.

$\Sigma\vec{F}=m\vec{a}$: 운동방정식 $\vec{a}(t),\ \vec{v}(t),\ \vec{s}(t)$: t는 역학적 변수

01 외력 $F(x)$가 위치 x에만 의존하는 경우

운동방정식 $m\dfrac{d^2x}{dt^2}=F(x)$

물리적 예시는 보존력인 용수철 운동과 비보존력인 마찰력이 존재하는 공간으로 진입할 때가 있다.

1. 용수철 운동 $F(x)=-kx$

$$m\frac{d^2x}{dt^2}=-kx \;\Rightarrow\; m\frac{d^2x}{dt^2}+kx=0$$

이 경우는 일반물리에서 배운 것처럼 단순 조화 운동으로 해는 $x(t)=A\sin(\omega t+\phi)$이고, $\omega=\sqrt{\dfrac{k}{m}}$ 이다.

여기서 A와 ϕ는 초기조건(초기 위치, 초기 속도)에 의해 결정이 된다.

2. 마찰력 $F(x)=-kx$ 로 존재하는 경우

이 경우는 해의 형태는 동일하지만 비보존력이므로 진동하지 않고 역학적 에너지가 보존되지 않는 차이점이 있다.

예제 1 길이 L의 균일한 막대는 부드럽고 마찰이 없는 수평면을 따라 일정한 속력 v로 미끄러져 움직인다. 그런 다음 막대는 막대와 표면 사이의 운동 마찰 계수 μ_k인 마찰면에 입사되어 막대의 길이 L만큼 움직인 다음 정지하였다.

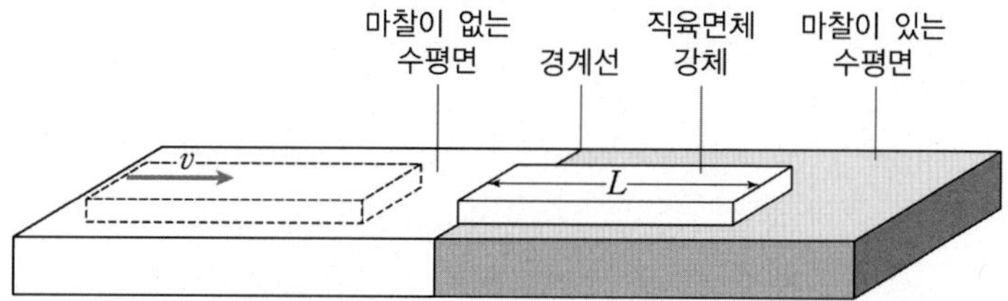

막대가 마찰면에 길이 x만큼 들어갔을 때 마찰면에서 막대의 가속도 크기 $|a|$를 구하시오. 또한 막대의 초기 속력 v를 구하시오. (단, 중력 가속도의 크기는 g이다.)

정답 1) $|a| = \frac{\mu_k g}{L}x$, 2) $v = \sqrt{\mu_k g L}$

풀이

1) 막대의 질량을 M이라 하면, 마찰면에 길이 x만큼 들어갔을 때 마찰력으로 작용하는 수직항력 $N = Mg\frac{x}{L}$이다.

$$M\frac{d^2x}{dt^2} = -\mu_k N = -\mu_k\frac{Mg}{L}x$$

가속도는 $a = -\frac{\mu_k g}{L}x$이므로 가속도의 크기 $|a| = \frac{\mu_k g}{L}x$

2) 운동방정식 $\frac{d^2x}{dt^2} + \frac{\mu_k g}{L}x = 0$이므로 해는 $x(t) = A\sin(\omega t + \phi)$이다. 그리고 $v(t) = A\omega\cos(\omega t + \phi)$, $\omega = \sqrt{\frac{\mu_k g}{L}}$이다. $t = 0$일 때 초기 속력 v이고, 최대 속력이므로 $v(t=0) = A\omega$이고, $\phi = 0$이다. 그리고 정지할 때는 $v(t = t_0) = 0$이므로 $\omega t_0 = \frac{\pi}{2}$이다. $x(t_0) = A\sin(\omega t_0) = A = L$이므로, $v = A\omega = L\sqrt{\frac{\mu_k g}{L}} = \sqrt{\mu_k g L}$이다.

※ 다른 풀이

① chain rule

$$\frac{d^2x}{dt^2} = -\frac{\mu_k g}{L}x \Rightarrow \frac{dv}{dt} = -\frac{\mu_k g}{L}x$$

$$\frac{dv}{dt}\frac{dx}{dx} = v\frac{dv}{dx} = -\frac{\mu_k g}{L}x$$

$$\Rightarrow v\,dv = -\frac{\mu_k g}{L}x\,dx$$

$$\int_v^0 v\,dv = -\frac{\mu_k g}{L}\int_0^L x\,dx$$

$$\therefore v = \sqrt{\mu_k g L}$$

② 일과 에너지 정리

초기 운동에너지가 모두 마찰력에 의한 소비 에너지로 전환된다.

$$\frac{1}{2}Mv^2 = \int_0^L |F(x)|\,dx = \int_0^L \frac{\mu_k Mg}{L}x\,dx = \frac{1}{2}\mu_k MgL$$

$$\therefore v = \sqrt{\mu_k g L}$$

3. 길이가 L 이고 질량이 M인 밀도가 균일한 줄의 낙하 운동

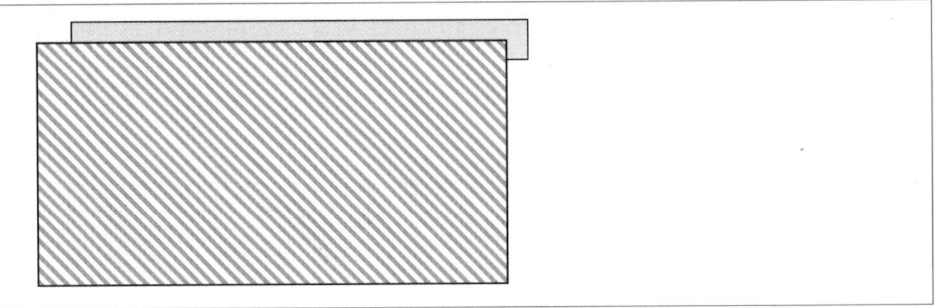

수평면에서 이동하여 연직 방향의 줄의 길이가 x라 하면 운동방정식은 다음과 같다.

$$M\frac{d^2x}{dt^2}=\frac{Mg}{L}x \Rightarrow \frac{d^2x}{dt^2}=\frac{g}{L}x$$

해는 $x(t)=Ae^{\sqrt{\frac{g}{L}}t}+Be^{-\sqrt{\frac{g}{L}}t}$ 여기서 A, B는 초기조건에 의해 결정이 된다. 예를 들어 초기 $x(t=0)=\frac{L}{2}$ 인 정지 상태에서 출발한다고 하면, $x(t)=\frac{L}{2}\cosh\left(\sqrt{\frac{g}{L}}t\right)$이다. 만약 $x=L$이 될 때 속력을 구하라고 하면 chain rule을 사용하는 것이 편리하다.

$$\frac{dv}{dt}=\frac{g}{L}x \Rightarrow v\frac{dv}{dx}=\frac{g}{L}x$$

$$v\,dv=\frac{g}{L}x\,dx$$

$$\int_0^v v\,dv=\frac{g}{L}\int_{L/2}^{L}x\,dx$$

$$\therefore v=\sqrt{\frac{3gL}{4}}$$

02 외력 $F(v)$가 속도 v에만 의존하는 경우

운동방정식 $m\frac{dv}{dt}=F(v)$

물리적 예시는 무중력인 공간에서 저항력 $F(v)=-bv$ 받는 운동이 있다. 물체의 초기 속력이 v_0라 하면 운동방정식과 해는 다음과 같다.

$$m\frac{dv}{dt}=-bv,\ v(t)=v_0e^{-\frac{b}{m}t}$$

03 외력 $F(x, v)$가 위치 x와 속도 v에 동시에 의존하는 경우

운동방정식 $m\frac{d^2x}{dt^2} = F(x, v)$

물리적 예시는 용수철 탄성력과 공기 저항력이 작용하는 감쇠 조화 진동이 있다.

$$m\frac{d^2x}{dt^2} + b\frac{dx}{dt} + kx = 0$$

계산을 편하게 하기 위해서 다음과 같이 운동방정식을 변환하자.

$\ddot{x} + 2\beta\dot{x} + \omega_0^2 x = 0$ [$\beta = \frac{b}{2m}$: 감쇠변수, $\omega_0 = \sqrt{\frac{k}{m}}$: 고유진동수]

위와 같은 미분 방정식의 해는 $x = e^{\lambda t}$의 형태이다.

대입해서 λ를 찾아보면

$$\lambda^2 + 2\beta\lambda + \omega_0^2 = 0$$

$$\therefore \lambda = -\beta \pm \sqrt{\beta^2 - \omega_0^2}$$

$$\lambda_1 = -\beta + \sqrt{\beta^2 - \omega_0^2}\ ,\ \lambda_2 = -\beta - \sqrt{\beta^2 - \omega_0^2}$$

$$x = A_1 e^{\lambda_1 t} + A_2 e^{\lambda_2 t}$$

$$x = e^{-\beta t}(A_1 e^{\omega_1 t} + A_2 e^{-\omega_1 t})\ [\omega_1 = \sqrt{\beta^2 - w_0^2}\,]$$

$$x = A_1 e^{\lambda_1 t} + A_2 e^{\lambda_2 t}$$

$x = e^{-\beta t}(A_1 e^{\omega_1 t} + A_2 e^{-\omega_1 t})$ ➡ 식 ① [$\omega_1 = \sqrt{\beta^2 - \omega_0^2}$]

정리해보면 $\omega_1 = \sqrt{\beta^2 - \omega_0^2}$ 의 조건에 따라 3가지 형태의 해를 가지게 된다.

경우 ① (과감쇠 운동) Over damping : $\beta^2 - \omega_0^2 > 0$이면

일반해 $x = e^{-\beta t}(A_1 e^{\omega_1 t} + A_2 e^{-\omega_1 t})$ [$\omega_1 = \sqrt{\beta^2 - w_0^2}$] 예 물엿 같은 곳에서 진동

경우 ② (임계 운동) Critical damping : $\beta^2 - \omega_0^2 = 0$이면

일반해 $x = (A + Bt)e^{-\beta t}$

경우 ③ (저감쇠 운동) Under damping : $\beta^2 - \omega_0^2 < 0$이면

일반해 $x = e^{-\beta t}(A_1 e^{i\omega_1 t} + A_2 e^{-i\omega_1 t}) = e^{-\beta t}(A_1 \cos\omega_1 t + A_2 \sin\omega_1 t)$

$x = Ae^{-\beta t}\cos(\omega_1 t - \phi)$ [$where\ A = \sqrt{A_1^2 + A_2^2}$], $\omega_1 = \sqrt{\omega_0^2 - \beta^2}$

($Ae^{-\beta t}$: 진폭항, $\cos(\omega_1 t - \phi)$: 진동항) 예 공기 중에서 진동

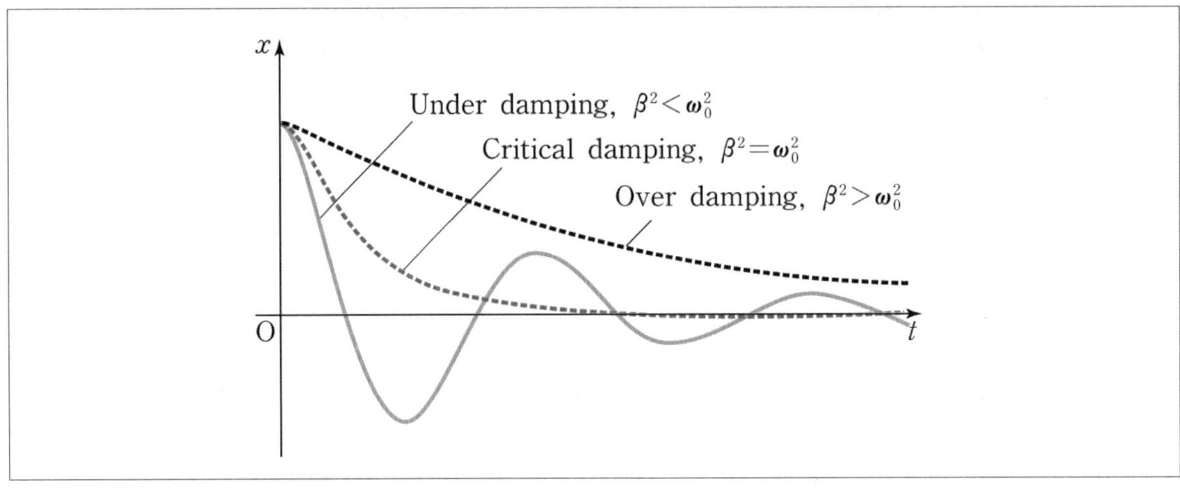

저감쇠 운동은 SHM이다.

진동수가 하나이고 훅의 법칙(라플라스 방정식)을 따른다.

진폭은 $Ae^{-\beta t}$로서 시간에 따라 진폭이 감소함을 알 수 있다. 이것은 마찰이 작용하기 때문에 에너지 손실이 일어나는 이유이다.

주기 $T = \frac{2\pi}{\omega_1} = \frac{2\pi}{\sqrt{\omega_0^2 - \beta^2}} = \frac{2\pi}{\sqrt{\frac{k}{m} - \frac{b^2}{4m^2}}}$ ➡ 주기는 감쇠진동하면서 불변한다.

04 외력 $F(x, v, t)$가 위치 x와 속도 v, 시간 t에 모두 의존하는 경우

운동방정식 $m\frac{d^2x}{dt^2} = F(x, v, t)$

물리적 예시는 용수철 탄성력과 공기 저항력이 작용하는 시스템에서 강제진동인 경우이다.

$\ddot{x} + 2\beta\dot{x} + \omega_0^2 x = \frac{F_0}{m} cos\omega t \ = f\cos\omega t$ …… 식 ①

위와 같은 미분 방적식의 해는 두 가지 종류의 해의 합으로 표현이 가능하다.

$x(t) = x_c(t) + x_p(t)$

$x_c(t)$는 외부 힘이 존재하지 않을 때의 해를 말한다.

$x_p(t)$는 외부 힘에 의존하는 해를 말한다.

감쇠진동에서 $x_c(t)= e^{-\beta t}(A_1\cos\omega_1 t + A_2\sin\omega_1 t)= Ae^{-\beta t}\cos(\omega_1 t-\phi)$을 보였다.

$x_p(t)= a\cos\omega t+ b\sin\omega t$와 같은 형태로 외부 힘이 삼각함수일 경우 삼각함수의 형태의 해를 나타낸다.

$x_p(t)= a\cos\omega t+ b\sin\omega t = D\sin(\omega t+\delta),\ D= \sqrt{a^2+b^2},\ \tan\delta= \dfrac{a}{b}$

$\dot{x}_p= -\omega a\sin\omega t+\omega b\cos\omega t$

$\ddot{x}_p= -\omega^2 a\cos\omega t-\omega^2 b\sin\omega t$

두 식을 식 ①에 대입하면

$-\omega^2 a\cos\omega t-\omega^2 b\sin\omega t+2\beta(-\omega a\sin\omega t+\omega b\cos\omega t)+\omega_0^2(a\cos\omega t+b\sin\omega t)=f\cos\omega t$

$\cos\omega t(-\omega^2 a+2\beta\omega b+a\omega_0^2)+\sin\omega t(-\omega^2 b-2\beta\omega a+b\omega_0^2)= f\cos\omega t$

$\therefore\ -\omega^2 a+2\beta\omega b+a\omega_0^2= f$

$\quad -\omega^2 b-2\beta\omega a+b\omega_0^2 = 0$

$(\omega_0^2-\omega^2)a+2\beta\omega b = f$

$-2\beta\omega a+(\omega_0^2-\omega^2)b= 0$

$$\begin{pmatrix}(\omega_0^2-\omega^2) & 2\beta\omega \\ -2\beta\omega & (\omega_0^2-\omega^2)\end{pmatrix}\begin{pmatrix}a\\ b\end{pmatrix}=\begin{pmatrix}f\\ 0\end{pmatrix}$$

$$a= \frac{(\omega_0^2-\omega^2)f}{(\omega_0^2-\omega^2)^2+4\beta^2\omega^2},\ b= \frac{2\beta\omega f}{(\omega_0^2-\omega^2)^2+4\beta^2\omega^2}$$

$x_p(t)= a\cos\omega t+ b\sin\omega t= D\sin(\omega t+\delta),\ D= \sqrt{a^2+b^2}$

$$D= \frac{f}{\sqrt{(\omega_0^2-\omega^2)^2+4\beta^2\omega^2}}$$

$x(t) = x_c(t)+ x_p(t)$

$x_c(t) = Ae^{-\beta t}\cos(\omega_1 t-\phi)$; A, ϕ는 초기조건에 의해서 결정된다.

$$x_p(t)= D\sin(\omega t+\delta) = \frac{f}{\sqrt{(\omega_0^2-\omega^2)^2+4\beta^2\omega^2}},\ \tan\delta= \frac{\omega_0^2-\omega^2}{2\beta\omega}$$

진폭에 관련된 항을 보면 일단 $x_c(t)$ 해의 경우 감쇠진동을 하므로 진폭이 시간에 따라 점점 감소하게 된다. $x_p(t)= D\sin(\omega t+\delta)$ 해는 진폭이 외부 진동수에 영향을 받는다.

진폭항 $D(\omega)$를 미분해서 최댓값을 구해보면 시간이 충분히 지난 상태에서 진폭이 최대가 되기 위한 공명 진동수는 $\omega_R= \sqrt{\omega_0^2-2\beta^2}$ 이다.

05 질량 $M(t)$이 시간에 따라 변하는 운동

물리적인 예시는 질량이 감소하는 시스템과 질량이 증가하는 시스템으로 구분이 된다. 질량이 감소하는 예는 연료를 배출하는 로켓 운동이 있고, 질량이 증가하는 예는 우주 먼지 속에서 완전 비탄성 운동하는 물체의 운동, 안개 속에서 빗방울 낙하 운동 등이 있다.

1. 로켓 운동

시간 $t-dt$일 때, 질량 $M-dM$인 로켓이 속도 v로 움직이고 있다고 하자. 시간 dt가 흐른 후 t일 때, 로켓이 질량 $-dM$인 연료를 방출하여 속도가 $v+dv$가 되었다. (로켓의 질량은 점차 감소하므로 $dM<0$)

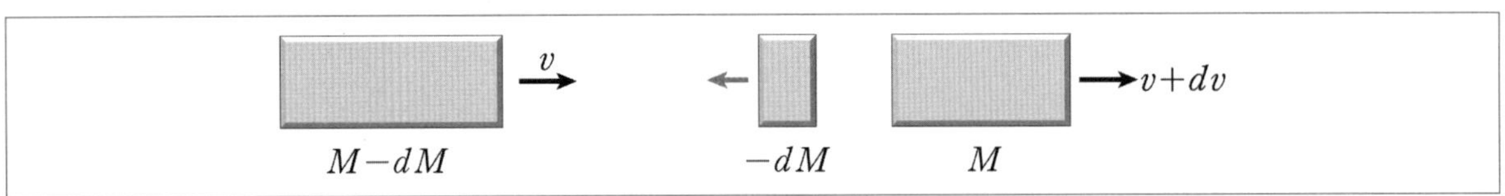

초기 로켓의 좌표계에서 관측한다고 가정하고 운동량 보존 법칙을 세워보자. 초기 운동량은 0이다.

(1) $v_{상대}>0$

배출된 연료에 대한 로켓의 상대속도의 크기(로켓은 일정한 상대속도로 연료를 배출하고 있다.)

$dp = dMv_{상대} + Mdv = Fdt$

$\therefore\ Mdv = -v_{상대}dM$ ➡ $(F=0)$ 무중력일 때

$Mdv = -v_{상대}dM - Mg\,dt$ ➡ $(F=-Mg)$ 균일한 중력일 때

(2) **무중력일 때는 식을 dt로 나눈 후 정리**

$M\dfrac{dv}{dt} = -v_{상대}\dfrac{dM}{dt} = Rv_{상대}$ ➡ $Rv_{상대} = Ma$ (로켓 운동방정식)

$R(=-dM/dt)$은 연료소비율, $a(=dv/dt)$는 로켓의 가속도, Ma는 힘의 차원을 가지므로 로켓 운동방정식은 로켓의 추진력 $T=Rv_{상대}$를 나타낸다.

운동량 변화량 식을 M으로 나눠 적분하면 질량에 따른 로켓의 속도를 구할 수 있다.

$$dv = -v_{상대}\frac{dM}{M} \Rightarrow \int_{v_0}^{v} dv = -v_{상대}\int_{M_0}^{M}\frac{dM}{M} \Rightarrow [v]_{v_0}^{v} = -v_{상대}[\ln M]_{M_0}^{M}$$

$$\therefore\ v - v_0 = -v_{상대}\ln\frac{M}{M_0} = v_{상대}\ln\frac{M_0}{M}\ \text{(로켓 속도방정식)}$$

➡ 초기 속도 v_0와 나중 속도 v는 질량이 각각 초기 질량 M_0와 나중 질량 M일 때 로켓의 속도이다.

2. 우주 먼지 속에서 완전 비탄성 운동하는 물체의 운동

먼지가 정지해 있으므로 상대속력은 물체의 속력과 동일하다. 시간을 반대로 돌리면 우주 먼지를 배출하는 물체와 동일하게 된다. 즉, 로켓 운동방정식과 아주 유사하다. 차이점이 있다면 질량이 증가한다는 점이다.

계의 운동량은 보존되므로 $\frac{d}{dt}(Mv) = Mdv + vdM = 0$을 만족한다.

예제 2 초기 질량이 m_0이고 속력이 v_0인 우주선이 우주 공간을 여행하면서 균일한 밀도의 우주 먼지와 충돌하여 질량이 증가하게 된다. 우주 먼지는 충돌 후 우주선에 달라붙는다. 시간에 따른 우주선의 질량 변화량은 다음과 같다.

$$\frac{dm}{dt} = \rho A v$$

여기서 A는 양의 상수이고, v는 $t > 0$에서 우주선의 속도이다. $t > 0$에서 $v(t)$와 우주선의 알짜 힘의 크기를 ρ, A, m_0, v_0, t로 각각 구하시오.

정답 1) $v(t) = \dfrac{1}{\sqrt{\dfrac{1}{v_0^2} + \dfrac{2\rho A t}{m_0 v_0}}}$, 2) $F(t) = \dfrac{\rho A}{\dfrac{1}{v_0^2} + \dfrac{2\rho A t}{m_0 v_0}}$

연습문제

정답_ 266p

12-15

01 다음 그림은 길이가 L이고 밀도가 균일한 직육면체 강체가 마찰이 없는 수평면에서 일정한 속력 v로 오른쪽으로 미끄러지다가, 마찰이 있는 수평면에서 정지한 것을 나타낸 것이다. 마찰이 있는 수평면과 강체 사이의 운동마찰계수는 μ_k이다. 강체의 왼쪽 모서리는 두 수평면의 경계선과 일치하였다.

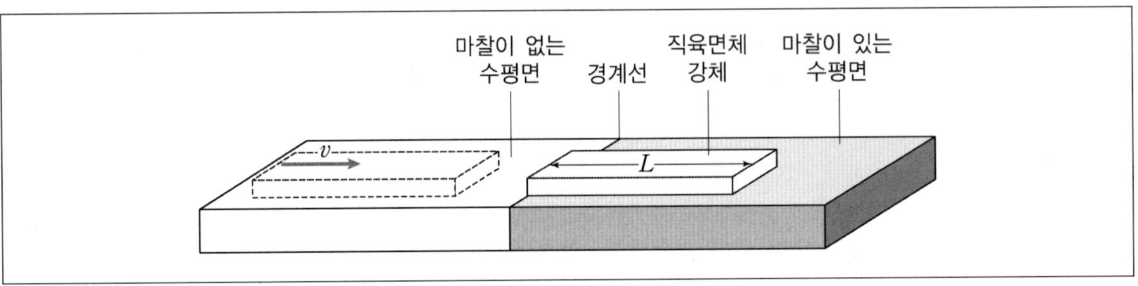

μ_k는? (단, 중력 가속도는 g이고, 공기 저항은 무시하며, 두 수평면의 높이는 같고, 강체는 직선운동을 한다.)

16-A02

02 다음 그림과 같이 수평면에 놓인 질량 m인 물체가 시간 $t=0$일 때 속력 v_0으로 직선 운동을 시작하여 $t=t_{정지}$에 정지하였다. 물체는 운동하는 동안 속력 v에 비례하는 크기가 kv인 공기에 의한 저항력을 수평면으로부터 크기가 f인 운동 마찰력을 받는다.

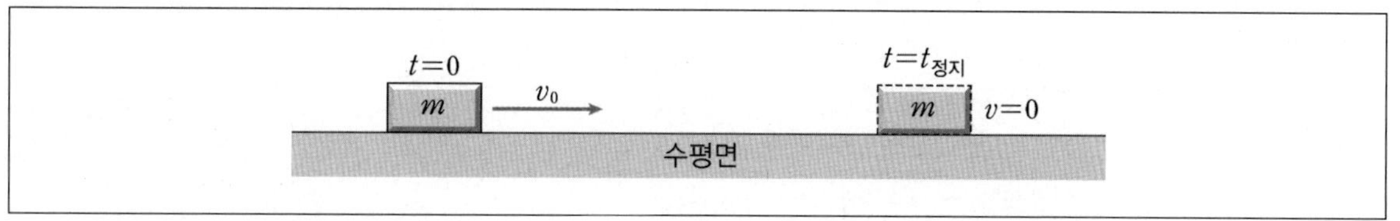

이때 이 물체의 운동방정식을 쓰고 $t_{정지}$를 구하시오. (단, k와 f는 상수이다.)

03 그림 (가)는 단면적이 S이고, 높이가 h이며, 밀도가 ρ_0인 직육면체 물체를 밀도가 ρ_l인 물속에 놓았을 때 수면으로부터 $z_0(<\frac{h}{2})$만큼 잠긴 상태로 정지한 모습을 나타낸 것이다. 그림 (나)는 (가)의 정지 상태에서 손으로 눌러 z_0만큼 더 잠기도록 하여 손으로 놓은 순간의 모습을 나타낸 것이다. 물체는 유체로부터 저항력 $f_b = -mb\vec{v}$의 저항력을 받으며 운동한다. 여기서 m은 물체의 질량, b는 감쇠상수, $\vec{v}$는 물체의 속도이다.

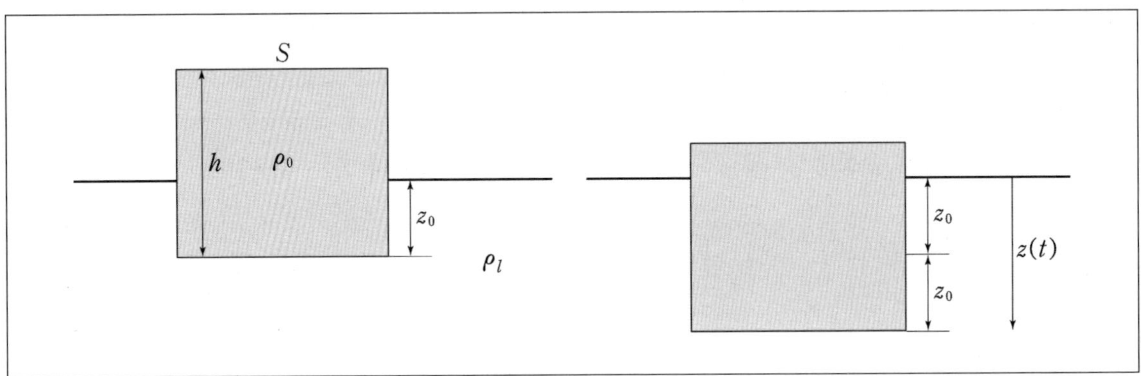

이때 z_0을 구하고, 감쇠진동을 하기 위한 b의 조건과 ω를 각각 쓰시오. 또한 감쇠진동 시 수면으로부터 물체의 가장 아래 부분의 위치를 $z(t)$라 할 때 $\frac{z(t)}{z_0}$를 b, ω, t로 구하시오. (단, 중력 가속도의 크기는 g이고, 물체는 연직 운동만 한다고 가정한다.)

자료

$\frac{d^2x}{dt^2} + \alpha\frac{d}{dt}x + \beta x = 0$일 때 감쇠진동의 해는 $x(t) = e^{-\frac{\alpha}{2}t}(A\cos\omega t + B\sin\omega t)$ 이다.

25-B07

04 그림은 마찰이 없는 수평면에 놓인 질량 m인 물체가 용수철 상수 k인 용수철에 연결되어 1차원에서 진동하는 물체의 어느 순간의 모습을 나타낸 것이다. 물체는 속력 $v(t)$에 비례하는 감쇠력 $F_f(t) = -bv(t)$와 외력 $F_d(t) = F_0\cos(\omega t)$를 받아 진동한다. b는 감쇠계수이고 F_0는 외력의 진폭이다. 평형 위치로부터 물체의 변위 $x(t) = A\cos(\omega t - \phi)$이다.

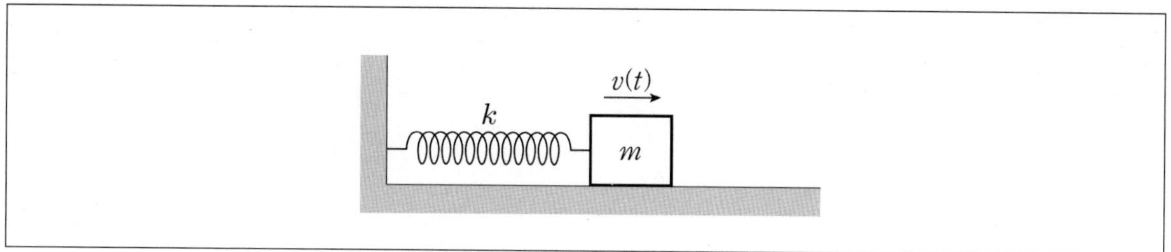

물체의 운동방정식을 구하시오. 또한 $\tan\phi$를 풀이 과정과 함께 구하고, $\omega = \sqrt{\frac{k}{m}}$ 일 때 진폭 A를 구하시오. (단, 물체의 크기와 용수철의 질량은 무시한다.)

05 질량 M인 로켓이 질량 m의 연료를 싣고 정지 상태에서 일정한 중력장에서 쏘아 올려졌다. 로켓에 대하여 연료의 분사 속력은 u이고, 연료를 모두 소진하는데 T시간이 걸렸다. 로켓의 운동방정식을 구하고, 이로부터 연료를 모두 소진하였을 때의 로켓의 속력을 구하시오. (단, 로켓이 연료를 소비하는 동안 중력가속도는 g로 일정하고, 모든 마찰은 무시한다.)

06 다음 그림과 같이 질량 m인 '누리호'가 질량 $2m$의 연료를 싣고 초기 질량 $3m$인 정지 상태에서 일정한 중력장에서 쏘아 올려졌다. 연료를 분사함으로써 일정한 추진력 $6mg$를 얻어 상승하게 된다. 연료를 모두 소진하는데 T시간이 걸리고, 단위 시간당 분사된 연료의 양은 일정하다.

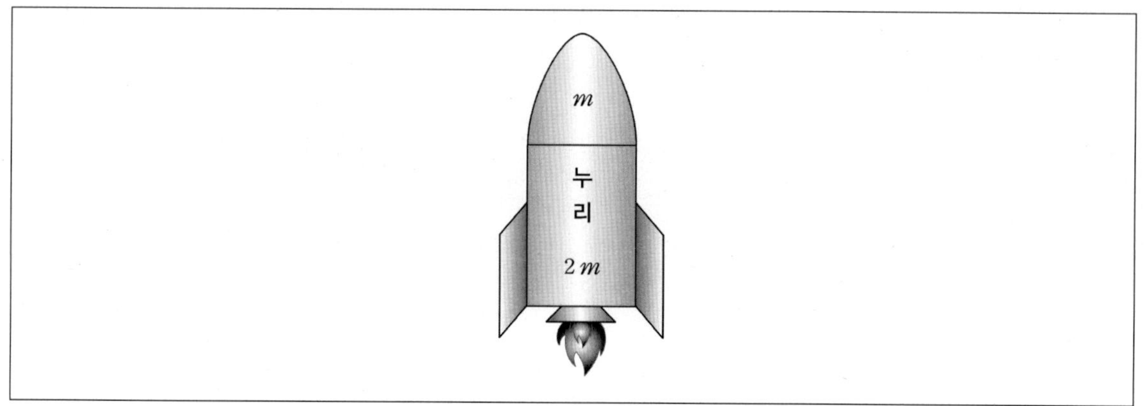

이때 시간($0 < t < T$)에서 남아있는 연료를 포함한 로켓의 전체 질량 $M(t)$와 가속도 $a(t)$를 각각 구하고, 이로부터 연료를 모두 소진하였을 때의 로켓의 속력을 풀이 과정과 함께 구하시오. (단, 중력 가속도의 크기는 g로 일정하고, 모든 마찰은 무시한다.)

07 질량 M인 물로켓이 질량 m의 물을 싣고 정지 상태에서 일정한 중력장에서 쏘아 올려졌다. 물로켓이 물을 분사함으로써 일정한 추진력 P를 얻는다. 연료를 모두 소진하는데 T시간이 걸렸고, 물로켓의 단위 시간당 분사된 물의 양은 일정하다. 이때 시간($t \leq T$)에 대한 로켓의 운동방정식을 구하고, 이로부터 연료를 모두 소진하였을 때의 로켓의 속력을 구하시오. (단, 중력 가속도의 크기는 g로 일정하고, 모든 마찰은 무시한다.)

08 초기 질량 m_0인 로켓이 정지 상태에서 우주공간을 비행한다. 로켓에 대하여 연료의 분사속력은 u이다. 로켓의 운동량이 최대가 될 때의 질량 m을 구하시오. (단, 모든 마찰은 무시한다.)

09 무중력 상태에서 질량 m의 총알이 저항력의 크기 $f = kv$를 받아 초기 속력 v_0로 발사되었을 때 속력 v가 될 때까지 걸린 시간과 이동거리를 각각 구하시오.

10 질량이 m인 물체가 지표면 상공에 정지 상태에서 낙하한다. 물체는 일정한 중력과 저항력 $f = kmv^2$을 받아 낙하하여 속력이 V가 되었다. 이때 물체가 낙하한 거리 s와 시간 t를 각각 구하시오. (단, 중력가속도의 크기는 g이다.)

11 질량이 m인 물체를 정지 상태에서 초기 속력 v_0로 연직방향으로 던져 올렸다. 이때 물체는 일정한 중력과 저항력 $f = kmv^2$을 받는다. 물체가 올라가는 최고 높이 s를 구하고, 다시 초기 위치로 돌아왔을 때의 속력 v'을 구하시오.

12 안개 속에서 떨어지는 구형의 빗방울의 질량은 단위 시간당 안개 속을 쓸고 지나가는 부피에 비례해서 커지고, 그 비례상수는 k이다. 빗방울이 초기 $t=0$일 때 근사적으로 반경은 $r(t=0)\simeq 0$이다. 시간에 따른 질량은 $m(t)=\frac{4}{3}\pi\rho r^3(t)$이다. 정지 상태에서 떨어지기 시작해서 계속 구형 모양을 유지한다고 가정하자. 이때 <자료>를 참고하여 빗방울의 가속도 a를 g, k, ρ, r, v의 함수로 나타내시오. 또한 반지름의 시간변화율 $\frac{dr}{dt}$을 ρ, k, v로 나타내고, 빗방울이 충분한 시간이 지나 일정한 가속도 a_t를 가질 때 이 값을 g로 구하시오. (단, 빗방울의 밀도는 ρ이고, 중력 가속도의 크기는 g이다.)

자료

- 빗방울의 시간에 대한 질량 변화율은 $\frac{dm}{dt}=k\pi r^2 v$ 이다.
- 필요시 $dm\,dv\approx 0$ 으로 계산한다.

13 다음 그림과 같이 공기 중에서 정지 상태에서 낙하하는 빗방울은 빗방울의 반지름 r와 낙하 속도 v에 비례하는 저항력의 크기 krv와 부력을 받는다. 빗방울의 밀도는 ρ_1이고, 공기의 밀도는 ρ_2이다.

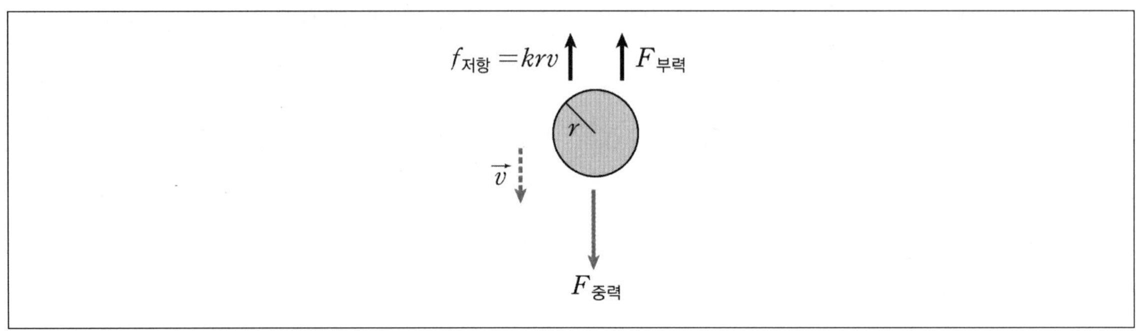

이때 물체의 운동방정식을 쓰고, 시간 t에 따른 물체의 가속도의 크기 $a(t)$을 풀이 과정과 함께 구하시오. 또한 빗방울의 종단속도 v_f를 구하시오. (단, 중력 가속도의 크기는 g이고, 빗방울의 크기는 변하지 않는다. 또한 $\rho_1 > \rho_2$이다.)

자료

밀도 ρ인 유체 속에서 부피 V인 물체에 작용하는 부력의 크기는 $F_{부력} = \rho g V$이다.

Chapter 02 회전좌표계 역학과 중력장 운동

01 Local region(회전좌표계에서 물체의 상대적 운동)

1. 좌표계 변환(정지 vs 내부)

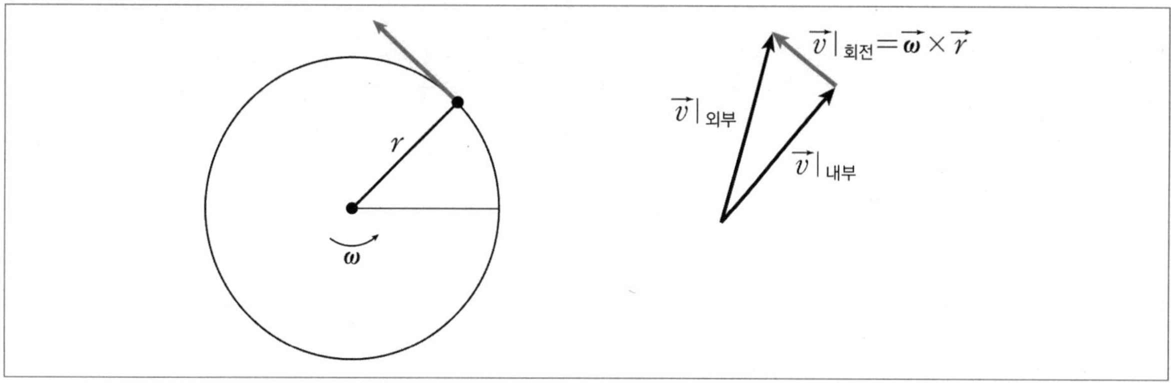

ω로 일정하게 회전하는 공간이 있다고 하자. 외부에서 물체의 속도와 내부에서 물체의 속도는 관점에 따라 차이가 있다.

외부(정지좌표계)와 내부(회전좌표계)의 상대적 관계는 다음과 같이 기술된다.

$$\vec{v}|_{외부} = \vec{v}|_{내부} + \vec{\omega} \times \vec{r}|_{내부}$$

$$\left.\frac{d\vec{r}}{dt}\right|_{외부} = \left.\frac{d\vec{r}}{dt}\right|_{내부} + \vec{\omega} \times \vec{r}\Big|_{내부}$$

이를 임의의 벡터 $\vec{A}$로 확장하면 다음과 같다(수학적으로 증명이 가능하나 특별히 의미가 없다).

$$\left.\frac{d\vec{A}}{dt}\right|_{외부} = \left.\frac{d\vec{A}}{dt}\right|_{내부} + \vec{\omega} \times \vec{A}\Big|_{내부}$$

이것은 좌표계에 따른 상대적 변환이다. 속도는 정지좌표계와 회전좌표계의 상대속도 관계이다.

임의의 벡터 $\vec{A}$는 상대 벡터 관계이다.

2. 3차원 회전좌표계의 확장(코리올리 효과)

➡ 내부 회전좌표계에서 기술

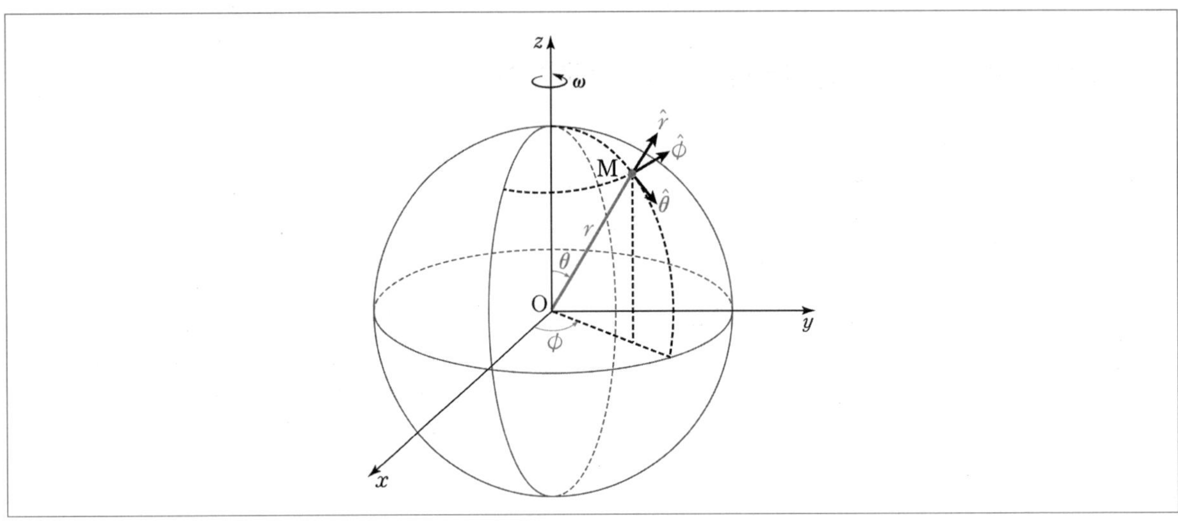

일반물리에서 정의한 원운동을 응용하면 다음과 같이 정리할 수 있다.

$$d\vec{l} = r\sin\theta\, d\phi\, \hat{\phi}$$

$$\frac{d\vec{l}}{dt} = r\sin\theta\left(\frac{d\phi}{dt}\right)\hat{\phi}$$

$$\vec{v} = \omega r\sin\theta\,\hat{\phi} = \vec{\omega}\times\vec{r}$$

$$\vec{a_c} = \vec{\omega}\times\vec{v} = \vec{\omega}\times\vec{\omega}\times\vec{r}$$

여기서 모든 단위 벡터는 운동하는 내부로 기준이 설정되어 있다. 왜냐하면 우리가 지구 내부에 살고 있기에 우리 기준으로 물체의 운동을 기술하기 때문이다. 그럼 3차원 역학적 정보 $\vec{r}$, $\vec{v}$, $\vec{a}$를 좌표계에 따른 관계식을 알아보자.

(1) 회전하는 좌표계에서의 벡터의 속도

$$\left.\frac{d\vec{r}}{dt}\right|_{외부} = \left.\frac{d\vec{r}}{dt}\right|_{내부} + \left.\vec{\omega}\times\vec{r}\right|_{내부}$$

(2) 회전하는 좌표계에서 벡터의 가속도

$$\left.\frac{d^2\vec{r}}{dt^2}\right|_{외부} = \frac{d}{dt}\left(\frac{d\vec{r}}{dt} + \vec{\omega}\times\vec{r}\right)_{내부} + \vec{\omega}\times\left(\frac{d\vec{r}}{dt} + \vec{\omega}\times\vec{r}\right)_{내부}$$

$$= \left.\frac{d^2\vec{r}}{dt^2}\right|_{내부} + \left.\frac{d\vec{\omega}}{dt}\times\vec{r}\right|_{내부} + \left.\vec{\omega}\times\frac{d\vec{r}}{dt}\right|_{내부} + \left.\vec{\omega}\times\frac{d\vec{r}}{dt}\right|_{내부} + \left.\vec{\omega}\times\vec{\omega}\times\vec{r}\right|_{내부}$$

$\frac{d\vec{r}}{dt} = \vec{v}$, $\frac{d^2\vec{r}}{dt^2} = \vec{a}$ 로 정의하면

$$\vec{a}|_{외부} = \vec{a}|_{내부} + \frac{d\vec{\omega}}{dt} \times \vec{r}\Big|_{내부} + 2\vec{\omega}\times\vec{v}|_{내부} + \vec{\omega}\times\vec{\omega}\times\vec{r}|_{내부}$$

$$= \vec{a}|_{내부} + \vec{a}|_{접선} + 2\vec{\omega}\times\vec{v}|_{내부} + \vec{a}|_{구심}$$

일정한 각속도 ω로 회전한다면 $\vec{a}_{접선} = 0$이므로

내부 가속도 $\vec{a}|_{내부} = \vec{a}|_{외부} - \vec{a}_c + \vec{a}_{코리올리}$

$\vec{a}_c = \vec{\omega}\times(\vec{\omega}\times\vec{r})|_{내부}$, $\vec{a}_{코리올리} = -2(\vec{\omega}\times\vec{v})|_{내부}$

※ 참고

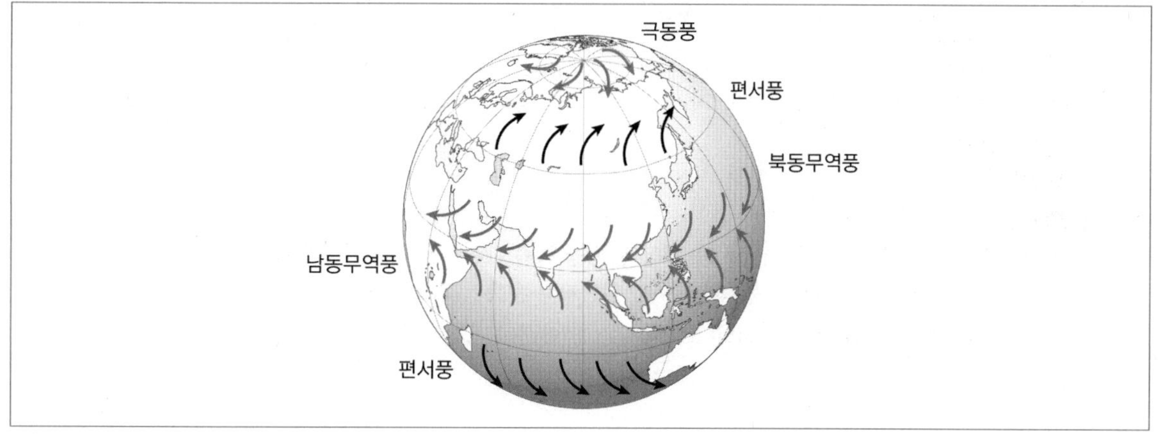

보통 $\vec{a} - \vec{a}_c = \vec{g}_{알짜}$ 라 한다. 흔히 말하는 지표면에서의 중력 가속도가 알짜 중력 가속도가 된다. 그리고 나머지 항인 $-2(\vec{\omega}\times\vec{v})_{내부}$이 코리올리 효과에 의한 가속도이다.

예제 1 다음 그림과 같이 질량 m인 물체가 긴 판(pipe) 속에서 미끄러지며 운동하고 있다. 관은 원점 O를 중심으로 일정한 각속도 ω로 수평면(xy평면)에서 회전하고 있으며, 시간 $t=0$일 때 물체는 v_0의 속력으로 원점을 지난다.

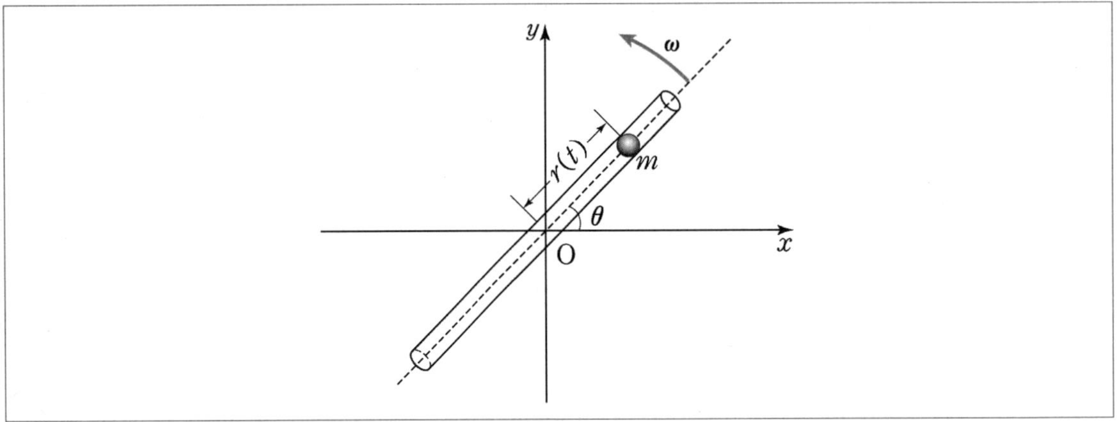

시간 $t(>0)$에서 원점으로부터 물체의 거리 $r(t)$에 대한 운동방정식과 관 속에서의 $r(t)$를 구하시오. (단, 물체와 관 사이의 마찰은 무시한다.)

풀이

1) 물체의 움직이는 방향은 r방향인데 이 관이 일정한 각속도로 회전하는 가속계 내부이다.
   즉, 가속계 내부 좌표계에서는 원점에서 r로 멀어지는 운동만 가능하다.
   가속계 내부에서는 관성력이 등장한다.

   $$ma = m\ddot{r} = \frac{mv^2}{r} = m\omega^2 r$$

   $$\therefore \ddot{r} - \omega^2 r = 0$$

2) 일반해는 $r(t) = Ae^{\omega t} + Be^{-\omega t}$이다.
   초기조건 $r(0) = 0,\ \dot{r}(0) = v_0$를 대입하여 정리하면

   $A + B = 0,\ A = \dfrac{v_0}{2\omega}$이므로

   일반해는 $r(t) = \dfrac{v_0}{2\omega}(e^{\omega t} - e^{-\omega t}) = \dfrac{v_0}{\omega}\sinh\omega t$

   $v(t) = v_0 \cosh\omega t$

   $a(t) = v_0\omega \sinh\omega t$

예제 2 다음 그림과 같이 지구가 일정한 각속도 $\vec{\omega}=(-\omega\cos\lambda,\ 0,\ \omega\sin\lambda)$로 회전하고 있다. 이때 위도 λ에서 특정 시각 t일 때 질량이 m인 물체의 속도는 $\vec{v}=(0,\ 0,\ -gt)$이다. 시각 t에서 물체가 받는 코리올리 힘과 가속도를 각각 구하시오. (단, 물체가 받는 알짜 중력 가속도 $g=(0,\ 0,\ -g)$이고 중력을 제외한 힘은 코리올리 힘밖에 없다. 또한 모든 마찰은 무시한다.)

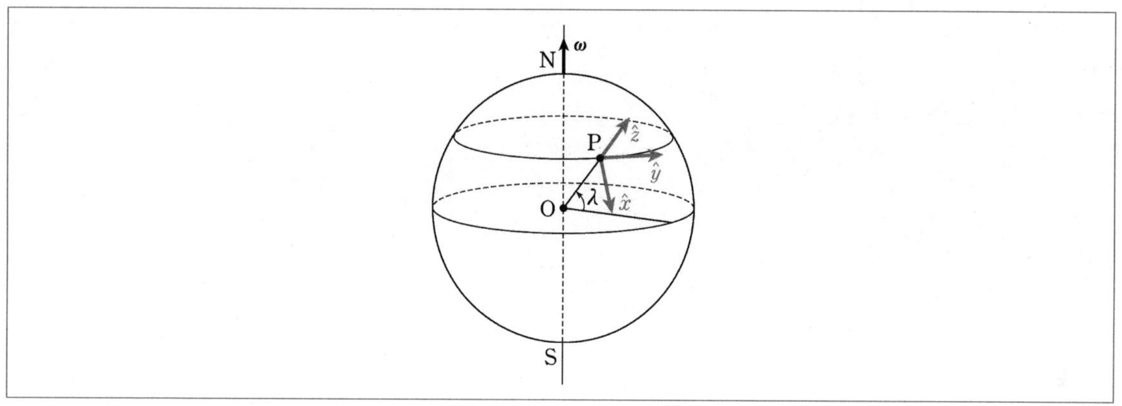

정답 $\vec{F}_{코리올리}=-2m\vec{\omega}\times\vec{v}=2m\omega gt\cos\lambda\,\hat{y}$, $\therefore\ \vec{a}_{내부}=(0,2\omega gt\cos\lambda,-g)$

풀이

$\vec{v}=(0,\ 0,\ -gt)$

$\vec{a}_{내부}=\vec{g}-2\vec{\omega}\times\vec{v}_{지면}$

$$\vec{\omega}\times\overrightarrow{v_{지면}}=\begin{vmatrix}\hat{x} & \hat{y} & \hat{z}\\ -\omega\cos\lambda & 0 & \omega\sin\lambda\\ 0 & 0 & -gt\end{vmatrix}=-\omega gt\cos\lambda\,\hat{y}$$

$\therefore\ \vec{F}_{코리올리}=-2m\vec{\omega}\times\vec{v}=2m\omega gt\cos\lambda\,\hat{y}$

$$\begin{aligned}\vec{a}_{내부}&=\vec{g}-2\vec{\omega}\times\vec{v}_{지면}\\&=(0,0,-g)-(0,-2\omega gt\cos\lambda,0)\\&=(0,2\omega gt\cos\lambda,-g)\end{aligned}$$

$\therefore\ \vec{a}_{내부}=(0,2\omega gt\cos\lambda,-g)$

3. 3차원 회전운동 토크 및 각운동량 보존(세차운동)

➡ 외부 좌표계에서 기술

중력장에서 일정한 각속도 ω로 회전하는 팽이의 세차운동은 다음과 같다. 각운동량을 지표면 기준(정지좌표계)과 팽이축 기준(운동좌표계)으로 나눠서 생각하면 앞에서 한 내용과 비슷하다.

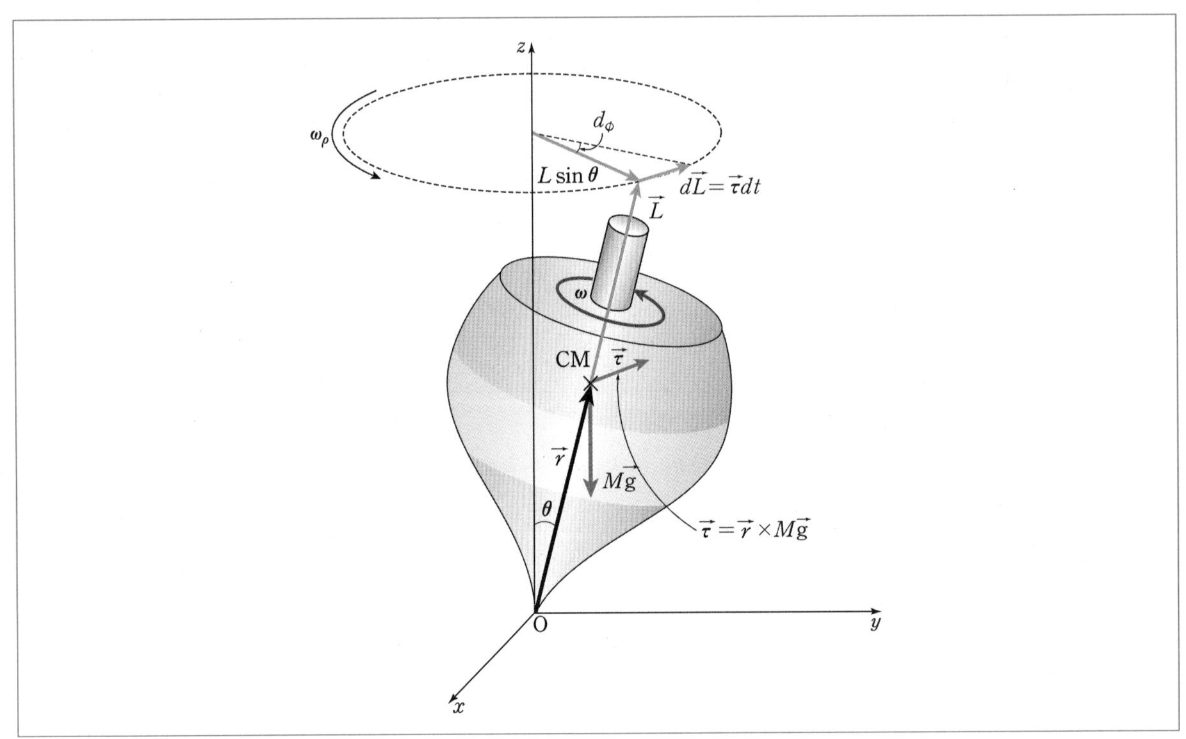

각운동동량 : $\vec{L} = \vec{r} \times \vec{p} = I\vec{\omega}$

팽이의 축이 z축을 따라 일정한 각속도 ω_p로 세차운동을 한다고 했을 때

$$\vec{L} = I\vec{\omega}$$

$$\vec{\tau} = \left.\frac{d\vec{L}}{dt}\right|_{외부} = \left.\frac{d\vec{L}}{dt}\right|_{내부} + \vec{\omega_p} \times \vec{L}_{내부} = \vec{r} \times \vec{F}$$

$$\omega_p L \sin\theta\,\hat{\phi} = \omega_p I\omega \sin\theta\,\hat{\phi} = Mgr\sin\theta\,\hat{\phi}$$

$$\therefore\ \omega_p = \frac{Mgr}{I\omega}$$

02 Grand space(행성운동)

➡ 2차원 평면 운동으로 변환 가능

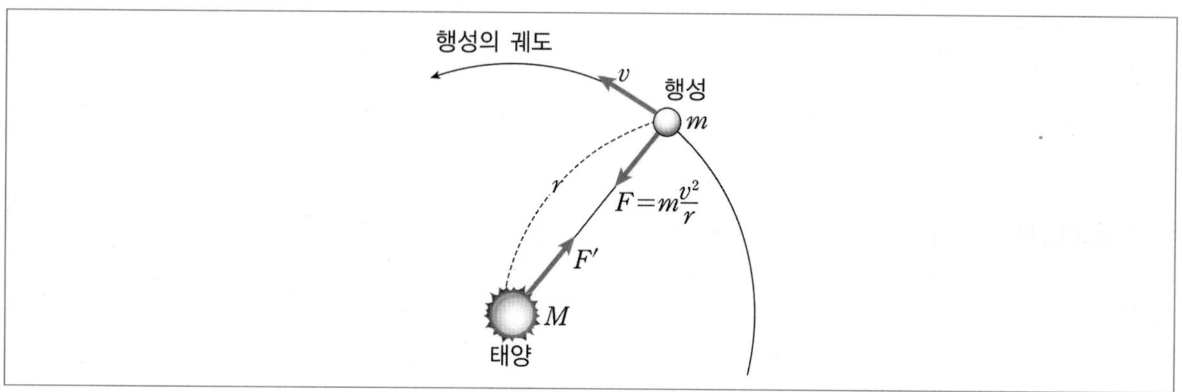

3차원 (중력장) 중심력 운동은 행성운동의 경우 태양이 압도적으로 질량이 크므로 거의 고정으로 생각할 수 있다.

1. 벡터적 이해

$\vec{F} = m\vec{a}_c = -m\omega^2\vec{r}$

회전 공간이므로 토크로 이해해야 한다.

토크 : $\vec{\tau} = \frac{d}{dt}\vec{L} = \vec{r}\times\vec{F}$

운동량 : $\vec{L} = m\vec{r}\times\vec{v}$, $\vec{L} = m\begin{vmatrix}\hat{x} & \hat{y} & \hat{z} \\ x & y & z \\ v_x & v_y & v_z\end{vmatrix}$, $\vec{r} = (x,\ y,\ z)$, $\vec{v} = (v_x,\ v_y,\ v_z)$

중심력 운동이므로 $\vec{r}$과 $\vec{F}$는 서로 나란하다. 그러므로 중심력 운동에서는 토크가 0이다. 자연스럽게 운동량의 크기 $L = mrv\sin\theta$ 일정 즉, 운동량의 크기가 보존된다.

원운동이라면 항상 $\theta = \frac{\pi}{2}$ 이므로 반경과 속력이 일정하다. 그런데 물체의 중심력(행성)운동은 벡터 공간으로 이해하기에 너무 복잡하다. 따라서 스칼라 공간인 에너지 공간으로 이해하면 훨씬 쉽다.

2. 스칼라적 이해

➡ 질량중심(태양)은 움직이지 않는 중심점

$$F = -\frac{GMm}{r^2} = -\nabla U$$

$U = \int_{\infty}^{r} \frac{GMm}{r^2} dr = -\frac{GMm}{r}$; 일반적인 중력 퍼텐셜, 여기서 $M \gg m$이므로 질량중심이 태양에 있다.

(1) 운동에너지

$$E_k = \frac{1}{2} m |\dot{\vec{r}}|^2$$

$$\vec{r} = r\hat{r} = r(\cos\theta,\ \sin\theta)$$

$$\frac{d\vec{r}}{dt} = \dot{r}\hat{r} + r\omega(-\sin\theta,\ \cos\theta) = \dot{r}\hat{r} + r\omega\hat{\theta}$$

$$|\dot{\vec{r}}|^2 = \dot{r}^2 + r^2\omega^2 = v_{병진}^2 + v_{회전}^2$$

$$E_k = \frac{1}{2} m |\dot{\vec{r}}|^2 = \frac{1}{2} m\dot{r}^2 + \frac{1}{2} mr^2\omega^2 = \frac{1}{2} m\dot{r}^2 + \frac{1}{2} I\omega^2$$
$$= \frac{1}{2} m\dot{r}^2 + \frac{1}{2} \frac{L^2}{I} = E_{병진} + E_{회전}$$

$\therefore E_k = \frac{1}{2} m\dot{r}^2 + \frac{1}{2} \frac{L^2}{mr^2}$ ➡ 중력장 운동에서는 각운동량이 보존된다.

(2) 에너지 보존 법칙

$$E_{전체} = E_k + E_p = \frac{1}{2} m\dot{r}^2 + \frac{1}{2} \frac{L^2}{mr^2} + U$$

(3) 퍼텐셜 및 유효퍼텐셜 정의

전체 에너지는 병진운동에너지, 회전운동에너지 및 퍼텐셜 에너지이다.

병진운동에너지와 회전운동에너지, 퍼텐셜 에너지로 나눠 생각하면 훨씬 쉽게 궤도 운동을 이해할 수 있다.

$$E_{전체} = E_k + E_p = \frac{1}{2} m\dot{r}^2 + \frac{1}{2} \frac{L^2}{mr^2} + U = \frac{1}{2} m\dot{r}^2 + U_{유효}$$

유효퍼텐셜: $U_{\mathrm{eff}} = \frac{1}{2} \frac{L^2}{mr^2} + U(r)$

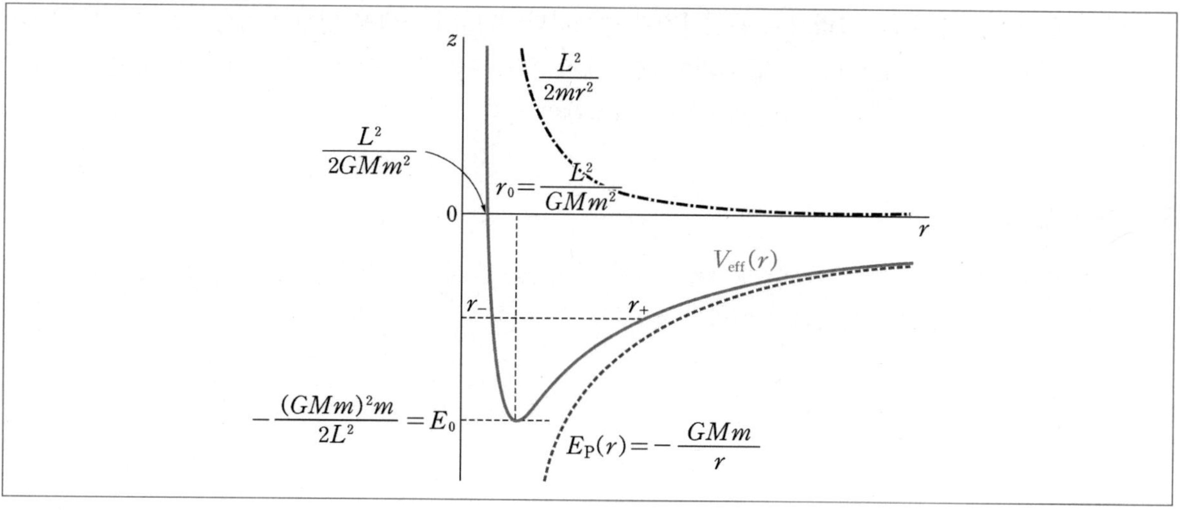

태양계의 질량중심(태양)을 기준으로 전체 에너지는 다음과 같다.

$$E_{전체}=E_k+E_p=\frac{1}{2}m\dot{r}^2+\frac{1}{2}\frac{L^2}{mr^2}+U=\frac{1}{2}m\dot{r}^2+U_{유효}$$

예 $U=\int_{\infty}^{r}\frac{GMm}{r^2}dr=-\frac{GMm}{r}=-\frac{k}{r}$ 인 경우

$$E_{전체}=\frac{1}{2}m\dot{r}^2+\frac{1}{2}\frac{L^2}{mr^2}+U=\frac{1}{2}m\dot{r}^2+U_{유효} \Rightarrow \frac{1}{2}m\dot{r}^2=-\frac{1}{2}\frac{L^2}{mr^2}+\frac{k}{r}+E_T=0$$

$$E_Tr^2+kr-\frac{1}{2}\frac{L^2}{m}=0$$

만약 원운동이라면 중근 $k^2=-2E_T\frac{L^2}{m} \Rightarrow E_T=-\frac{mk^2}{2L^2},\ L=mr_0v$

다른 방식으로 유효퍼텐셜의 극값이므로

$$\frac{d}{dr}U_{\mathrm{eff}}=\frac{d}{dr}\left(\frac{1}{2}\frac{L^2}{mr^2}-\frac{k}{r}\right)=0$$

$$-\frac{L^2}{mr^3}+\frac{k}{r^2}=0$$

$$\therefore r_0=\frac{L^2}{mk}=\frac{L^2}{GMm^2}\ (\text{원운동 반경})$$

$$T=\frac{2\pi r_0}{v}=2\pi\frac{mr_0^2}{L}=2\pi\frac{L^3}{mk^2}\ (\text{원운동 주기})$$

원운동은 항상 반경, 주기 그리고 운동에너지가 중요하다. 뉴턴의 중력장 행성 운동에서는 원운동이 궤도운동하기 위한 최소의 에너지이고, 극값이기에 매우 중요하다. 주의해야 할 것은 반드시 뉴턴의 중력장만 퍼텐셜로 나오지 않으므로 주어진 퍼텐셜에 따라 해석해야 한다.

3. 원운동 안정성

원운동에너지에서 아주 살짝 벗어났을 때 근사적 원운동을 유지할 수 있을 경우를 안정적 원운동이라 하고 그렇지 않은 경우 불안정적 원운동이라고 한다.

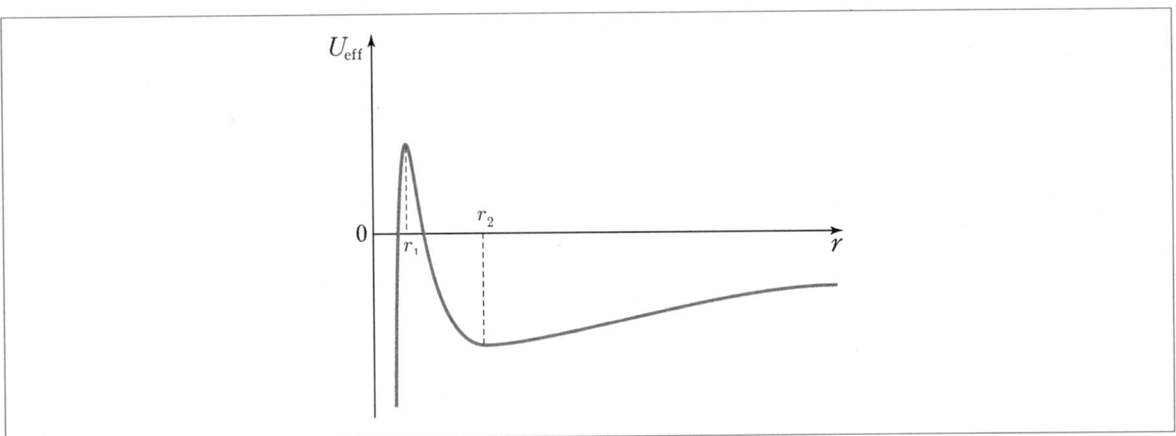

다음 그림과 같이 유효퍼텐셜이 존재할 경우 원운동은 두 지점인 r_1, r_2에서 가능하다. 그런데 r_1의 경우 아주 살짝 에너지가 바뀌게 되면 운동궤도를 이탈하게 되므로 불안정한 원운동 지점이다. 반면 r_2의 지점은 에너지가 아주 살짝 바뀌더라도 근사적 원운동이 가능하므로 상대적으로 안정적인 원운동 지점이라 한다.

즉, 유효퍼텐셜이 아래로 볼록인 경우 $\dfrac{d^2}{dr^2}U_{\text{eff}} > 0$: 안정적 원운동

유효퍼텐셜이 위로 볼록인 경우 $\dfrac{d^2}{dr^2}U_{\text{eff}} < 0$: 불안정한 원운동

4. 퍼텐셜 함수의 근사적 해석

2차원 평면 궤도에서 벡터 요소는 r과 θ가 있고, 우리는 유효퍼텐셜을 r의 함수로 파악하고 있다. 그러면 평면에서는 r에 대해 파악하고, 만약 1차원 운동이라면 x에 대해 해석하면 된다. 그렇다면 논리적 확장하여 1차원 퍼텐셜을 이해해 보자.

임의의 퍼텐셜 함수 $U(x)$를 고려해보자. 그 퍼텐셜의 안정 평형점을 x_0라 하고, 이 점을 기준으로 작은 x에 대하여 퍼텐셜을 전개하면

$$U(x_0+x) = U(x_0) + \frac{dU(x_0)}{dx}x + \frac{1}{2}\frac{d^2U(x_0)}{dx^2}x^2 + \cdots$$

가 된다. 퍼텐셜 특성상 차이값이 중요하므로 $U(x_0)$을 기준으로 설정하면 안정적 평형점은 극점이므로 $\frac{dU(x_0)}{dx} = 0$이 된다.

퍼텐셜은 $U(x_0+x) \simeq \frac{1}{2}\frac{d^2U(x_0)}{dx^2}x^2 = \frac{1}{2}kx^2$으로 나타낼 수 있다.

여기서 $k = \frac{d^2U(x_0)}{dx^2}$이고, x^3항부터는 x가 작으므로 근사적으로 무시한다.

위 결과는 안정적 평형점 근처에서 퍼텐셜은 조화 진동자의 퍼텐셜로 근사할 수 있으며, 물체를 안정적 평형점으로부터 미소한 변위만큼 위치를 변화시키면 조화 진동자와 같은 미소 진동을 한다.

다음과 같은 퍼텐셜을 예를 들어보면 $x=0$인 지점은 $\frac{d^2U(x=0)}{dx^2} < 0$이므로 불안정한 평형점이고, $x = x_A,\ x_B$에서는 $\frac{d^2U(x=x_A,\ x_B)}{dx^2} > 0$이므로 안정적인 평형점이다. $x = x_A,\ x_B$인 두 지점에서는 운동에너지가 작다면 근사적 단진동과 같은 진동 운동이 가능하다.

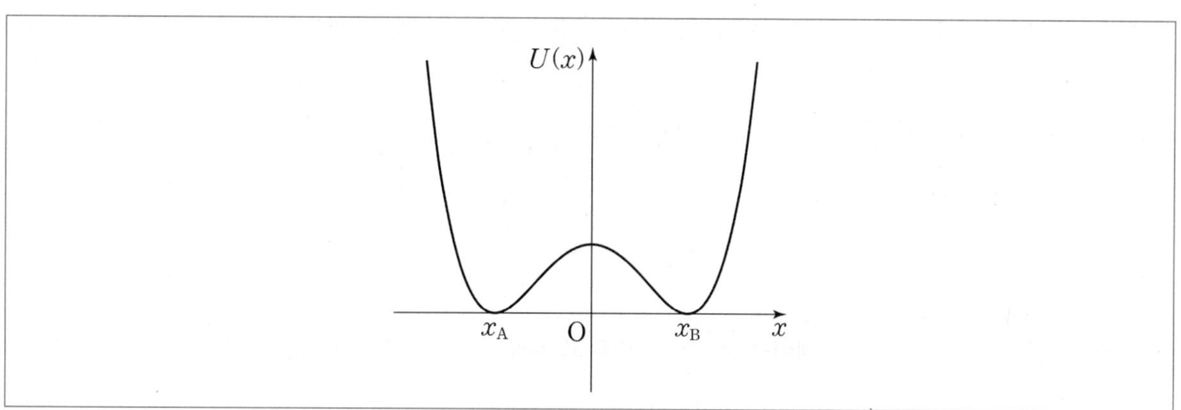

03 중력장에서 일반적 접근

한쪽이 질량이 매우 크지 않는 일반적인 상황을 보자.

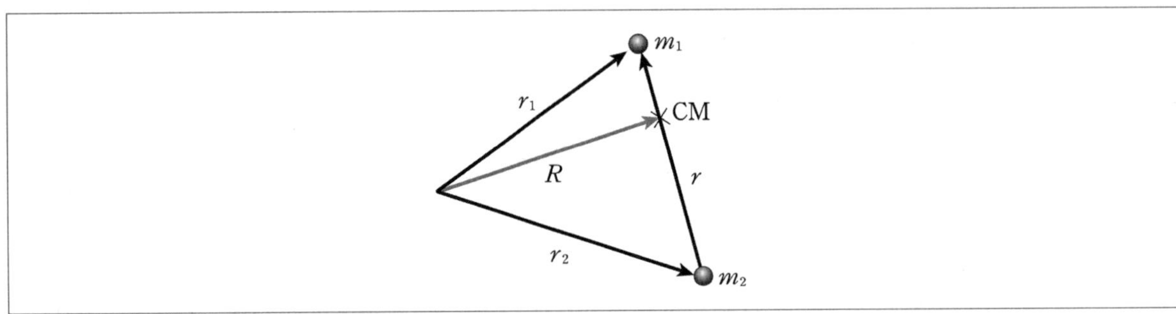

2개의 질량이 서로의 중력에 이끌려 운동을 하는 경우에 올바른 좌표설정이 이루어져야 물체의 운동 분석이 보다 쉬워진다. 우리가 기술하는 퍼텐셜의 경우에는 모두 두 물체의 사이 거리인 상대 좌표계로 정의가 되어 있다. 회전운동에서 다뤘듯 질량이 여러 요소가 존재하는 경우에 우리는 질량중심의 운동과 질량중심을 축으로 하는 회전운동으로 구별하여 전개하였다. 그런데 중력장이 존재하는 경우에는 퍼텐셜이 추가되므로 상대 좌표계의 운동도 하나의 요소로 추가된다. 질량이 2개인 운동의 경우에는 작용・반작용 법칙에서 전체의 질량중심 운동량이 보존되므로 일반적으로 질량중심 속도를 0으로 하고 기술한다. 만약 초기 질량중심 속도가 존재하는 경우 또는 질량중심 속도가 고려돼야 하는 문제인 경우에 추가하여 기술하면 된다.

1. 질량중심 좌표계 기준

물리에서는 기준점과 좌표계가 아주 중요하다. 질량이 2개인 중심력 운동인 경우에는 질량중심 좌표 $V_{cm}=0$으로 하고, 운동을 상대 좌표계 $|\vec{r}_1-\vec{r}_2|$로 기술하는 것이 시작이자 핵심이다. 두 물체의 전체 에너지는 $E=\frac{1}{2}m_1|\vec{r}_1|^2+\frac{1}{2}m_2|\vec{r}_2|^2+U(|\vec{r}_1-\vec{r}_2|)$ …… ①

질량중심의 위치 벡터를 $\vec{R}$이라고 하고 이를 원점(좌표기준)으로 삼았을 때 질량중심 속도를 $V_{cm}=0$이라 하자.

$$m_1\vec{r}_1+m_2\vec{r}_2=(m_1+m_2)\vec{R}=0\ \ (\because \vec{R}=0)$$

$$m_1\vec{r}_1=-m_2\vec{r}_2$$

➡ $\vec{r}_1=-\frac{m_2}{m_1}\vec{r}_2$

만약 두 물체의 떨어진 위치 벡터를 $\vec{r}=\vec{r}_1-\vec{r}_2$라고 하면 $|\vec{r}|=r$이다.

$$\vec{r}=(\vec{r}_1-\vec{r}_2)=\left(-\frac{m_2}{m_1}\vec{r}_2-\vec{r}_2\right)=-\frac{m_1+m_2}{m_1}\vec{r}_2$$

$$\therefore \vec{r}_2 = -\frac{m_1}{m_1+m_2}\vec{r},\ \vec{r}_1 = \frac{m_2}{m_1+m_2}\vec{r}$$

이를 식 ①에 대입하면

$$E = \frac{1}{2}m_1|\dot{\vec{r}}_1|^2 + \frac{1}{2}m_2|\dot{\vec{r}}_2|^2 + U(|\vec{r}_1 - \vec{r}_2|)$$

$$= \frac{1}{2}m_1\left(\frac{m_2}{m_1+m_2}\right)^2|\dot{\vec{r}}|^2 + \frac{1}{2}m_2\left(\frac{m_1}{m_1+m_2}\right)^2|\dot{\vec{r}}|^2 + U(r)$$

$$= \frac{1}{2}\left(\frac{m_1m_2(m_1+m_2)}{(m_1+m_2)^2}\right)|\dot{\vec{r}}|^2 + U(r)$$

$$\therefore E = \frac{1}{2}\left(\frac{m_1m_2}{m_1+m_2}\right)|\dot{\vec{r}}|^2 + U(r)$$

이렇게 바뀌게 된다. $|\vec{r}| = r$은 두 물체의 떨어진 거리이고, $|\dot{\vec{r}}| = v_{상대}$은 두 물체의 상대속도의 크기이다. 즉, 두 물체의 에너지를 떨어진 거리와 상대속도의 크기로 좌표설정을 하면 (태양에서 바라본 지구의 위치와 속도의 크기라고 해도 된다.) 에너지가 다음과 같이 바뀌게 된다는 것이다.

$$E = \frac{1}{2}\left(\frac{m_1m_2}{m_1+m_2}\right)|\dot{\vec{r}}|^2 + U(r)$$

만약 $\mu = \frac{m_1m_2}{m_1+m_2}$ (*reduced mass*; 환산 질량)으로 정의하면 $E = \frac{1}{2}\mu|\dot{\vec{r}}|^2 + U(r)$로 적을 수 있다.

위는 질량중심 좌표를 기준으로 기술한 것으로 환산질량, 상대 좌표계(상대속도)로 표현이 되는 것이다. 그런데 중력장에서는 작용・반작용 법칙이 성립하므로 질량중심 속력은

$$V_{cm} = \frac{m_1v_1 + m_2v_2}{m_1+m_2} = \text{일정}$$

질량중심에는 총 질량 $m_1 + m_2$가 일정한 속력 V_{cm}으로 동시에 움직인다. 질량중심 좌표계를 기준으로 삼았기 때문에 $V_{cm} = 0$으로 표현한 것이다.

2. 질량중심 좌표계 기준 vs 정지좌표계 기준의 상대적 관계

정지좌표계에서는 일반적으로 $V_{cm}=0$이 아닐 수 있다. 회전운동에서 병진운동과 질량중심의 회전운동으로 분할해서 기술한 것과 유사하다. 우리는 질량중심 좌표계에서는 $V_{cm}=0$이었으므로 정지좌표계에서는 질량중심의 운동에너지 $\frac{1}{2}(m_1+m_2)V_{cm}$만 추가하면 된다.

> 질량중심 병진 운동에너지: $E_{cm,k}=\frac{1}{2}(m_1+m_2)V_{cm}$
>
> 질량중심 좌표계 기준 에너지: $E|_{질량중심}=\frac{1}{2}\mu|\vec{r}|^2+U(r)$
>
> 정지좌표계 기준 에너지: $E|_{정지좌표계}=\frac{1}{2}(m_1+m_2)V_{cm}^2+\frac{1}{2}\mu|\vec{r}|^2+U(r)$

질량이 2개인 물체의 운동 ➡ 질량이 1개인 물체의 운동 시스템 변환

즉, 두 물체의 떨어진 거리와 상대속도로 해석하면 환산질량을 가진 고정지점에서의 운동으로 인식할 수 있다는 것이다. 왜냐면 우리는 태양을 고정시키고 지구의 행성운동을 관찰하는데 관심이 있기 때문에 이렇게 이해하면 매우 편리해지기 때문이다.

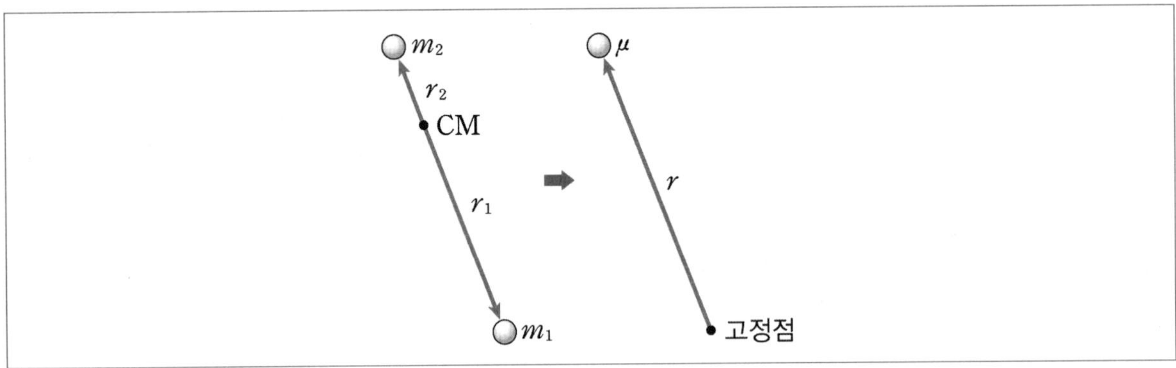

m_1, m_2 두 물체 시스템 질량중심 좌표계 기준 ➡ 환산질량 한 물체, 상대 좌표계 시스템으로 변환

3. 환산 질량 사용의 예제

(1) 원운동

핵심은 질량중심 위치와 주기, 상대속도

19-A10

예제 3 다음 그림과 같이 질량이 각각 m, $2m$인 두 별 A, B가 질량중심 O를 중심으로 원운동 한다. A와 B 사이의 거리는 d로 일정하다. A와 B의 원운동 주기는 T로 같고, B에 대한 A의 속력은 v_{AB}이다.

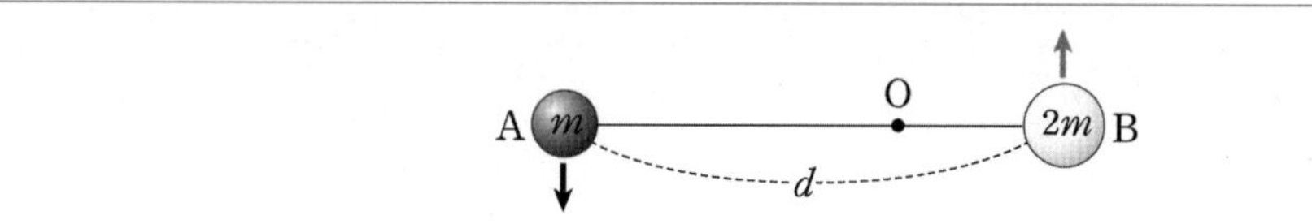

이때 O와 A 사이의 거리를 d로 나타내고, v_{AB}와 T를 풀이 과정과 함께 각각 구하시오. (단, A, B의 크기는 무시하고, G는 만유인력 상수이다.)

정답 1) $r_A = \frac{2}{3}d$, 2) $T = 2\pi d\sqrt{\frac{d}{3Gm}}$, $v_{AB} = \sqrt{\frac{3Gm}{d}}$

풀이

1) 질량중심 위치 O로부터 A와 B가 떨어진 거리를 각각 r_A, r_B라 하면

$r_A + r_B = d$ …… ①

질량중심 공식 $x_{com} = \frac{m_1x_1 + m_2x_2}{m_1 + m_2}$를 이용하면

$\therefore r_A = \frac{2}{3}d$

2) 상대 좌표계, 환산질량은 상대속도를 의미한다.

$$\frac{Gm_Am_B}{d^2} = \frac{\mu v_{AB}^2}{d} \quad ; v_{AB} = \text{상대속도}$$

$$\therefore v_{AB} = \sqrt{\frac{G(m_A + m_B)}{d}} = \sqrt{\frac{3Gm}{d}}$$

$$T = \frac{2\pi d}{v_{AB}} = 2\pi d\sqrt{\frac{d}{3Gm}}$$

$$\therefore T = 2\pi d\sqrt{\frac{d}{3Gm}}$$

(2) 진동 운동

예제 4 왼쪽 부분의 질량이 m, M인 물체가 용수철에 연결되어 있다. 이때 용수철의 원래 길이 L_0로부터 A만큼 압축되었을 때 주기와 물체의 상대속도의 크기의 최댓값을 구하시오.

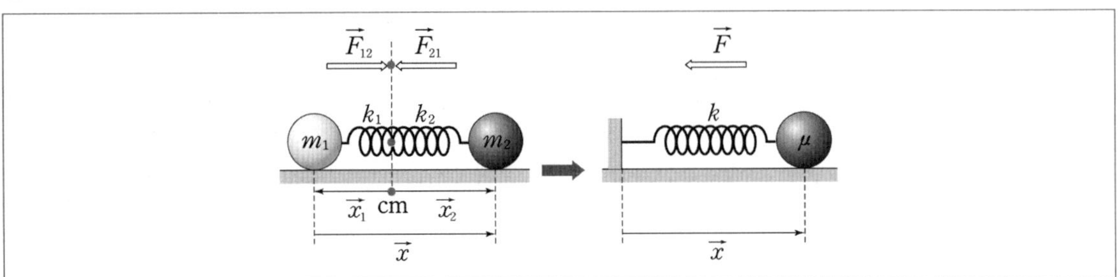

풀이

질량 m 위치에 타서 보더라도 최대로 압축되고 최대로 벌이지는 현상은 동일하므로 일단 주기는 외부에서 보나 타서 보나 바뀌지 않는다. 그렇다면 두 물체를 하나로 환산질량으로 보게 되면 주어진 그림의 오른쪽과 같다.

즉, 주기 $T = 2\pi\sqrt{\dfrac{\mu}{k}} = 2\pi\sqrt{\dfrac{m_1 m_2}{k(m_1 + m_2)}}$ 이다. 이는 라그랑지안 역학에서 조화진동모드로 풀어도 동일한 결과를 얻는다. 또한 상대속도 크기의 최댓값은 평형점에서 가지므로

$$\frac{1}{2}kA^2 = \frac{1}{2}\mu v_{상대}^2$$

$$v_{상대} = A\sqrt{\frac{k}{\mu}} = A\sqrt{\frac{k(m_1+m_2)}{m_1 m_2}}$$

※ 참고 : 캐플러 법칙의 이해

$$E_k = \frac{1}{2}\mu\dot{r}^2 + \frac{1}{2}\frac{L^2}{\mu r^2} \quad (L = \mu r^2\dot{\theta})$$

각운동량은 보존되므로 캐플러 제2법칙 면적속도 일정의 법칙을 보면

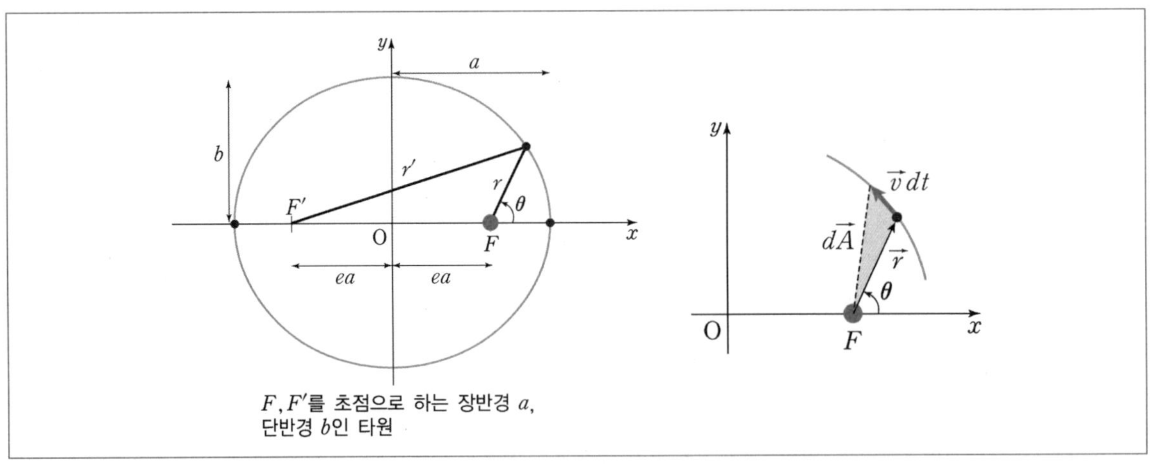

F, F'를 초점으로 하는 장반경 a, 단반경 b인 타원

짧은 시간 동안 휩쓸고 지나가는 면적

$dA = \frac{1}{2}r^2 d\theta$

$\frac{dA}{dt} = \frac{1}{2}r^2\dot{\theta} = \frac{L}{2\mu} =$ 일정

각운동량 보존 법칙은 중심력 운동이다. 따라서 면적 속도 일정의 법칙은 행성이 공전하는 순간의 태양을 기준으로 행성의 변위와 속도의 곱의 크기가 항상 일정함을 보여준다. 태양과 가까울 때는 공전 속력이 커지게 되고 멀어질 때는 공전 속력이 작아지게 된다.

$\vec{L} = m\vec{r} \times \vec{v}$, $\vec{\tau} = \frac{d}{dt}\vec{L} = \vec{r} \times \vec{F}$

각운동량은 벡터량으로 중력장에서 보존이 된다.

$\therefore L = mrv\sin\theta$ (속도와 초점으로부터 떨어진 위치벡터와의 사이각 θ)

(3) 캐플러 제3법칙(조화의 법칙)

행성 공전 주기의 제곱은 공전 궤도 장반경의 세제곱에 비례한다.

$\frac{T^2}{a^3} = (\text{일정})$

앞에 했던 운동을 이용해서 조화의 법칙을 유도해 보자.

$$E_{\text{전체}} = \frac{1}{2}\mu\dot{r}^2 + \frac{1}{2}\frac{L^2}{\mu r^2} + U = \frac{1}{2}\mu\dot{r}^2 + U_{\text{유효}}$$

$$\frac{1}{2}\mu\dot{r}^2 = -\frac{1}{2}\frac{L^2}{\mu r^2} + \frac{k}{r} + E_T = 0$$

근일점 $r_{\min}$ 과 원일점 $r_{\max}$ 에서는 거리와 속도방향이 수직이므로 병진 속력 즉, $\dot{r} = 0$ 이 된다.

$$r^2 + \frac{k}{E}r - \frac{L^2}{2\mu E} = 0$$

이때 해는 근일점과 원일점이 된다.

$$r_{\min} + r_{\max} = 2a = -\frac{k}{E} = \frac{k}{|E|}$$

$$r_{\min}r_{\max} = -\frac{L^2}{2\mu E} = \frac{L^2}{2\mu|E|}$$

타원성질을 조금 이용하면

$$c = a - r_{\min} = \frac{r_{\max} - r_{\min}}{2}$$

$$b = \sqrt{a^2 - c^2} = \sqrt{r_{\min}r_{\max}} = \sqrt{\frac{L^2}{2\mu|E|}}$$

면적속도 일정의 법칙에서

$$\frac{dA}{dt} = \frac{1}{2}r^2\dot{\theta} = \frac{L}{2\mu}$$

$$dt = \frac{2\mu}{L}dA \Rightarrow \int_0^T dt = \frac{2\mu}{L}\int_0^A dA$$

$$T_{주기} = \frac{2\mu}{L}\pi ab \ (\because A = 타원면적)$$

$$T = \frac{2\mu}{L}\pi a \frac{L}{\sqrt{2\mu|E|}} = \sqrt{2\mu}\,\pi a \frac{1}{\sqrt{|E|}}$$

$$\therefore T^2 = \frac{2\mu\pi^2 a^2}{|E|} = \frac{4\pi^2\mu}{k}a^3$$

궤도는 이심률$= \epsilon = \frac{c}{a}$(또는 역학적 에너지 E)의 값에 대하여 여러 원뿔곡선으로 분류된다.

이심률	역학적 에너지	궤도 종류
$\epsilon > 1$	$E > 0$	쌍곡선
$\epsilon = 1$	$E = 0$	포물선
$0 < \epsilon < 1$	$V_{min} < E < 0$	타원
$\epsilon = 0$	$E = V_{min}$	원

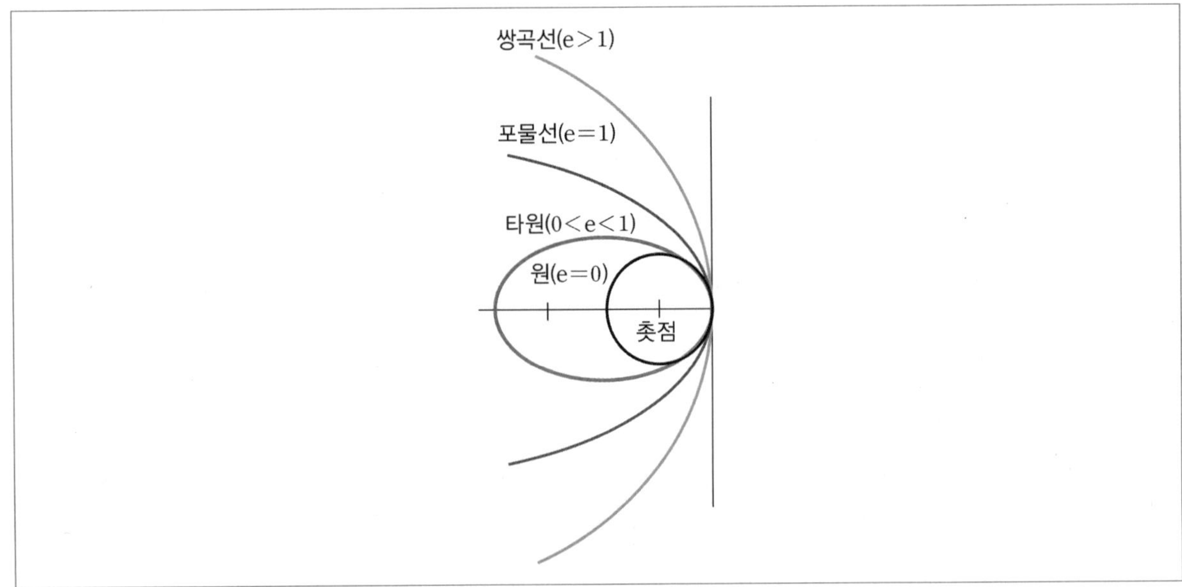

에너지에 따라 궤도가 결정된다.

특정한 위치에서 초기 역학적 에너지에 따라 원, 타원, 포물선, 쌍곡선 궤도가 결정된다.

원운동하기 위한 최소한의 속력은 구심력과 중력이 일치해야 하므로

$\frac{mv^2}{r} = \frac{GMm}{r^2}$ ➡ $v_{\min} = \sqrt{\frac{GM}{r}}$: 궤도운동을 위한 최소 속력

탈출 속력은 물체가 우주 끝에 도달하는 경우이므로 최소한 우주 끝에서 속력이 0보다 크거나 같으면 된다. 우주 끝은 $r \simeq \infty$ 이므로 위치에너지가 0이다.

$$E_{전체} = \frac{1}{2}mv^2 - \frac{GMm}{r} = 0$$

초기 위치가 r이면 $v_{탈출} = \sqrt{\frac{2GM}{r}}$ 이다.

속력이 탈출 속도와 같아지게 되면 포물선 운동을 하여 중력장을 탈출하게 되고, 더 크게 되면 쌍곡선 운동을 하게 된다. 그리고 $v_{\min} < v < v_{탈출}$이면 타원궤도 운동을 한다.

24-A03

예제 5 질량이 M, 반지름이 R인 지구의 탈출 속력은 v_0이다. 지표면에서 질량 m인 물체를 속력 $v = \alpha v_0$으로 연직 상방으로 쏘아 올렸을 때, 물체가 도달할 수 있는 지표면으로부터 최대 높이를 α와 R로 나타내시오. 물체가 최대 높이에 도달했을 때, 중력 가속도가 지표면의 중력 가속도의 $\frac{1}{4}$이 되는 α를 구하시오.

정답 1) $\frac{\alpha^2}{1-\alpha^2}R$, 2) $\alpha = \frac{1}{\sqrt{2}}$

연습문제

정답_ 267p

01 다음 그림과 같이 일정한 각속도 ω로 회전하는 원판이 있다. $t=0$일 때 중심에서 출발한 질량 m인 공은 원판 내부에서 보았을 때 일정한 속력 v_0로 등속 직선 운동한다.

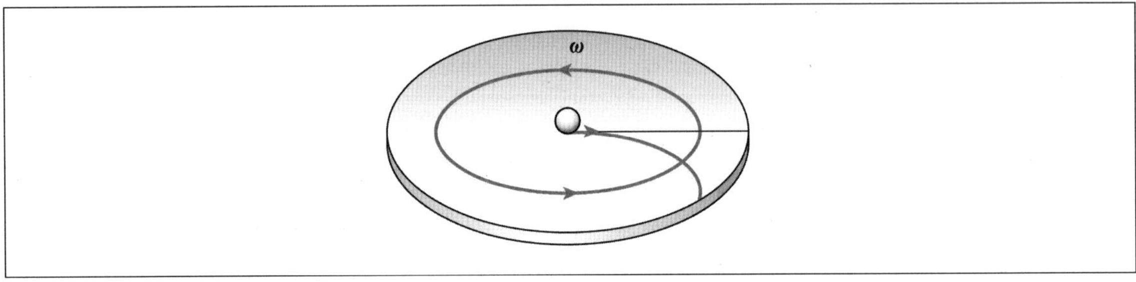

임의의 시간 $t>0$일 때 원판 외부 지표면의 정지좌표계에서 보는 구심가속도의 크기와 공의 알짜힘의 크기를 각각 구하시오.

02 다음 그림과 같이 내면이 매우 매끄러운 파이프가 수평면에서 일정한 각속도 Ω로 회전하고 있다. 파이프 내면의 회전 중심에 질량 m인 작은 구슬이 $t=0$에서 반경 방향 초기 속력 v_0를 갖고 놓여진다.

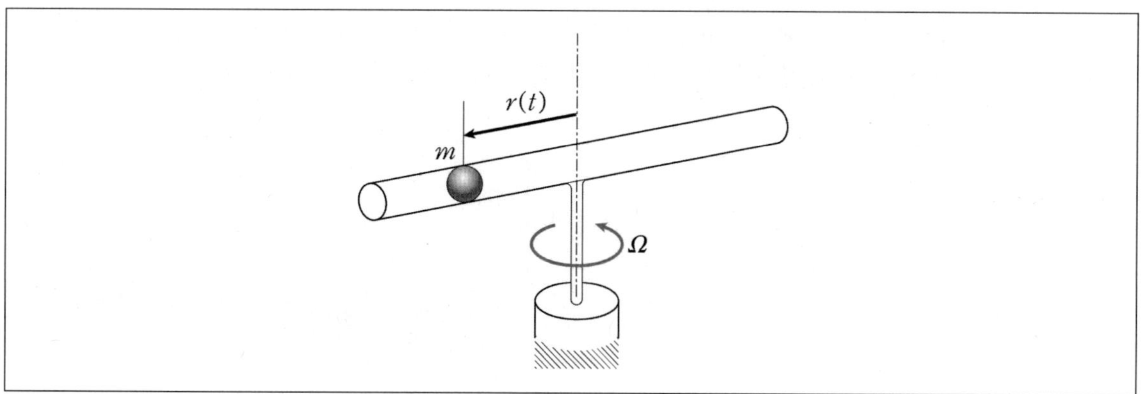

$t>0$에서 회전축으로부터 떨어진 거리 $r(t)$를 구하시오. 또한 파이프가 구슬에 작용하는 힘의 크기를 구하시오. (단, 구슬과 파이프 내면 사이의 마찰은 무시한다.)

자료

각속도 $\vec{\omega}$로 회전하는 계에서 가속도 관계식은 다음과 같다.

$$\vec{a}\big|_{외부} = \vec{a}\big|_{내부} + \frac{d\vec{\omega}}{dt}\times\vec{r}\Big|_{내부} + 2\vec{\omega}\times\vec{v}\Big|_{내부} + \vec{\omega}\times\vec{\omega}\times\vec{r}\Big|_{내부}$$

$$= \vec{a}\big|_{내부} + \vec{a}\big|_{접선} + 2\vec{\omega}\times\vec{v}\big|_{내부} + \vec{a}\big|_{구심}$$

18-B03

03 다음 그림과 같이 일정한 각속력 ω로 회전하는 질량 m인 바퀴가 세차운동을 하고 있다. z축과 바퀴 축의 사잇각이 120°로 일정하게 유지된다. 바퀴 축의 왼쪽 끝은 원통좌표계 $(\rho,\ \phi,\ z)$의 원점 O에 연결되어 있고, 아래쪽 끝의 방위각은 ϕ이다. O부터 질량중심까지의 거리는 D이다.

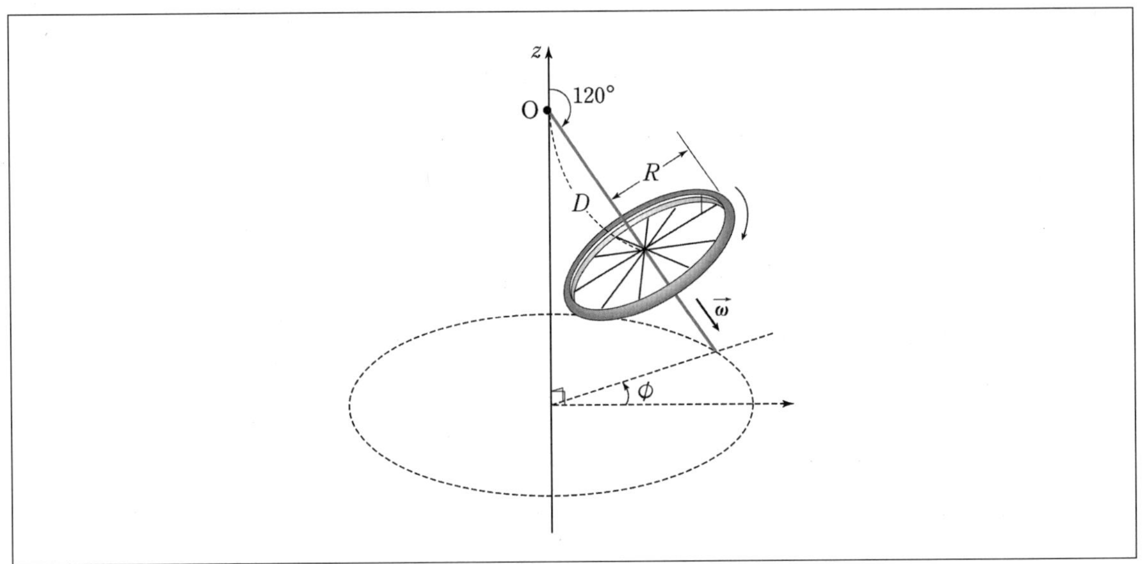

이때 O에 대하여, 총 각운동량의 시간 변화율 $\dfrac{d\vec{L}}{dt}$의 크기와 방향을 구하고, 세차운동의 각속도 $\vec{\omega}_p$의 크기와 방향을 구하시오. (단, 중력 가속도는 $\vec{g}=-g\hat{z}$, 바퀴 축에 대한 바퀴의 관성 모멘트는 mR^2이고, 바퀴살과 축의 질량, 마찰과 공기 저항은 무시한다.)

04 다음 그림과 같이 축의 한 끝이 지지된 자이로스코프의 관성 바퀴가 회전하면 관성 바퀴와 회전축이 아래로 떨어지지 않고 수평면 상에서 원운동을 한다. 이와 같은 운동을 세차운동(precession)이라고 하며 세차운동의 각속도는 Ω이다. 원판의 회전 각속도 ω의 방향과 세차운동 각속도 Ω의 방향의 서로 수직을 이룬다. 원판의 질량중심의 위치는 고정점으로부터 d만큼 떨어져 있다.

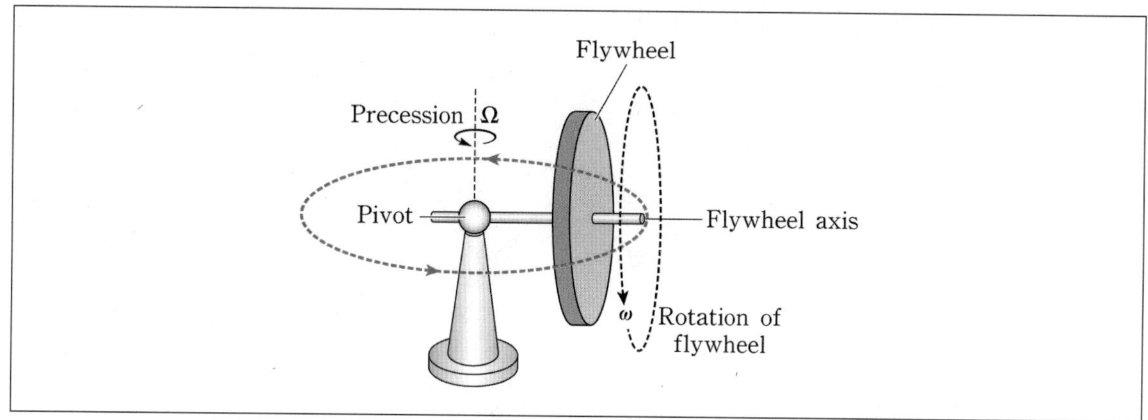

이때 세차운동의 각속도 Ω의 크기를 구하시오. (단, 중력 가속도의 크기는 g이다. 원판의 회전관성 모멘트의 크기는 $I_0 = \frac{1}{2}mR^2$이고, 모든 마찰은 무시한다.)

05 다음 그림과 같이 한 변의 길이가 D인 질량을 무시할 수 있는 막대 중앙에 회전하는 휠이 연결되어 있다. 막대 4개가 정사각형을 이루며, 휠의 중앙을 통과하는 축으로부터 회전 모멘트는 I_0이고, 4개의 휠은 모두 각속력 ω로 동일하다. 정사각형 한 꼭짓점은 회전축에 연결되어 있으며 지면을 나오는 방향이 $+z$축 방향이다. 그리고 중력은 $-z$축 방향으로 작용하고 있다. 4개 휠을 포함한 회전 틀의 전체 질량은 M이고 질량중심은 정사각형 중심에 있다.

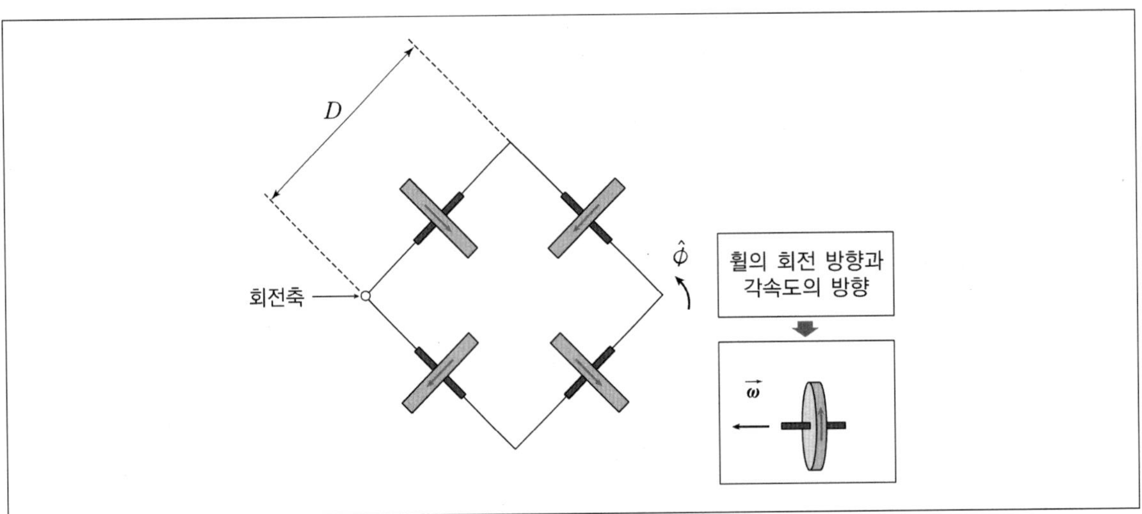

이때 정지좌표계에서 회전축에 대한 토크 $\vec{\tau}$의 크기와 방향을 각각 구하시오. 또한 세차운동의 각속도 $\vec{\Omega}$의 크기와 방향을 각각 구하시오. (단, 중력가속도는 $\vec{g} = -g\hat{z}$이고, 모든 마찰과 공기 저항은 무시한다.)

22-A08

06 질량 m인 입자의 위치 벡터는 $\vec{r}(t) = \sin\omega t\,\hat{x} + 2\cos\omega t\,\hat{y} + \sin(\omega t + \phi)\hat{z}$로 주어진다($\omega$, ϕ는 상수). 이 입자에 작용하는 힘을 구하고, 원점을 기준으로 하는 토크(torque)를 구하시오. 또한 원점을 기준으로 하는 각운동량의 x성분이 0이 되는 $\phi(0 \le \phi \le \pi)$를 풀이 과정과 함께 구하시오.

자료

$$\cos(\alpha \pm \beta) = \cos\alpha\cos\beta \mp \sin\alpha\sin\beta$$

$$\sin(\alpha \pm \beta) = \sin\alpha\cos\beta \pm \cos\alpha\sin\beta$$

21-A07

07 다음 그림은 질량 M인 항성 주변을 질량 m인 행성이 공전할 때 $(M \gg m)$, 뉴턴의 만유인력에 아인슈타인의 일반 상대론적 보정을 고려한 유효 퍼텐셜 U_{eff}를 개략적으로 나타낸 것이다.

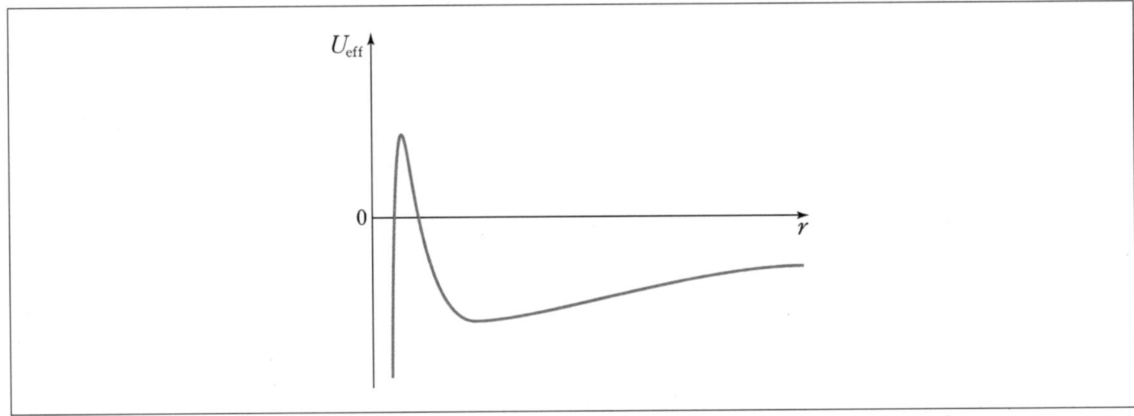

U_{eff}는

$$\begin{aligned} U_{\mathrm{eff}}(r) &= \frac{L^2}{2mr^2} - \frac{GMm}{r} - \frac{GML^2}{mc^2r^3} \\ &= \frac{\alpha}{r^2} - \frac{\beta}{r} - \frac{\gamma}{r^3} \end{aligned}$$

이고, L은 행성의 각운동량, r는 행성과 항성 사이의 거리, G는 만유인력 상수, c는 빛의 속력이다. 이때 행성에 허용되는 안정한 원 궤도의 반지름 r_s를 풀이 과정과 함께 α, β, γ로 나타내시오. 또한 $\gamma = 0$인 경우 원 궤도 반지름 r_0를 구하고, r_s와의 크기를 비교하시오.

08 질량이 m인 입자가 아래의 퍼텐셜 에너지에 따라 움직인다.

$$V = -\frac{k}{r^4} \ (k > 0)$$

입자의 각운동량이 L이라고 할 때, 유효퍼텐셜을 쓰고 원운동 할 때의 반경 r_0를 구하시오. 또한 해당 원운동이 안정적인 원운동인지(stable circular motion) 아닌지 보이고, 주기 T를 구하시오.

16-A11

09 질량 m인 어떤 입자가 원점 O로부터 거리 r에 따른 퍼텐셜 에너지 $V(r) = kr$에 의한 중심력을 받으며 한 평면에서 운동한다. 입자의 각운동량은 L이다. 입자의 유효퍼텐셜 에너지 $U_{\text{eff}}(r)$를 쓰고, $U_{\text{eff}}(r)$가 최소가 되는 원점으로부터의 거리 r_0을 쓰시오. 또한 입자가 원운동 할 때 회전 주기 T를 풀이 과정과 함께 구하시오. (단, k는 양의 상수이다.)

10 질량이 m인 입자가 아래의 퍼텐셜 에너지에 따라 움직인다.

$$V = -\frac{k}{r} - \frac{\alpha}{2r^2} \quad (k > 0)$$

입자의 각운동량이 L이라고 할 때, 유효퍼텐셜을 쓰고 원운동하기 위한 α의 조건을 구하시오. 그리고 해당 원운동이 안정적인 원운동인지(stable circular motion) 아닌지 보이고, 주기 T를 구하시오.

11 질량이 m 인 입자가 $F = -kx + \dfrac{kx^3}{\alpha^2}$ 의 힘을 받아 운동한다. 여기서 k와 α는 양의 상수이다. 이때 입자의 퍼텐셜 에너지 $U(x)$와 안정적 평형점의 위치 x_0을 구하시오. 또한 입자가 초기에 안정적 평형점에 있을 때 진동하기 위한 입자의 전체 에너지 조건을 구하시오. (단, $U(x_0) = 0$ 으로 한다.)

25-A08

12 다음 그림은 질량 m인 입자의 1차원 퍼텐셜 에너지 $U(x)$와 두 안정 평형점 x_A, x_B를 나타낸 것이다.

$$U(x) = U_0\left(\frac{x^4}{2a^4} - \frac{x^2}{a^2} + \frac{1}{2}\right)$$

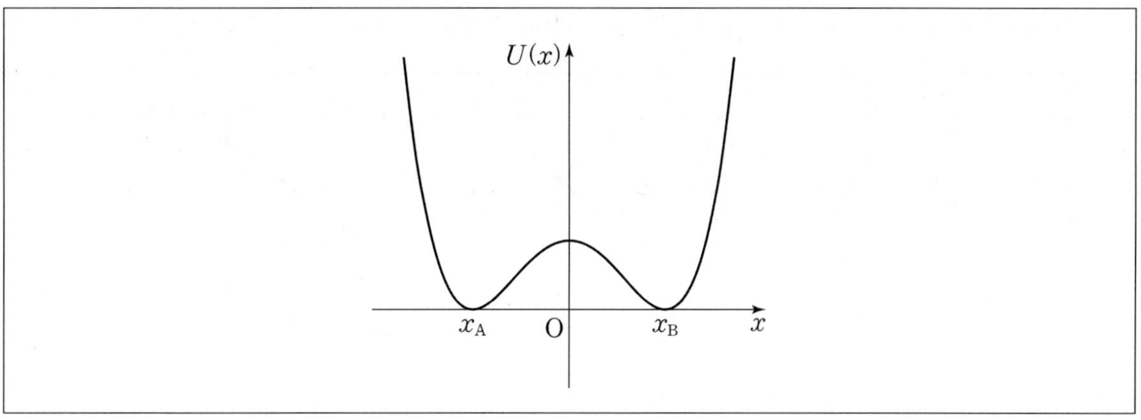

이때 입자가 받은 힘 $F(x)$와 x_A를 각각 구하시오. 이 입자가 x_A, x_B를 지나 왕복 운동하기 위한 안정 평형점에서의 최소 속력을 풀이 과정과 함께 구하시오. (단, U_0과 a는 양의 상수이다.)

09-15

13 그림 (가)는 실험실 좌표계에서 질량 m_1인 물체가 속도 $\vec{v}_1$로 입사하여 정지해 있는 질량 m_2인 물체에 탄성충돌하는 것을 나타낸다. 그림 (나)는 충돌 후 실험실 좌표계에서 두 물체의 속도 $\vec{v}_1{}'$, $\vec{v}_2{}'$와 질량중심 좌표계에서의 속도 $\vec{u}_1{}'$, $\vec{u}_2{}'$ 및 질량중심의 속도 $\vec{V}_{\mathrm{CM}}$과의 관계를 나타낸다. 실험실 좌표계에서 질량 m_1의 산란각은 θ_1, 질량 m_2의 산란각은 θ_2이며, 질량중심 좌표계에서 산란각은 각각 ϕ_1, ϕ_2이다.

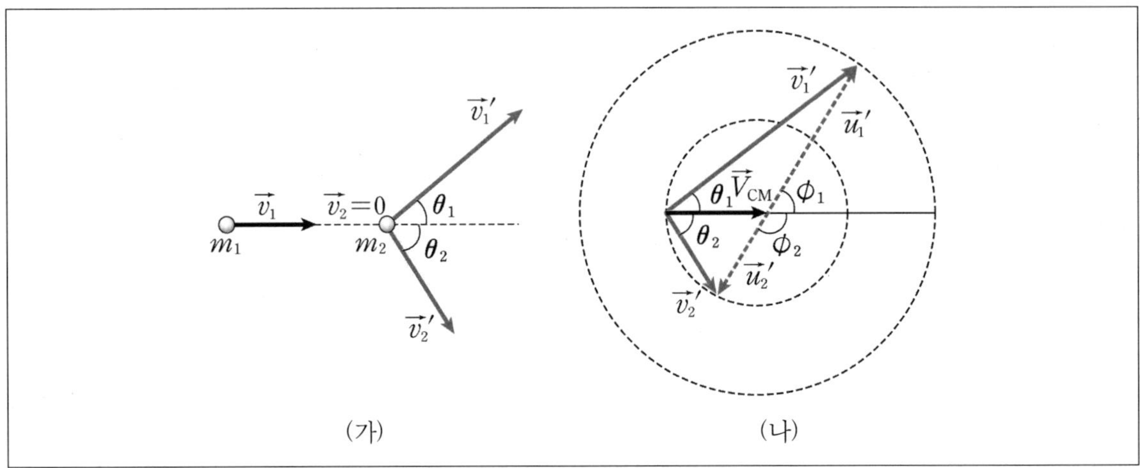

(가) (나)

그림을 참고하여 <보기>의 설명 중 옳은 것을 모두 고른 것은?

보기

ㄱ. 위 충돌에서 질량 m_1이 질량 m_2보다 크다.

ㄴ. 질량중심 좌표계에서 질량 m_1의 운동량의 크기는 충돌 전후에 변하지 않는다.

ㄷ. 만약 $m_1 = m_2$라면 $\theta_1 = \frac{\phi_1}{2}$이다.

ㄹ. 위 충돌에서, 실험실 좌표계에서 총 운동에너지는 질량중심 좌표계에서 총 운동에너지와 같다.

① ㄱ, ㄴ ② ㄱ, ㄹ

③ ㄴ, ㄷ ④ ㄷ, ㄹ

⑤ ㄴ, ㄷ, ㄹ

Chapter 03 라그랑지안 역학 기본

01 최소 작용 원리(수학적 증명과 물리적 이해)

임의의 위치와 시간 $q_1(t_1)$에서 $q_2(t_2)$로 이동할 때 물체는 정의된 Action S를 최소화하는 방향으로 움직인다.

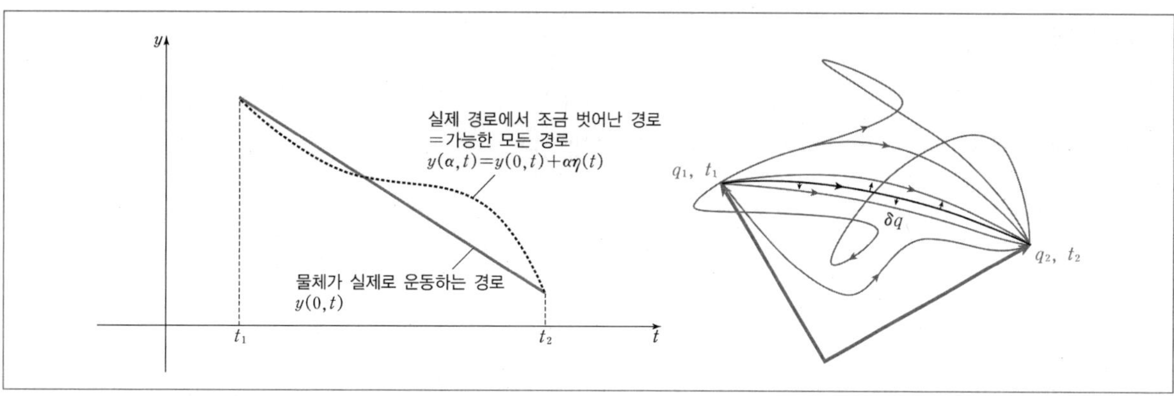

※ 참고

증명은 반드시 알 필요는 없다.

$S=\int_{t_1}^{t_2} L(q,\ \dot{q};t)\,dt$: S는 어떤 $L(q,\ \dot{q};t)$에 대해 경로 적분 형식으로 주어진다고 하자.

이때 S를 최소화하는 경로의 q값을 $q_0(t)$라 하면 $q(t)=q_0(t)+\alpha h(t)$라 표현할 수 있다. 이것은 평균값 정리 증명할 때의 방식과 유사하다. 저렇게 정의할 경우에 어떠한 경로든 최소 경로와 시작과 끝이 일치하므로

$q(t_1)=q_0(t_1)+\alpha h(t_1)$

$q(t_2)=q_0(t_2)+\alpha h(t_2)$

$h(t_1)=h(t_2)=0$

을 만족한다. 그러면 최소 경로는 α의 변수로 바뀌게 되므로 α에 대한 극값을 가진다.

$$\frac{dS}{d\alpha}=\int_{t_1}^{t_2}\left(\frac{\partial L}{\partial q}\frac{dq}{d\alpha}+\frac{\partial L}{\partial \dot{q}}\frac{d\dot{q}}{d\alpha}\right)dt$$

$$=\int_{t_1}^{t_2}\left(\frac{\partial L}{\partial q}h(t)+\frac{\partial L}{\partial \dot{q}}\frac{dh(t)}{dt}\right)dt=\int_{t_1}^{t_2}\frac{\partial L}{\partial q}h(t)dt+\int_{t_1}^{t_2}\frac{\partial L}{\partial \dot{q}}\frac{dh(t)}{dt}dt$$

$$=\int_{t_1}^{t_2}\frac{\partial L}{\partial q}h(t)dt+\frac{\partial L}{\partial \dot{q}}\underbrace{(h(t_2)-h(t_1))}_{=0}-\int_{t_1}^{t_2}\frac{d}{dt}\left(\frac{\partial L}{\partial \dot{q}}\right)h(t)dt$$

$\frac{d}{dt}\left(\frac{\partial L}{\partial \dot{q}}h(t)\right)=\frac{d}{dt}\left(\frac{\partial L}{\partial \dot{q}}\right)h(t)+\frac{\partial L}{\partial \dot{q}}\frac{dh(t)}{dt}$ 를 활용해서 부분적분 한 것이다.

$$\frac{dS}{d\alpha}=\int_{t_1}^{t_2}\left(\frac{\partial L}{\partial q}h(t)-\frac{d}{dt}\left(\frac{\partial L}{\partial \dot{q}}\right)h(t)\right)dt=\int_{t_1}^{t_2}\left(\frac{\partial L}{\partial q}-\frac{d}{dt}\left(\frac{\partial L}{\partial \dot{q}}\right)\right)h(t)dt=0$$

$$\therefore \frac{\partial L}{\partial q}-\frac{d}{dt}\left(\frac{\partial L}{\partial \dot{q}}\right)=0$$

$\frac{\partial L}{\partial q}-\frac{d}{dt}\left(\frac{\partial L}{\partial \dot{q}}\right)=0$: 오일러-라그랑주 방정식

1. 뉴턴역학

우리는 해당 물리에 맞게끔 $L(q,\ \dot{q};t)$를 정의해 주면 된다. 지금 배우는 과목은 뉴턴역학이다. 뉴턴역학의 가설은 운동방정식 즉, $F=ma=-\nabla V$로부터 출발한다.

$ma=m\frac{d\dot{q}}{dt}=-\frac{d}{dq}V(q)$: 뉴턴역학의 가설

$T(\dot{q})=\frac{1}{2}m\dot{q}^2$ ➡ $\frac{dT}{d\dot{q}}=m\dot{q}$

$$\frac{d}{dt}\left(\frac{dT}{d\dot{q}}\right)=m\frac{d\dot{q}}{dt}$$

$$F=ma=m\frac{d\dot{q}}{dt}=-\frac{d}{dq}V(q)$$

➡ $\frac{d}{dt}\left(\frac{\partial T}{\partial \dot{q}}\right)+\frac{d}{dq}V(q)=0$

$\frac{\partial V}{\partial \dot{q}}=\frac{\partial T}{\partial q}=0$ …… ①

$\frac{d}{dt}\left(\frac{\partial L}{\partial \dot{q}}\right)-\frac{\partial L}{\partial q}=0$을 이용하면

$$F=ma=m\frac{d\dot{q}}{dt}=-\frac{d}{dq}V(q)$$

➡ $\frac{d}{dt}\left(\frac{\partial T}{\partial \dot{q}}\right)+\frac{\partial}{\partial q}V=0$

$$\frac{d}{dt}\left(\frac{\partial T}{\partial \dot{q}}\right)-\frac{\partial}{\partial q}(-V)=0$$

식 ①을 대입하여 정리하면

$$\frac{d}{dt}\left(\frac{\partial (T-V)}{\partial \dot{q}}\right)-\frac{\partial}{\partial q}(T-V)=0$$

따라서 뉴턴역학의 경우 $L=T-V$로 정의하게 되면 뉴턴역학의 가설인 운동방정식을 이끌어 낼 수 있다.

2. 뉴턴역학의 운동방정식

$$\frac{d}{dt}\left(\frac{\partial L}{\partial \dot{q}}\right) - \frac{\partial L}{\partial q} = 0 \ : \ L = T - V$$

3. 라그랑지안의 편리성

라그랑지안은 우리가 최소작용원리 수학적 방법, 즉 오일러 방정식을 활용하여 운동방정식을 이끌어 낸 것이다. 일반적으로 운동에너지와 위치에너지는 스칼라 함수이므로 방향을 고려하지 않아도 되어 매우 편리하게 다룰 수 있다. 스칼라 함수를 정의하여 운동방정식을 이끌어 낸다면 뉴턴역학은 풀리게 된다. 라그랑지안은 물체의 질량이 여러 개인 경우 복잡한 상황에서 그 진가를 발휘하게 된다. 참고로 라그랑지안은 새로운 물리가 아닌 하나의 수학적 테크닉이다.

02 라그랑지안 역학의 출발점

뉴턴역학은 정지좌표계로부터 기술된다. 지표면의 한 고정점으로부터 각 물체의 질량중심에 대한 좌표설정을 질량별로 정의해주면 된다. 그리고 앞서 강의에서도 언급했듯이 물체는 병진과 회전파트로 각각 나눠서 정의해주면 된다. 병진운동에너지와 회전운동에너지로 분할해서 정의하면 된다. 병진파트는 직교좌표계를 이용, 회전파트는 원통형좌표계(혹은 구면좌표계)를 일반적으로 사용한다.

1. 라그랑지안 기본 좌표계별 의미

(1) **직교 좌표계** $q_i \in \{x,\ y,\ z\}$

$$\frac{\partial L}{\partial \dot{q}_i} = p_i \ ➡ \ \frac{\partial L}{\partial \dot{x}} = p_x,\ \frac{\partial L}{\partial \dot{y}} = p_y,\ \frac{\partial L}{\partial \dot{z}} = p_z$$

$$\frac{\partial L}{\partial q_i} = \dot{p}_i \ ➡ \ \frac{\partial L}{\partial x} = \dot{p}_x,\ \frac{\partial L}{\partial y} = \dot{p}_y,\ \frac{\partial L}{\partial z} = \dot{p}_z$$

만약 $\frac{\partial L}{\partial q_i} = \dot{p}_i = 0$ 인 경우 $\frac{\partial L}{\partial \dot{q}_i} = p_i =$ 일정하다. 즉, 운동량이 보존됨을 의미한다. 역학적에너지가 보존되는 경우에 라그랑지안 역학으로 보존될 수 있는 값은 전체 역학적에너지와 운동량이다. 즉, 보존되는 값을 찾으라고 할 경우 전체 에너지도 고려해야 함을 잊지 말자.

(2) **극 좌표계** $q_i \in \{r,\ \theta\}$

$$\frac{\partial L}{\partial \dot{q}_i} = p_i \ \Rightarrow\ \frac{\partial L}{\partial \dot{r}} = p_r,\ \ \frac{\partial L}{\partial \dot{\theta}} = p_\theta$$

$$\frac{\partial L}{\partial q_i} = \dot{p}_i \ \Rightarrow\ \frac{\partial L}{\partial r} = \dot{p}_r,\ \ \frac{\partial L}{\partial \theta} = \dot{p}_\theta$$

극 좌표계는 회전파트에서 주로 활용된다. 회전파트에서는 $\frac{\partial L}{\partial \theta} = \dot{p}_\theta = 0$이 된다면 $\frac{\partial L}{\partial \dot{\theta}} = p_\theta =$ 일정, 즉 각운동량이 일정함을 확인할 수 있다.

2. 라그랑지안 역학의 힘의 평형점 구하기

q_0라 평형점이라면 물체가 평형점 조건은 다음과 같다. 평형점에서 속력 $\dot{q}_0 = 0$이면 가속도 $\ddot{q}_0 = 0$를 만족한다. 즉, 평형점에서는 $\dot{q}_0 = 0,\ \ddot{q}_0 = 0$ 동시에 만족해야 한다. 평형점과 평형점에서 진동을 착각하기 쉬운데 조심하자.

평형점이라 함은 가속하는 버스 내부에서 손잡이를 생각하면 된다. 평형점에서 운동에너지 즉, 속력이 없다면 물체는 가평형점에서 알짜힘이 0이므로 움직임이 없게 된다. 이로서 평형점 조건을 이용해서 평형점의 위치 q_0를 구하면 된다.

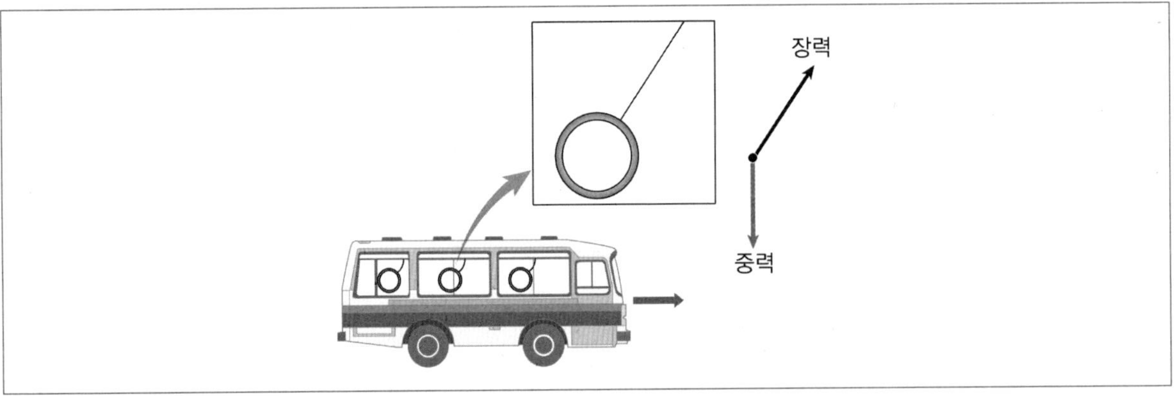

그리고 평형점을 중심으로 진동운동을 하게 될 때는 평형점에서 속력이 0이 아니다. 일반적으로 $f(x_0+\epsilon) \simeq f(x_0) + f(x_0)'\epsilon$ 테일러 1차 전개를 활용하여 근사적으로 구한다. 평형점을 구하는 것과 진동운동하는 현상을 혼동하지말자. (참고로 움직이는 진자운동의 경우에는 평형점에서 구심가속도가 존재하게 된다.)

3. 물체의 회전운동에서 라그랑지안

일반물리 시간에 강체의 병진과 회전으로 분할해서 적용하는 법을 배웠다.

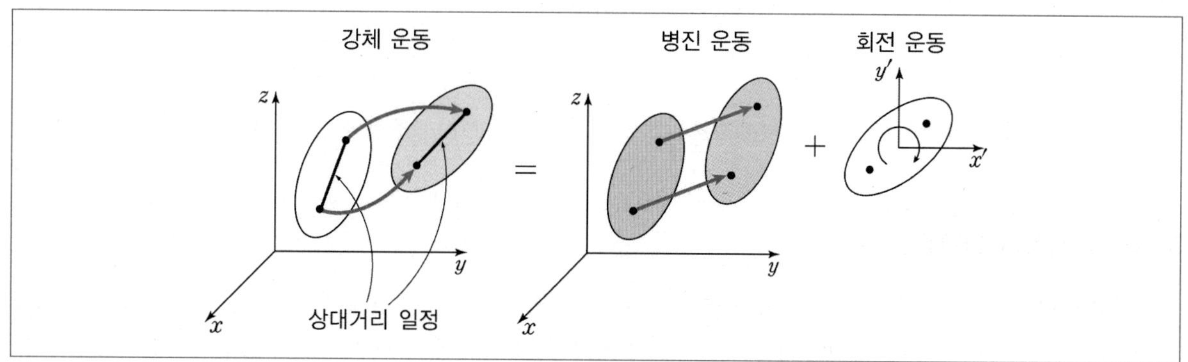

회전하는 물체의 운동은 '병진운동(회전 없을 때) + 회전운동(회전 중심)'으로 분석하면 좀 더 쉽게 물체의 운동을 기술 할 수 있다. 즉, 물체가 특정지점으로부터 질량중심이 운동하게 되면 병진과 회전을 동시에 생각해줘야 한다.

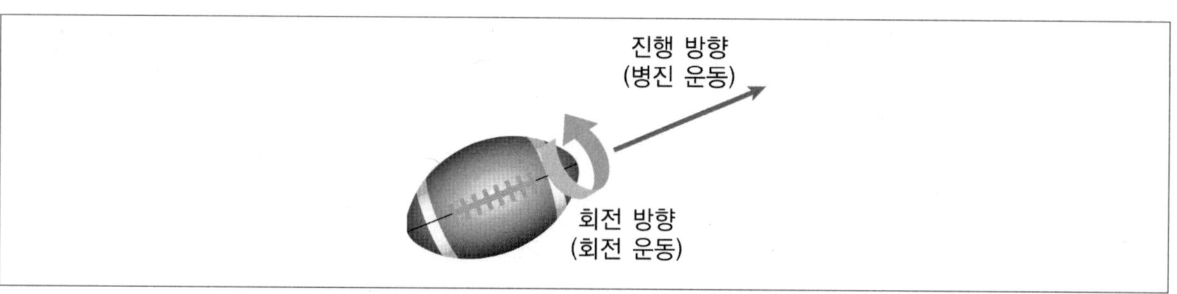

질량중심이 정지좌표계부터 날아가는 운동에너지는 $E_{병진} = \frac{1}{2}m(\dot{x}^2 + \dot{y}^2)$, 질량중심을 기준으로 회전하는 운동에너지는 $E_{회전} = \frac{1}{2}I_0\dot{\theta}^2$ 이다.

따라서 총 운동에너지는 $T = E_{병진} + E_{회전} = \frac{1}{2}m(\dot{x}^2 + \dot{y}^2) + \frac{1}{2}I_0\dot{\theta}^2$ 이다.

즉, 회전관성이 주어지는 경우에서는 질량중심으로 회전운동에너지가 존재함을 눈치채야 한다.

4. 라그랑지안의 효율성

뉴턴 2법칙 $\vec{F} = m\vec{a}$	$L = T - V$
벡터 공간	스칼라 공간
운동방정식 연립	라그랑주 방정식 미분식
여러 물체 및 복잡한 운동 시 비효율	스칼라 공간의 이점으로 효율성

5. 라그랑지안의 한계점

원운동이나 진자운동의 경우처럼 회전축으로부터 떨어진 거리 $r = l$ 이 일정한 구속 조건이 있는 경우에는 한계점이 존재하게 된다. 라그랑지안은 스칼라 베이스이기 때문에 r에 대한 운동방정식 즉, 구심력(혹은 장력)을 구하기 어려워지게 된다. 이를 해결하기 위해 라그랑지안 승수법을 도입해서 장력을 구하지만 이는 매우 복잡하다. 따라서 구속 조건이 주어질 때 장력과 같은 성분은 일반물리에서처럼 역학적 정보로 구하는 것이 훨씬 이득이다.

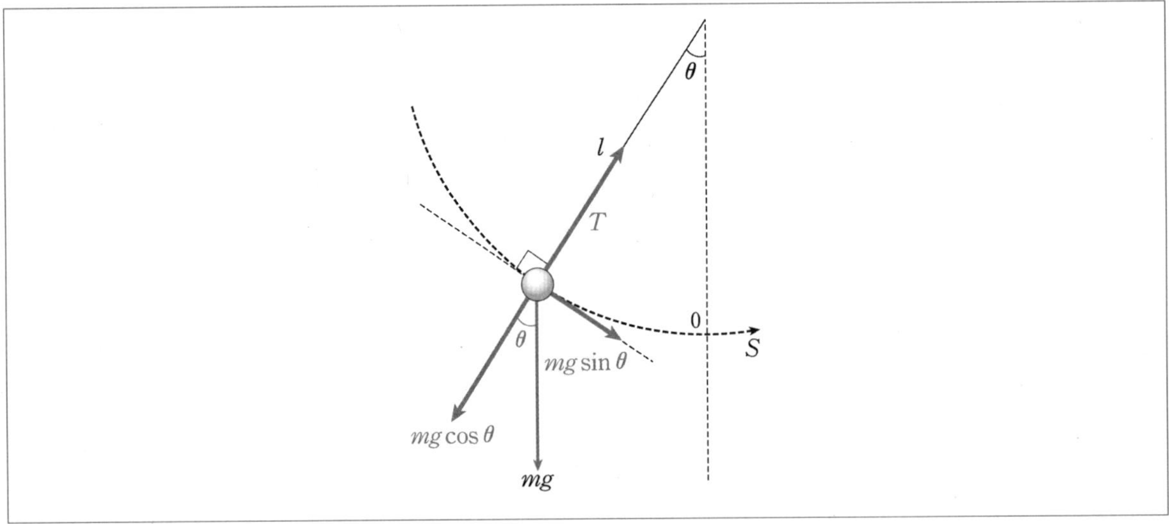

6. 라그랑지안의 활용 단계

(1) **좌표 및 변수 설정**

(2) **운동에너지 및 퍼텐셜 에너지 정의**

(3) **라그랑지안 정의**

(4) **변수별 운동방정식 및 보존식 찾기**

(5) **평형점 및 진동 주기 구함**

7. 포물선 운동

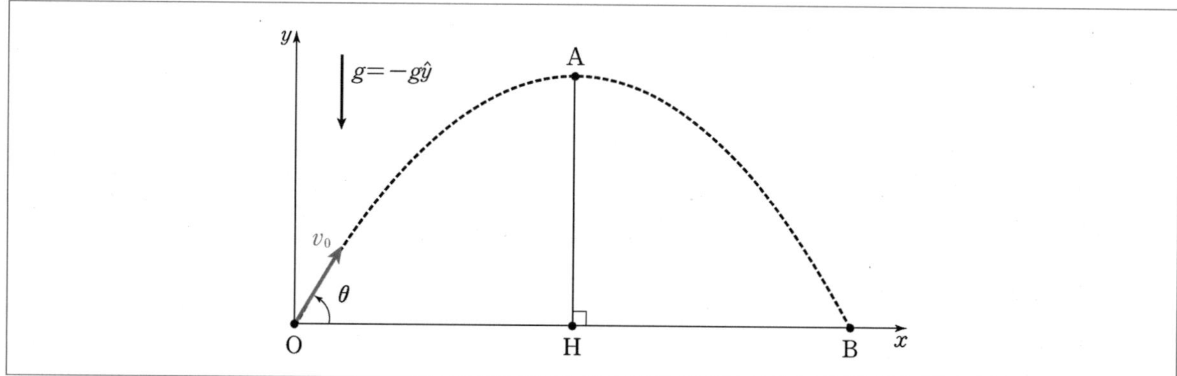

$$T=\frac{1}{2}m(\dot{x}^2+\dot{y}^2)$$

$$V=mgy$$

$$L=T-V=T=\frac{1}{2}m(\dot{x}^2+\dot{y}^2)-mgy$$

$$x:\ \frac{\partial L}{\partial x}-\frac{d}{dt}\left(\frac{\partial L}{\partial \dot{x}}\right)=0$$

$\dfrac{\partial L}{\partial x}=0$ ➡ x축 운동량 보존

$\dfrac{\partial L}{\partial \dot{x}}=m\dot{x}=mv_0\cos\theta=$일정

$$y:\ \frac{\partial L}{\partial y}-\frac{d}{dt}\left(\frac{\partial L}{\partial \dot{y}}\right)=0$$

$\ddot{y}=-g$ ➡ 등가속도 직선 운동

8. 1차원 단진동(중력장 존재) : 용수철의 고유길이 지점이 중력 퍼텐셜의 기준점

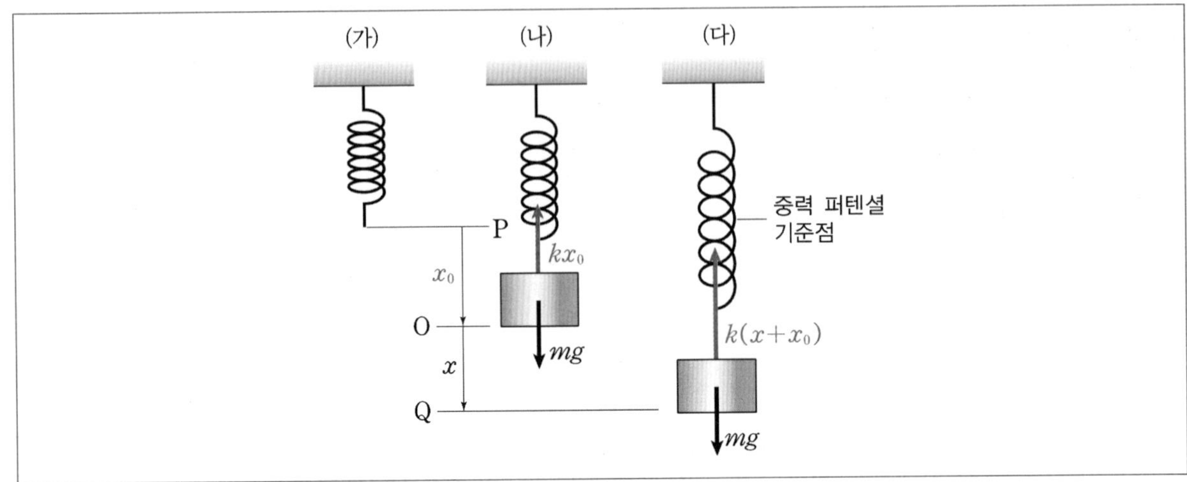

$$T=\frac{1}{2}m\dot{x}^2$$

$$V=\frac{1}{2}kx^2-mgx$$

$$L=T-V=\frac{1}{2}m\dot{x}^2-\frac{1}{2}kx^2+mgx$$

$$x:\ \frac{\partial L}{\partial x}-\frac{d}{dt}\left(\frac{\partial L}{\partial \dot{x}}\right)=0$$

$$\frac{\partial L}{\partial x}=-kx+mg$$

$$\frac{d}{dt}\left(\frac{\partial L}{\partial \dot{x}}\right)=m\ddot{x}$$

$m\ddot{x}+kx-mg=0$ ➡ 운동방정식

힘의 평형점 x_0을 구하면 조건은 $\dot{x}_0=0$, $\ddot{x}_0=0$이다.

$$kx_0=mg=0$$

$$\therefore\ x_0=\frac{mg}{k}$$

평형점을 중심으로 진동 운동을 한다.

9. 2차원 등속원운동

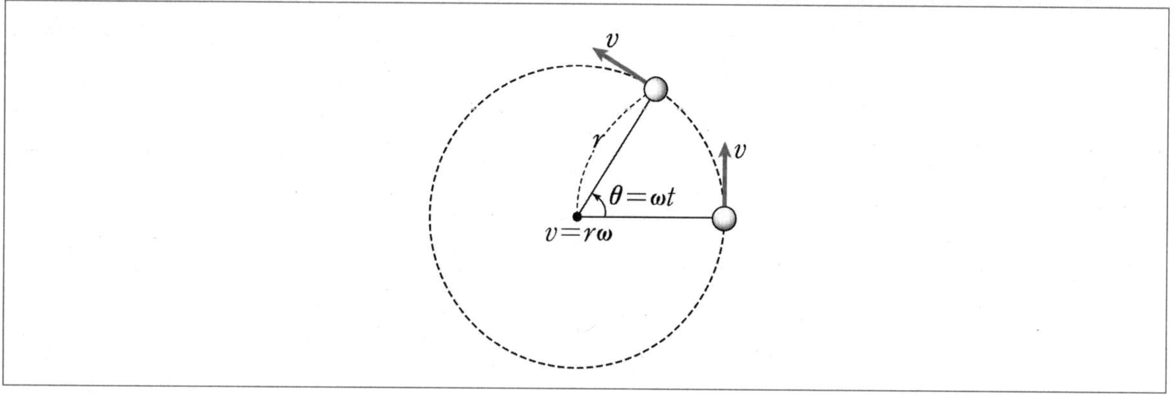

$$T=\frac{1}{2}m|\dot{\vec{r}}|^2=\frac{1}{2}m\dot{r}^2+\frac{1}{2}mr^2\dot{\theta}^2=\frac{1}{2}mr^2\dot{\theta}^2\ ;\ r=\text{일정}$$

$$V=0$$

$$L=T-V=\frac{1}{2}mr^2\dot{\theta}^2$$

$$\frac{\partial L}{\partial\theta}-\frac{d}{dt}\left(\frac{\partial L}{\partial\dot{\theta}}\right)=0$$

$$\frac{\partial L}{\partial\dot{\theta}}=mr^2\dot{\theta}=\text{일정}\ ;\ \text{각운동량 보존}$$

우리는 구속 조건 $r=$일정한 운동에 대해서는 라그랑지안으로 r에 대한 운동방정식을 이끌어낼 수 없다. 물론 라그랑지안 승수법을 사용해서 구할 수 있지만 매우 복잡하고 비효율적이다.

라그랑지안에서 구속 조건이 주어질 때(위와 같은 경우에는 구심력(장력)) r에 대한 힘을 구할 수 없는 이유는 라그랑지안 변수 r이 스칼라이기 때문이다.

예를 들어 $\vec{r}=r(\cos\theta,\sin\theta)=r(\cos\omega t,\sin\omega t)=r\hat{r}$이라서 $\vec{r}$의 크기가 r로 일정하더라도, 시간이 지남에 따라 r의 단위 벡터 $\hat{r}$이 변하게 된다. 그런데 스칼라 공간인 라그랑지안에서는 이것이 누락되어 버린다. 그래서 속도의 방향이 변하여 발생시키는 구심력 역시 라그랑주 방정식 일반식으로는 구할 수 없다. 이를 방지하기 위함이 라그랑지안 승수법이다.

장력 T는 구심력과 원심력의 평형을 이용하여 역학적 정보로 구하는 게 훨씬 빠르다.

구속 조건 r에 대한 운동방정식: $m\ddot{r}=T=mr\omega^2=\dfrac{mv^2}{r}$

연습문제

정답_ 268p

01 다음 그림과 같이 반경이 R이고 밀도 ρ로 균일하게 분포되어 있는 구형 물체가 각속도 ω로 회전하고 있는 것을 나타낸 것이다. 물체는 회전축에 수직한 방향에 중심을 지나는 매우 얇은 폭의 터널이 형성되어 있으며 이 안에 질량 m인 물체가 운동하게 된다. 물체의 중력 퍼텐셜의 기준은 $r=\infty$이다.

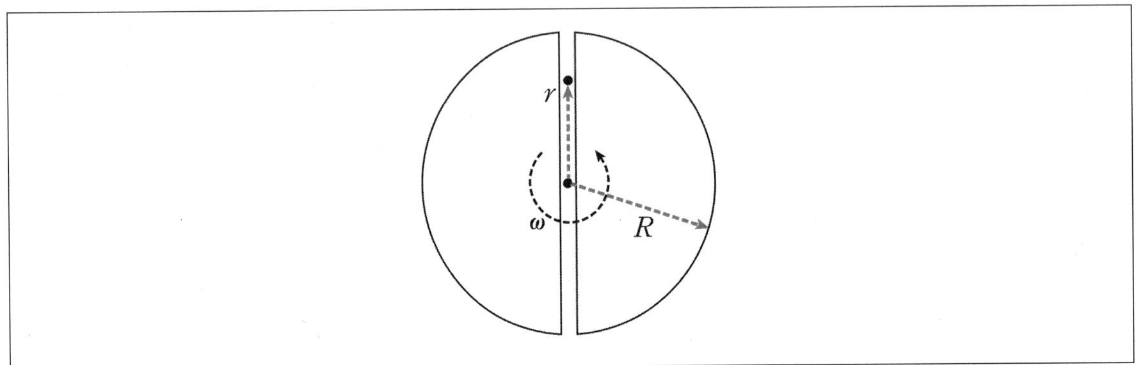

이때 물체의 라그랑지안 $L(r,\ \dot{r})$을 쓰고, 운동방정식을 풀이 과정과 함께 구하시오. 물체가 평형점을 중심으로 단진동하기 위한 ω의 조건을 구하시오. (단, 만유인력 상수는 G이고, 물체의 크기와 터널의 폭은 무시한다.)

자료

- 중심에서 r만큼 떨어진 위치에서 중력은 $\vec{F}=-\dfrac{Gm}{r^2}\hat{r}\int_0^r \rho dV$이다.
- 중력 퍼텐셜 V는 $\vec{F}=-\vec{\nabla}V$을 만족한다.

19-B07

02 다음 그림과 같이 크기가 a인 등가속도 연직 위로 운동하는 엘리베이터 천장의 점 P에 실로 매달려 진동하는 추를 엘리베이터 밖에 정지한 학생이 관찰한다. θ는 연직선과 실이 이루는 각이고, 실의 길이는 l, 추의 질량은 m이다. 추의 운동에 대한 구속 조건은 $f(y,\ t) = y - \frac{1}{2}at^2 = 0$이다. $y = 0$이고 $\theta = 0$일 때, 추의 퍼텐셜 에너지는 $-mgl$이다.

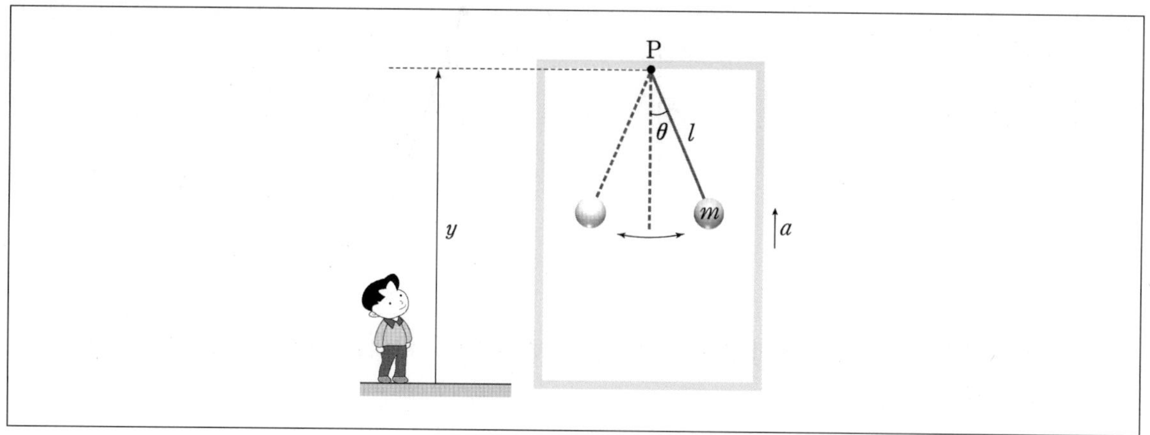

이때 학생이 관찰한 추의 라그랑지안 $L(\theta,\ \dot{\theta},\ y,\ \dot{y})$을 쓰고, 라그랑주 방정식을 이용하여 θ에 대한 운동방정식을 풀이 과정과 함께 구하시오. 또한 실의 장력의 y성분 $Q_y(\theta,\ \dot{\theta})$를 구하시오. (단, 중력 가속도의 크기는 g이다.)

03 질량 m의 입자는 길이 R의 질량이 없는 막대 위에 매달려있다. 진자가 매달린 지점은 진자의 평면에서 일정한 가속도 $\vec{a}=(a_x,\ a_y)$로 움직인다. $t=0$에서 진자의 매달린 위치는 $(x,\ y)=(0,\ 0)$이고 가속도 a의 크기와 방향은 임의의 값이다. (단, 중력 가속도의 크기는 g이고, 초기에 매달린 지점은 정지해 있다.)

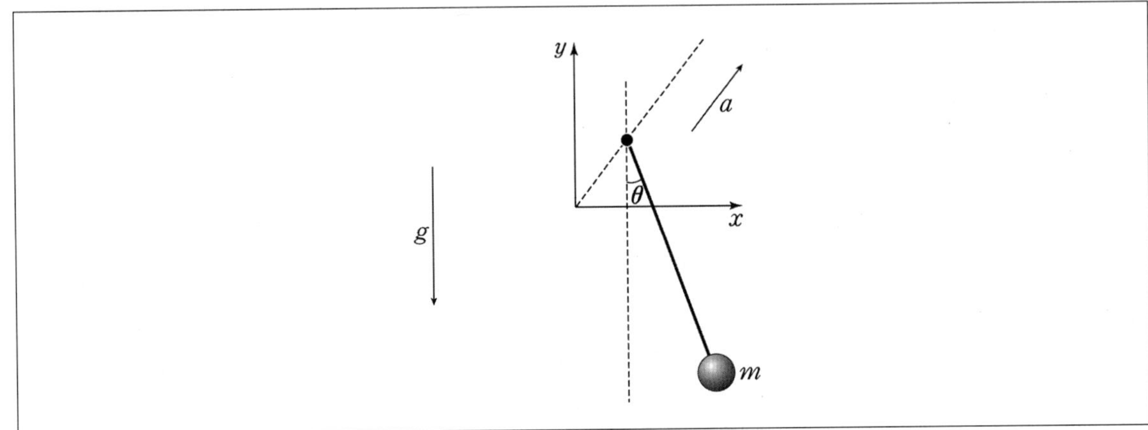

1) 시스템에 대한 라그랑지안 $L(\theta,\ \dot{\theta},\ t)$를 기술하시오. (막대와 수직 사이의 각도 θ를 일반 좌표로 사용한다.)

2) 진자 운동방정식을 구하고, 진자의 평형점을 θ_0로 표현하시오.

3) $a_x=0$일 때, 안정된 평형 위치에서 작은 진동을 가정할 때, 각진동수 ω를 구하시오. (단, $a_y>-g$이다.)

04 질량이 m이고 길이가 L인 균일한 사다리가 바닥과 벽에 기대어 놓여 있다. 초기 수평면과 이루는 각이 θ_0인 상태로 정지 상태에서 움직인다.

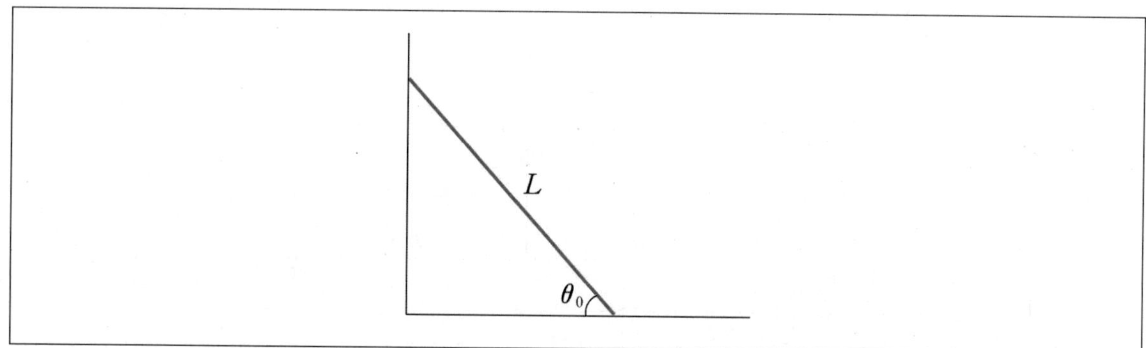

이때 각 θ에 대한 라그랑지안을 쓰고, 이로부터 운동방정식을 구하시오. 그리고 $\theta_0 = 30°$일 때, 사다리가 벽과 분리되는 각 θ_c를 구하시오. (단, 중력 가속도의 크기는 g이고, 모든 마찰력은 무시한다. 그리고 사다리의 중심에 대한 회전관성 $I = \frac{1}{12}mL^2$이다.)

05 다음 그림은 가느다란 막대 2개가 막대 끝 P점의 경칩에 의해 서로 연결되어 있는 상태를 나타낸 것이다. 막대 하나의 질량은 m, 길이는 ℓ이고, θ는 막대와 수평면이 이루는 각이다.

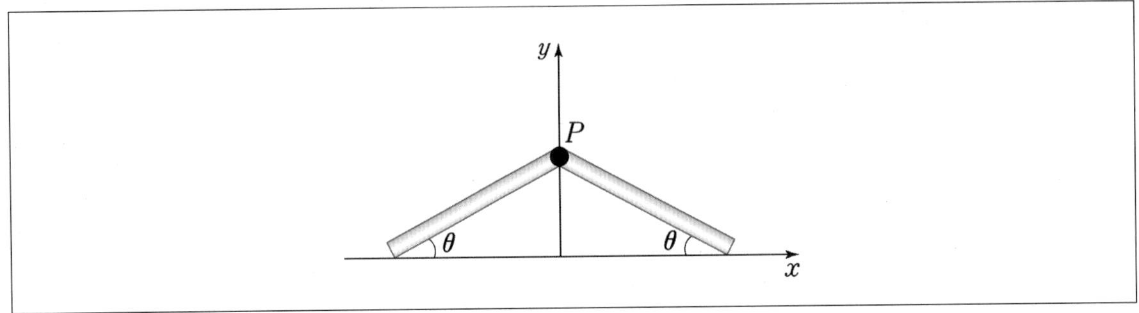

이때 이 계의 라그랑지안 $L(\theta,\ \dot{\theta})$을 쓰고, θ에 대한 운동방정식을 풀이 과정과 함께 구하시오. 또한 초기 각 $\theta = 30°$에서 운동을 시작한다고 할 때 P점이 수평면에 도달하는 순간의 속력을 구하시오. (단, 막대의 밀도는 균일하고, 중력 가속도의 크기는 g이며, 모든 마찰은 무시한다.)

자료

- 질량이 m이고 길이가 ℓ인 막대의 질량중심을 지나고 막대에 수직인 회전축에 대한 관성 모멘트는 $\frac{1}{12}m\ell^2$이다.
- $\ddot{\theta} = A\cos\theta$일 때, $\dot{\theta}\,d\dot{\theta} = A\cos\theta\,d\theta$이다.

06 다음 그림과 같이 질량 m인 물체는 z축과 경사각 α인 원뿔면상에서 운동하고 있다. z축과 물체와의 거리는 r이고 물체의 각속도는 ω로 일정하다. 물체의 중력퍼텐셜 에너지는 원뿔 꼭짓점에서 0이다.

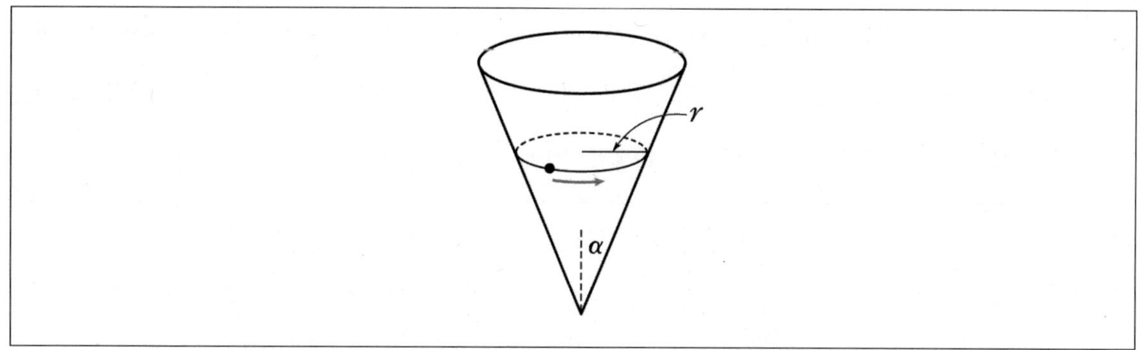

이때 이 계의 라그랑지안 $L(r,\ \dot{r})$을 쓰고, r에 대한 운동방정식을 풀이 과정과 함께 구하시오. 또한 A가 $r = r_0$으로 등속 원운동을 할 때 r_0의 값을 구하시오. (단, 중력 가속도의 크기는 g이고, 모든 마찰은 무시한다.)

20-A12

07 다음 그림은 가느다란 막대가 연직면 상에 반지름 R인 고정된 원궤도를 따라 연직선을 중심으로 진동하는 모습을 나타낸 것이다. 막대의 질량은 m, 길이는 $\sqrt{3}R$이고, 막대와 원궤도 사이에 마찰은 없다. 막대가 진동하는 동안 원궤도의 중심 O와 막대의 질량중심 C 사이의 거리는 $\frac{R}{2}$로 일정하고, θ는 연직선과 선분 $\overline{\mathrm{OC}}$가 이루는 각이다. $\theta=0$에서 막대의 중력 퍼텐셜 에너지는 0이다.

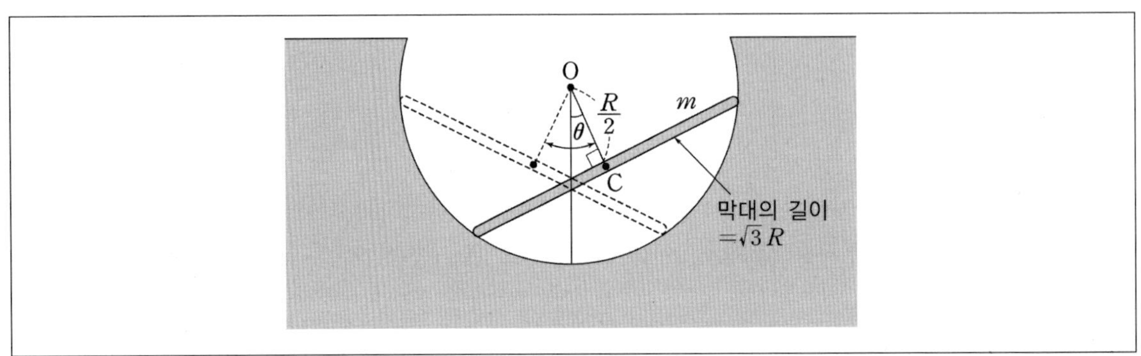

이때 연직면에 수직하고 O를 지나는 축에 대한 막대의 관성 모멘트 I_0를 구하시오. 또한 진동하는 막대의 라그랑지안 $L(\theta,\ \dot{\theta})$을 쓰고, θ에 대한 운동방정식을 풀이 과정과 함께 구하시오. (단, 막대의 밀도는 균일하고, 중력 가속도의 크기는 g이다.)

자료

질량이 m이고 길이가 l이며 밀도가 균일한 가느다란 막대의 질량중심을 지나고 막대에 수직인 회전축에 대한 관성 모멘트는 $\frac{1}{12}ml^2$이다.

22-B10

08 다음 그림은 길이 l인 줄의 양 끝에 질량이 각각 m, M인 물체 A, B가 연결되어 운동하고 있는 것을 나타낸 것이다. A는 z축과 일정한 각도 $\theta_0 (0 < \theta_0 < \frac{\pi}{2})$을 이루는 원뿔면상에서 운동하고, B는 원뿔의 꼭짓점 O에 있는 구멍을 통과한 줄에 매달려 연직 상하 방향으로 운동한다. r는 선분 $\overline{\mathrm{OA}}$의 길이이고, $\overline{\mathrm{OA}}$를 xy평면에 투영한 선분은 $\overline{\mathrm{OA'}}$이며, ϕ는 x축과 $\overline{\mathrm{OA'}}$이 이루는 각이다. xy평면에서의 중력 퍼텐셜 에너지는 0이고, 중력 가속도는 $\vec{g} = -g\hat{z}$ 이다.

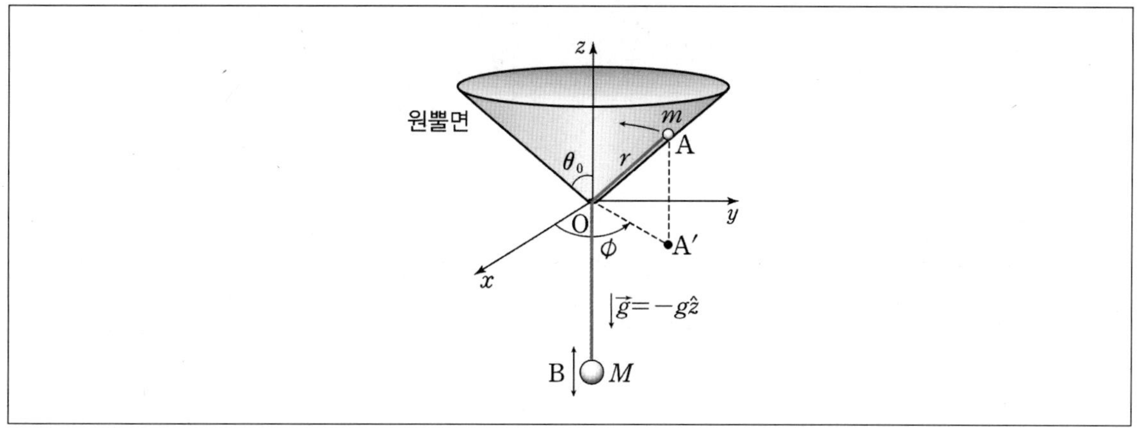

이때 이 계의 라그랑지안 $L(r,\ \dot{r},\ \phi,\ \dot{\phi})$을 쓰고, r에 대한 운동방정식을 풀이 과정과 함께 구하시오. 또한 A가 $r = r_0$으로 등속 원운동을 할 때, O를 중심으로 한 A의 각운동량의 z성분을 구하시오. (단, 줄의 길이는 일정하고, 물체의 크기, 줄의 질량, 모든 마찰은 무시한다.)

09 지표면에서 반경 R인 원형고리가 각속도 ω로 회전하고 있다. 이 고리에 질량 m인 입자가 꿰어져 운동을 한다. 모든 마찰은 무시하며, 입자의 크기, 고리의 질량 및 두께도 무시한다. 그리고 중력 가속도의 크기는 g이다.

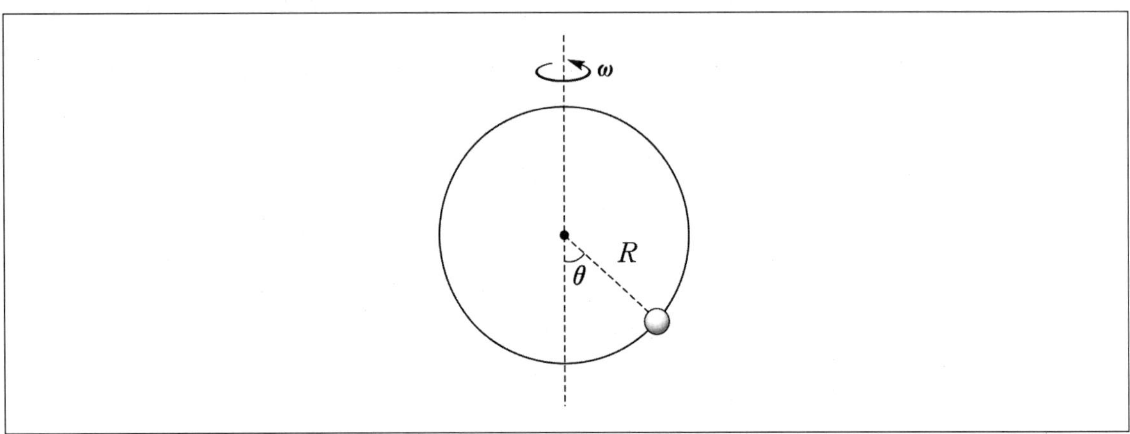

이때 입자의 운동방정식을 구하고, 평형점의 각 $\theta_0(0 < \theta_0 < \pi)$를 구하시오. 또한 입자가 평형점을 중심으로 작은 진동을 할 때 물체의 각진동수를 구하시오. (단, $f(x+\epsilon) \simeq f(x) + \frac{d}{dx}f(x)\epsilon$ 이다.)

21-B06

10 다음 그림과 같이 고정된 회전축을 중심으로 회전하는 지지대의 O점에 가느다란 막대의 한쪽 끝이 연결되어 있다. 지지대와 막대가 만드는 평면 A는 회전축을 중심으로 일정한 각속력 ω로 회전하며, 막대는 평면 A상에서 O점을 중심으로 θ방향으로 운동한다. 막대의 질량은 m, 길이는 l이고, $\theta = \frac{\pi}{2}$에서 막대의 중력에 의한 퍼텐셜 에너지는 0이다.

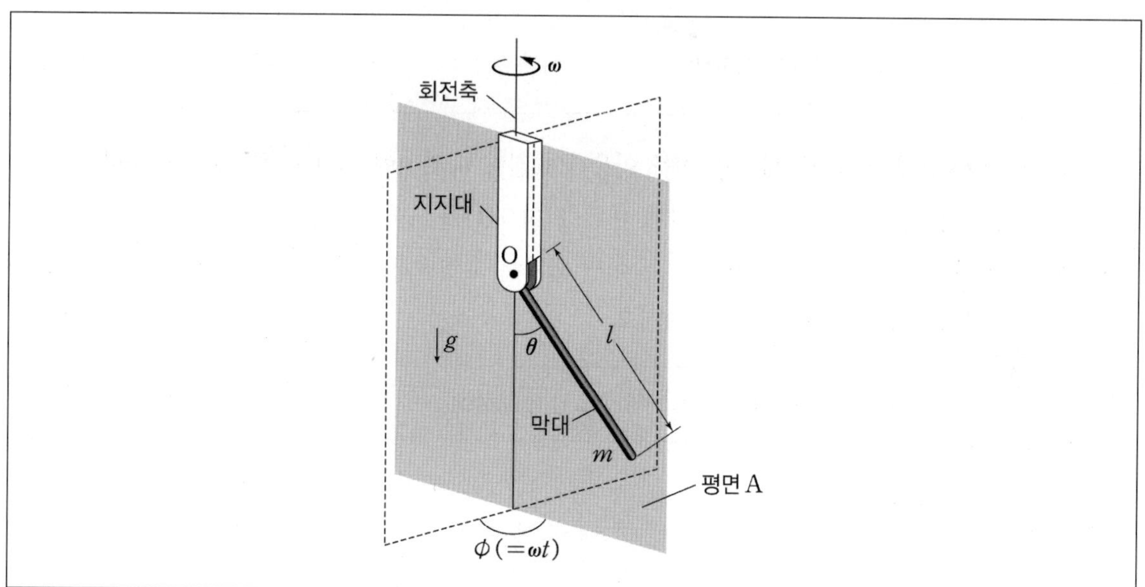

이때 평면 A상에서 운동하는 막대의 라그랑지안 $L(\theta,\ \dot{\theta})$을 쓰고, θ에 대한 운동방정식을 풀이 과정과 함께 구하시오. 또한 $\omega > \sqrt{\frac{3g}{2l}}$ 일 때, 평형점 $\theta_0\left(0 < \theta_0 < \frac{\pi}{2}\right)$을 구하시오. (단, 회전축은 연직 방향이며, 막대는 균일하고, 모든 마찰은 무시한다. 중력 가속도의 크기는 g이다.)

자료

- 회전축에 대한 막대의 관성 모멘트: $I_\phi = \frac{1}{3}ml^2\sin^2\theta$
- O를 지나고 평면 A에 수직인 관성 모멘트: $I_\theta = \frac{1}{3}ml^2$

11 질량이 m인 물체가 질량이 없는 막대를 따라 마찰이 없이 움직인다. 막대는 고정점을 중심으로 각속도 ω로 회전하고 있으며, 물체에는 균일한 중력이 작용하고 있다. 막대는 시간 $t=0$일 때 수평면과 나란하며, 고정점과의 거리는 r_0이다.

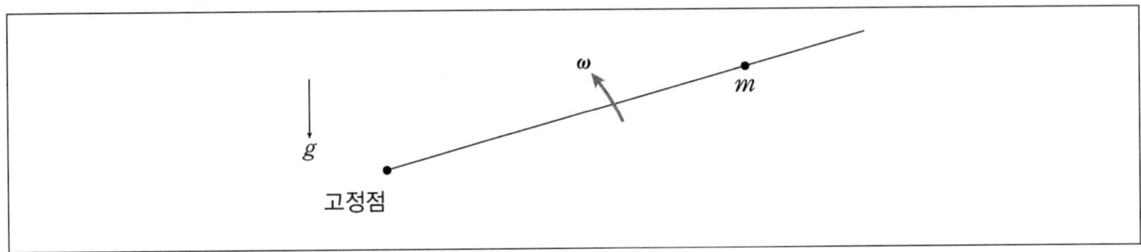

1) 라그랑지안 $L(r,\ \dot{r})$을 세우고, 이를 이용하여 질량 m의 r에 대한 운동방정식을 구하시오.

2) <자료>를 참고하여, 입자의 시간에 대한 위치 $r(t)$를 구하시오.

3) 특정 한계진동수 ω_c라 할 때, $\omega < \omega_c$이면 입자는 고정점과 충돌하고, $\omega > \omega_c$이면 계속 멀어지는 방향으로 운동한다. 이때 ω_c를 구하시오.

자료

$\ddot{x}-\omega^2 x=f(t)$ 의 해는 $x=Ae^{\omega t}+Be^{-\omega t}+Cf(t)$ 형태이다.

12 다음 그림과 같이 질량이 없는 무한히 긴 막대가 z축으로부터 α만큼 기울어진 상태에서 z축을 중심으로 각속도 ω로 회전하고 있다. 이때 원점으로부터 거리 r만큼 떨어진 위치에 질량 m인 물체가 존재하는데 물체는 막대에 꿰어져 막대를 따라 운동하게 된다. 원점에서 중력퍼텐셜은 0이고, 중력 가속도는 $\vec{g} = -g\hat{z}$ 이다.

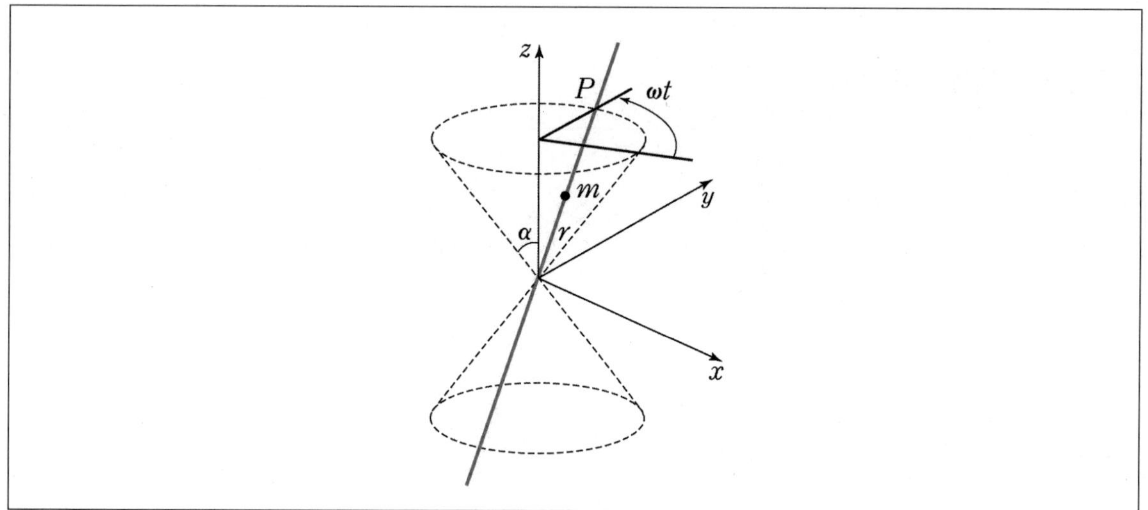

이때 물체의 라그랑지안을 $L(r,\ \dot{r})$로 쓰고, 운동방정식을 구하시오. 운동방정식으로부터 물체의 평형점의 거리 r_0를 구하시오. 또한 물체의 $t=0$에서 초기 위치가 $r(t=0) = r_0 + \epsilon$이고, $\dfrac{d}{dt}r(t=0) = 0$일 때, 물체의 시간에 따른 거리 $r(t)$을 구하시오. (단, 모든 마찰은 무시한다.)

라그랑지안 역학 응용 - 구름 운동과 용수철 운동

01 물체의 구름 운동에 대한 라그랑지안($L = T - V$)

1. 평평한 면에서 구름 운동

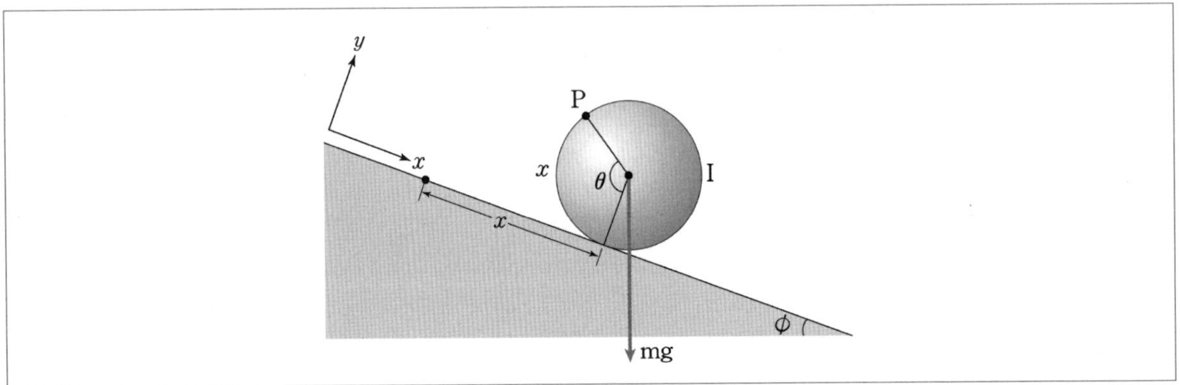

$T = \frac{1}{2}m(\dot{x}^2 + \dot{y}^2) + \frac{1}{2}I_0\dot{\theta}^2$ 이다.

미끄러짐 없이 구를 경우 $x = R\theta$ 를 만족하므로 $\dot{x}^2 = R^2\dot{\theta}^2$

$$T = \frac{1}{2}m(\dot{x}^2 + \dot{y}^2) + \frac{1}{2}I_0\dot{\theta}^2$$

$$= \frac{1}{2}mR^2\dot{\theta}^2 + \frac{1}{2}I_0\dot{\theta}^2$$

$$= \frac{1}{2}(I_0 + mR^2)\dot{\theta}^2$$

$$\therefore\ T = \frac{1}{2}I'\dot{\theta}^2$$

$T = \frac{1}{2}I'\dot{\theta}^2$ ➡ 구를 때 운동에너지 : $I' = I_0 + mR^2$, θ =질량중심에 대한 회전각

미끄러짐 없이 구름 운동을 하는 경우에는 운동에너지는 위와 같이 평행축 정리로 쓸 수 있다. 구름 운동은 물체가 평면에서 운동하든지 곡면에서 운동하든지 무관하게 위의 운동에너지 식이 적용된다.

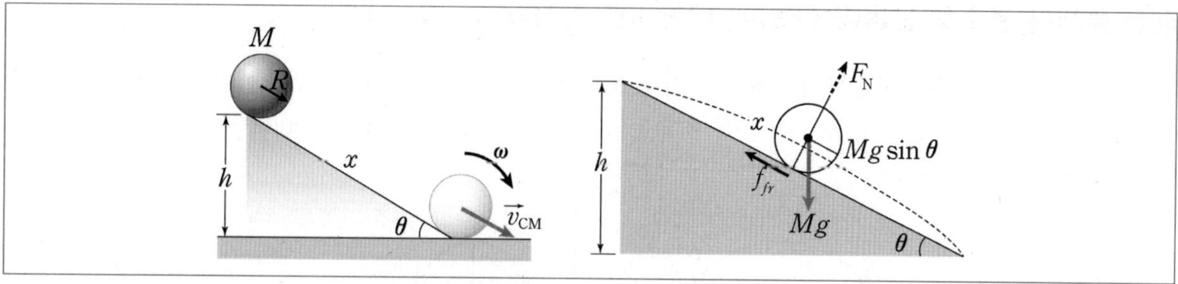

물체가 구르는 운동을 할 때 가속 운동을 하게 되면 정지마찰력 f가 발생하게 된다. 정지마찰력은 최댓값인 최대정지마찰력 f_s를 벗어나게 되면 이때부터는 미끄러지게 된다.

안 미끄러질 조건은 $f \le f_s = \mu_s N$, 돌림힘으로부터 $I_0\ddot{\theta} = I_0\alpha = I_0\dfrac{a_t}{R} = fR \ (a_t = \ddot{x})$

두식을 연립하면

$\dfrac{I_0}{R^2}\ddot{x} = f \le \mu_s N$: 미끄러짐 없이 구를 조건

2. 물체가 곡면상태에서 구를 경우

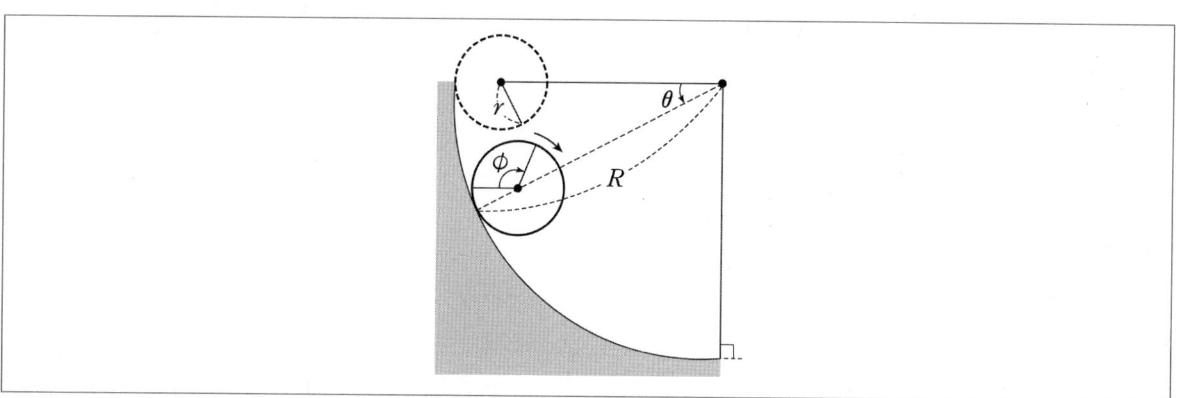

곡면상태에서도 물체는 $T = \dfrac{1}{2}I'\dot{\phi}^2$을 만족한다. 그런데 곡면에서는 유의해야 할 사항이 있다. 많이 착각하는 경우가 물체가 구를 경우 $R\theta \ne \gamma\phi$가 안 된다는 것이다. 자세히 보면 물체의 각 ϕ는 수평면을 기준으로 돌아가게 된다. 모든 각의 기준은 일반적으로 정지좌표계의 수평면을 기준으로 측정됨을 명심하자. 따라서 $R\theta = r\phi + r\theta$를 만족한다.

이로써 $(R-r)\theta = r\phi$이고, 그러면 앞서 회전파트에서 배웠던 구를 조건을 통해 질량중심의 속력과 각속도 관계식은 $v_{cm} = r\dot{\phi} = (R-r)\dot{\theta}$이 된다.

02 물체의 용수철 운동(단진동)에 대한 라그랑지안($L = T - V$)

용수철 진자와 원운동의 상관관계 ➡ 용수철 운동이 훅의 법칙 $F = -kx$를 만족하면서 운동한다는 사실을 알고 있다. 사실 용수철 운동이란 등속 원운동의 그림자 운동(projection motion)과 일치한다.

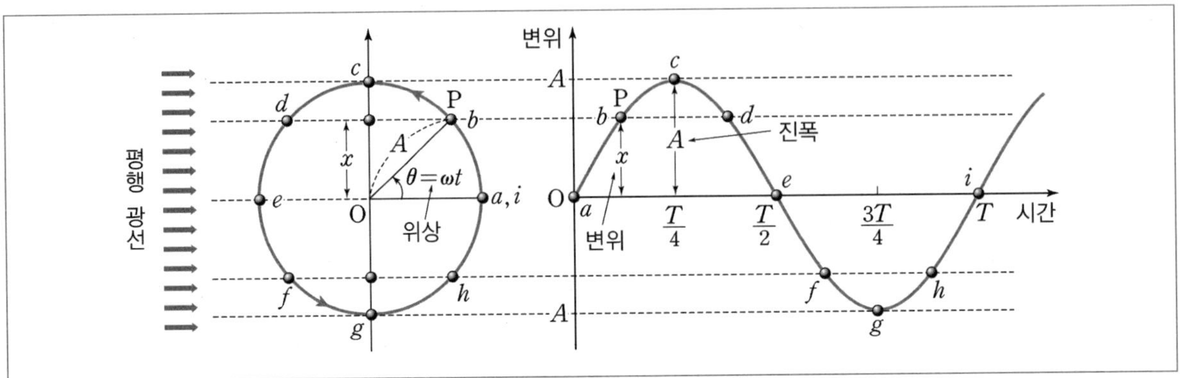

등속 원운동에서 변위, 속도, 구심가속도를 좌표로 표현해보자.

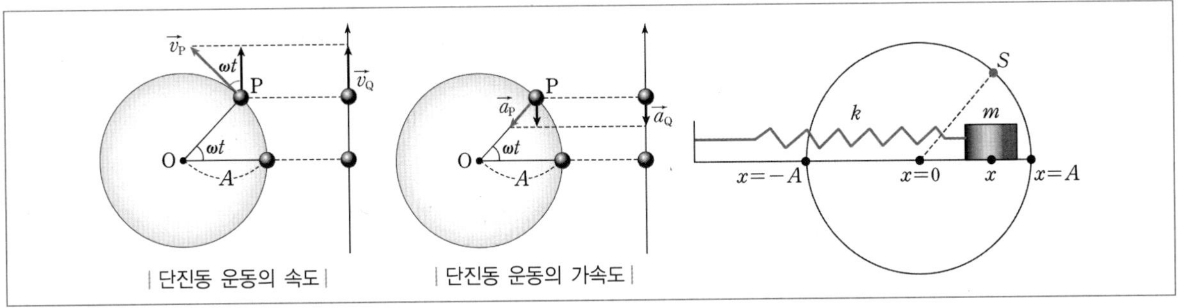

| 단진동 운동의 속도 | | 단진동 운동의 가속도 |

그림자 운동처럼 x축 한축만 비교해보면

$x = A\cos\omega t$

$v_x = -A\omega\sin\omega t$

$a_x = -A\omega^2\cos\omega t$

$F_x = ma_x = -mA\omega^2\cos\omega t = -m\omega^2 x \quad [x = A\cos\omega t]$

위로부터 원운동의 그림자 운동 즉, 한 축의 운동이 훅의 법칙을 만족함을 알 수 있다.

$F_x = -kx = -m\omega^2 x$ 로부터

$k = m\omega^2$ ➡ $\omega = \sqrt{\dfrac{k}{m}}$

$T = \dfrac{2\pi}{\omega} = 2\pi\sqrt{\dfrac{m}{k}}$: 용수철 진자의 주기

$\ddot{x} + \omega^2 x = 0$

좌표 설정은 자유롭다는 가정 하에 일반화된 단진동의 위치의 함수는 $x = A\cos(\omega t + \phi)$이다.

SHM

$$x(t) = \underbrace{A}_{\text{진폭}} \cos(\overbrace{\underbrace{\omega t}_{\text{각진동수}} + \underbrace{\phi}_{\text{위상상수 (위상각)}}}^{\text{위상(phase)}})$$

용수철 운동은 퍼텐셜 $V = \frac{1}{2}kx^2$이 추가가 된다. 이때 주의 할 것은 용수철 퍼텐셜 에너지 위치 x의 기준점은 고유길이라는 점이다. 일반물리에서 다뤘듯이 운동방정식을 구할 때의 기준점은 평형점이고, 일반적으로 운동방정식에서 유도된 x의 기준점과 용수철 퍼텐셜 에너지의 x의 기준점이 다를 수 있음에 유의하자.

연습문제

정답_ 270p

01 다음 그림과 같이 질량이 m이고 반경이 R인 원반이 질량이 M인 경사면 위에서 미끄러짐 없이 구르는 운동을 한다. 경사각은 θ이고, 경사면은 수평면에서 마찰이 없이 움직이며, 초기 정지 상태로부터 수평 방향의 위치는 x이다. 경사면 위에서 경사면을 기준으로 원반의 질량중심이 움직이는 거리는 s이다. 원반의 중심을 원반 면에 수직으로 지나는 회전축에 대한 원반의 관성 모멘트는 $\frac{1}{2}mR^2$이다. 계의 중력 퍼텐셜 에너지는 $-mgs\sin\theta+c$이고, 여기서 c는 양의 상수이다.

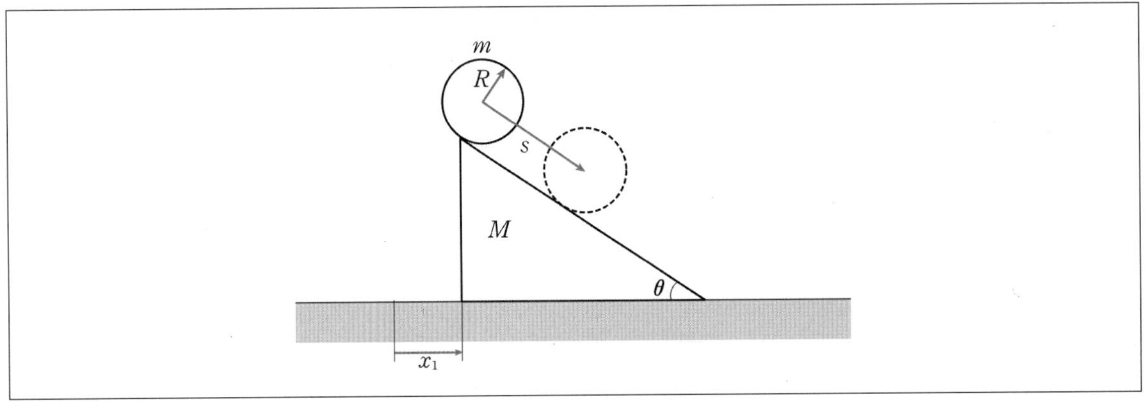

이때 계의 라그랑지안 $L(x, s, \dot{x}, \dot{s})$을 쓰고, 라그랑주 방정식으로부터 보존되는 양을 풀이 과정과 함께 구하시오. 또한 경사면에 대한 원반의 질량중심 가속도의 크기를 구하시오. (단, 중력 가속도의 크기는 g이고, 공기 저항은 무시한다.)

18-B06

02 다음 그림과 같이 지면에 고정되고 반지름이 R인 사분원 궤도의 최고점 $(\theta=0)$에 정지해 있던 질량 m, 반지름 r인 원반이 사분원궤도를 따라 미끄러짐 없이 굴러 내려오고 있다. θ와 ϕ는 각각 사분원 궤도와 원반에서의 각 변위이다. 원반의 운동에 대한 구속 조건은 $(R-r)\dot{\theta}=r\dot{\phi}$이다.

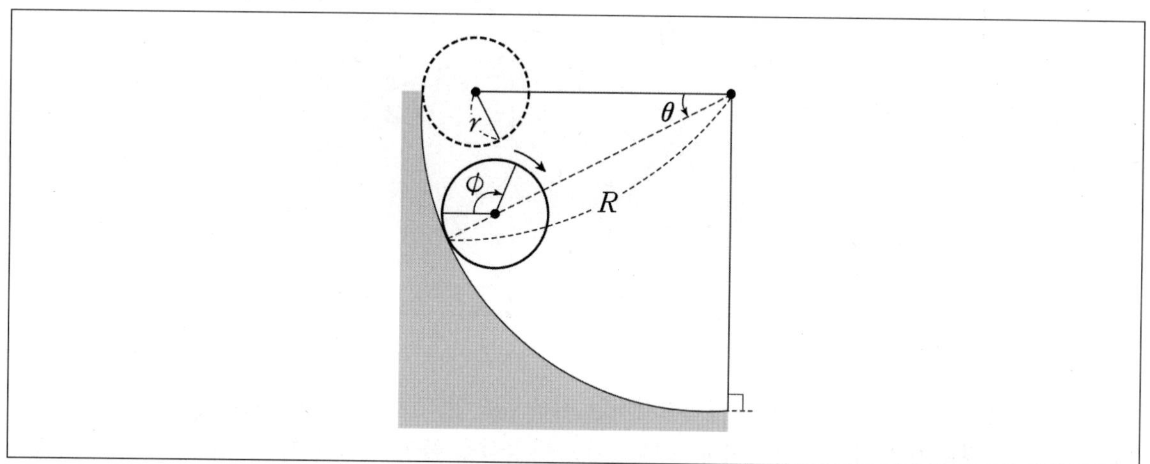

$\theta=0$을 중심으로 중력 퍼텐셜 에너지가 0인 기준으로 할 때, 이 원반에 대한 라그랑지안(Lagrangian)을 쓰고, 라그랑주 방정식을 이용하여 θ에 대한 원반의 운동방정식을 구하시오. <자료>를 참고하여 $\dot{\theta}$을 구하고, 이를 이용하여 $\theta=\frac{\pi}{2}$에서 원반의 질량중심 속력을 구하시오. (단, 원반의 자전 중심에 대한 관성 모멘트는 $I=\frac{1}{2}mr^2$, 중력 가속도의 크기는 g이고, 공기 저항은 무시한다.)

자료

$\ddot{\theta}=A\cos\theta$ 일 때, $\dot{\theta}d\dot{\theta}=A\cos\theta d\theta$ 이다.

Part 01

03 다음 그림과 같이 지면에 고정된 반경이 R인 곡면에 반경이 r이고 질량이 m인 원반이 놓여 있다. 물체는 미끄러짐 없이 초기 $\theta=0$인 상태에서 곡면을 구르기 시작하여 미끄러짐 없이 굴러 내려오고 있다. 구를 때 물체의 질량중심에 대한 회전각을 ϕ라 하면 물체의 구속 조건은 $(R+r)\dot{\theta}=r\dot{\phi}$ 이다.

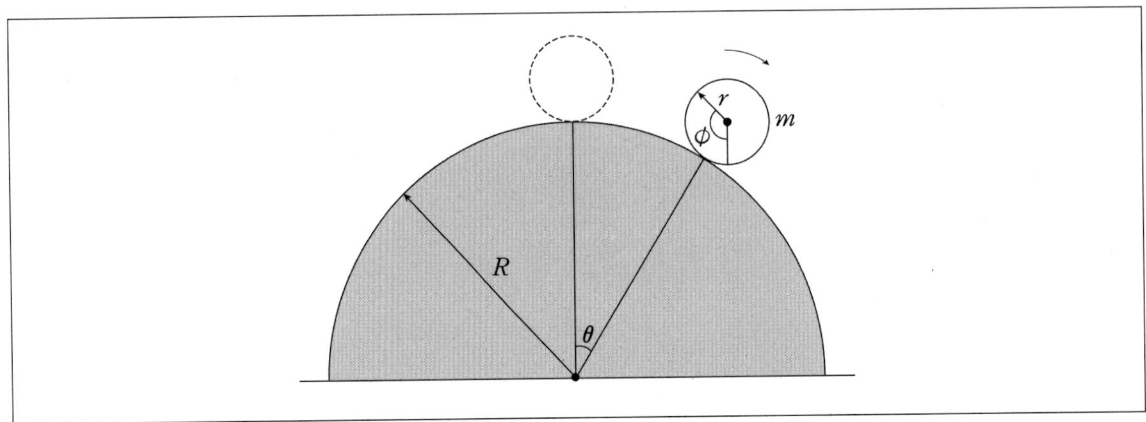

$\theta=0$에서 원반의 중력 퍼텐셜 에너지가 0인 기준으로 할 때, 이 원반에 대한 라그랑지안 $L(\theta,\ \dot{\theta})$을 쓰고, 라그랑주 방정식을 이용하여 θ에 대한 운동방정식을 풀이 과정과 함께 구하시오. 또한 원반이 곡면을 이탈하는 순간 원반의 질량중심 속력을 구하시오. (단, 중력 가속도의 크기는 g이고, 공기 저항은 무시한다. 원반의 질량중심에 대한 관성 모멘트는 $I=\dfrac{1}{2}mr^2$이다.)

자료
$\ddot{\theta}=A\sin\theta$ 일 때, $\dot{\theta}d\dot{\theta}=A\sin\theta\, d\theta$ 이다.

Part 01

04 질량이 m인 크기를 무시할 수 있는 물체가 질량이 M이고 반경이 R인 후프 안에 마찰이 없이 움직이고 있다. 지표면의 기준점으로부터 후프의 질량중심까지의 수평방향 위치는 X이고, 내부의 질량 m의 각은 ϕ일 때, 물체의 라그랑지안 $L(X,\ \dot{X},\ \phi,\ \dot{\phi})$를 쓰시오. 또한 운동방정식으로부터 물체의 보존되는 값을 구하시오. (단, 중력 가속도의 크기는 g이고, 후프의 중심에 대한 회전 관성은 $I = MR^2$이다. 후프는 수평면과 미끄러짐 없이 움직이고 있다.)

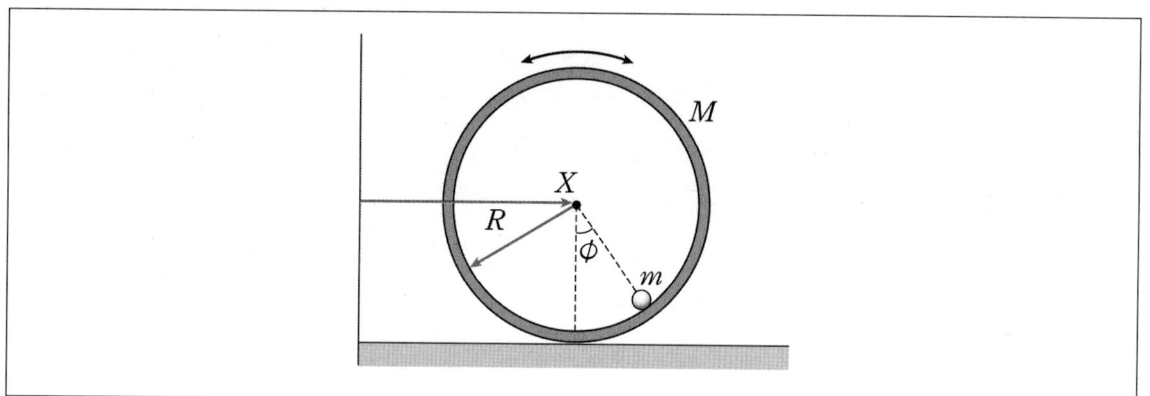

05 질량이 m인 물체가 반경이 r인 고리모형을 자유롭게 움직일 수 있다. 고리중심은 평면상의 원점에 대해 R만큼 떨어져 있고, 원점을 중심으로 평면상에서 일정한 각속도 $\omega = \dot{\phi}$로 회전하고 있다.

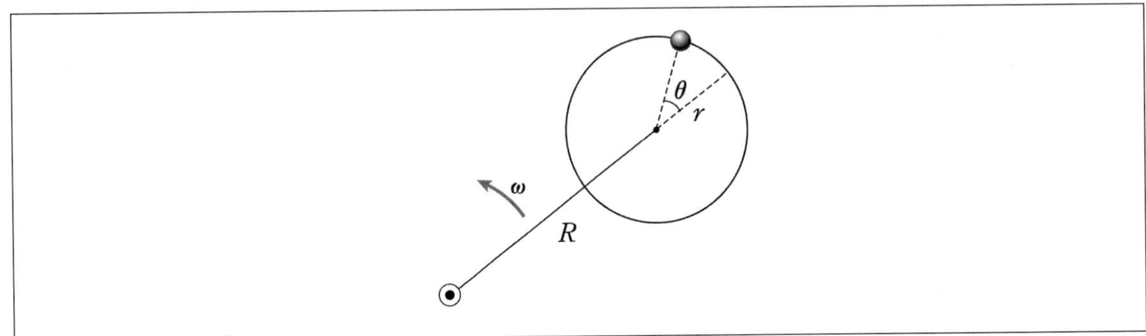

이때 물체의 라그랑지안 $L(\theta,\ \dot{\theta})$을 쓰고, 라그랑주 방정식을 이용하여 θ에 대한 운동방정식을 풀이 과정과 함께 구하시오. 또한 물체가 고리에 가하는 힘의 크기 $N(\theta,\ \dot{\theta})$를 풀이 과정과 함께 구하시오. (단, 모든 마찰과 중력은 무시하고, 고리의 질량은 무시한다. 필요시 $\cos(A-B)= \cos A \cos B + \sin A \sin B$ 활용하시오.)

06 다음 그림과 같이 반경이 R, 질량이 M인 실린더 모양이 용수철 상수 k인 용수철에 연결되어 운동하는 모습을 나타낸 것이다. 용수철의 한쪽은 벽에 고정되어 있고 실린더는 바닥과 미끄러짐 없이 구르는 운동을 하며 용수철의 고유길이로부터 물체의 질량중심까지의 위치는 x이다.

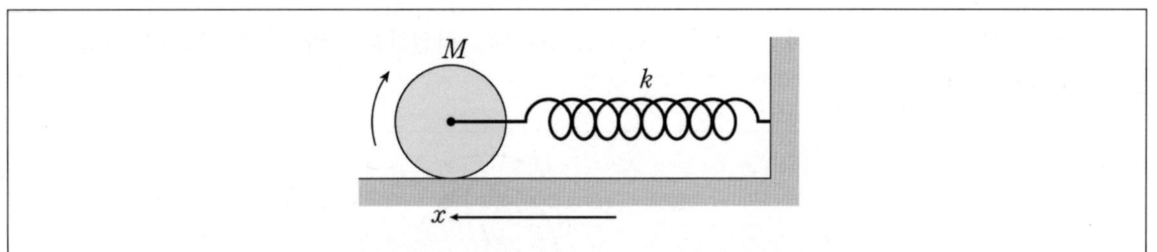

이때 $L(x,\ \dot{x})$을 쓰시오. 또한 x에 대한 라그랑주 방정식을 이용하여 물체의 각진동수를 구하고, 정지마찰계수가 μ일 때 물체가 미끄러짐 없이 운동하기 위한 용수철의 늘어난 최대길이 A를 구하시오. (단, 공기 저항은 무시하고 실린더의 중심에 대한 회전관성 $I_{com} = \frac{1}{2}MR^2$ 이다.)

07 질량 $2m$인 판자가 마찰이 없는 표면에 놓여있다. 판자는 용수철 상수 k인 2개의 용수철에 매달려 운동하고 판자 위에 원반이 미끄러짐 없이 구르고 있다. 원반의 질량과 반경은 각각 m, R이고, 질량중심에 대한 회전관성은 $\frac{1}{2}mR^2$이다. 평형점에서 두 용수철은 고유길이 상태에 있고, 평형점으로부터 판자의 질량중심의 위치는 x이며, 원반의 질량중심으로부터 회전각을 θ라 하면, 원반의 질량중심 위치는 $X = x - R\theta$이다.

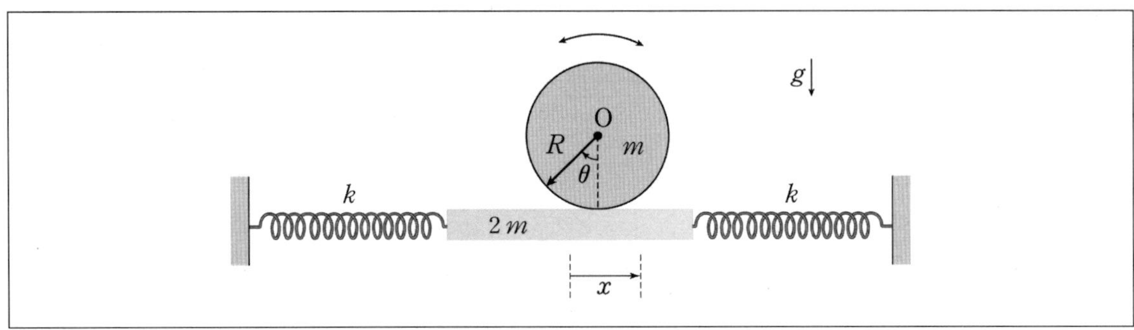

이때 이 계의 라그랑지안 $L(x,\ \theta,\ x,\ \dot{\theta})$을 쓰고, 라그랑주 방정식을 이용하여 판자의 각진동수 ω를 풀이 과정과 함께 구하시오. 원반과 판자 사이의 정지마찰계수가 μ일 때, 원반이 미끄러짐 없이 운동하기 위한 판자의 최대 진폭 A_m을 구하시오. (단, 중력 가속도의 크기는 g이다. 원반은 판자 위에서 운동한다고 가정하고, 중력 퍼텐셜 에너지는 고려하지 않는다.)

15-B04

08 그림 (가)는 원반에 감긴 끈의 끝에 용수철 상수 k인 용수철을 연결하여 천장에 매단 것을 나타낸 것이다. 이때 용수철은 늘어나지도 줄어들지도 않은 상태이고 원반은 정지해 있다. 그림 (나)는 시간 $t=0$에서 원반을 가만히 놓아 끈이 풀리면서 용수철과 원반이 운동하는 모습을 나타낸 것이다. 원반의 질량은 m, 반지름은 R이고, 원반의 중심 O와 용수철은 연직 방향으로만 움직인다. 용수철의 변위 x, 원반의 변위 y, 원반의 각변위 θ는 $y=x+R\theta+y_0$의 관계식을 만족하며, y_0은 상수이다.

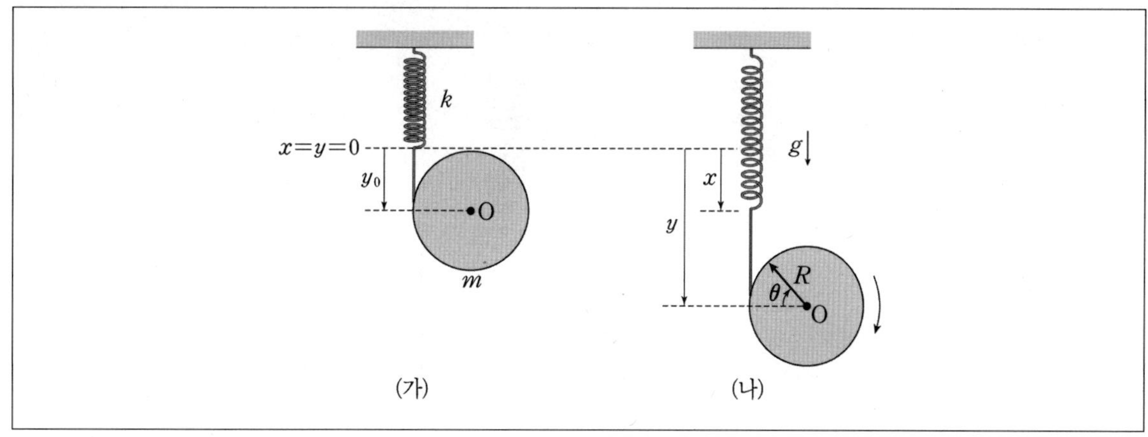

이때 이 계의 라그랑지안 L을 쓰고, 끈에 걸리는 장력의 최댓값 $kx_{\max}$를 풀이 과정과 함께 구하시오. 또한 원반의 병진가속도를 시간 t의 함수로 풀이 과정과 함께 나타내시오. (단, 용수철의 질량은 무시하고, 원반의 중심을 원반 면에 수직으로 지나는 회전축에 대한 원반의 관성모멘트는 $\frac{1}{2}mR^2$이며, 중력 퍼텐셜에너지가 0인 기준점은 $y=0$이다.)

09 다음 그림과 같이 용수철 상수 k인 용수철이 천장에 고정되어 크기와 질량을 무시할 수 있는 도르래 중심에 연결되어 있다. 용수철의 고유길이로부터 도르래 중심의 위치는 x이다. 도르래는 길이 l인 줄이 연결되어 있고 줄의 양 끝에는 질량이 m, $2m$인 물체가 연결되어 있다. 도르래 중심으로부터 질량 m의 위치는 $l-y$이고, 질량 $2m$의 위치는 y이다. $t=0$일 때 도르래는 고유길이 상태에 정지해 있으며 두 물체는 역시 정지 상태에 있다. 이후에 도르래를 가만히 놓아 도르래와 물체가 운동하게 하고, 중력 퍼텐셜의 기준점은 용수철의 고유길이 지점으로 한다.

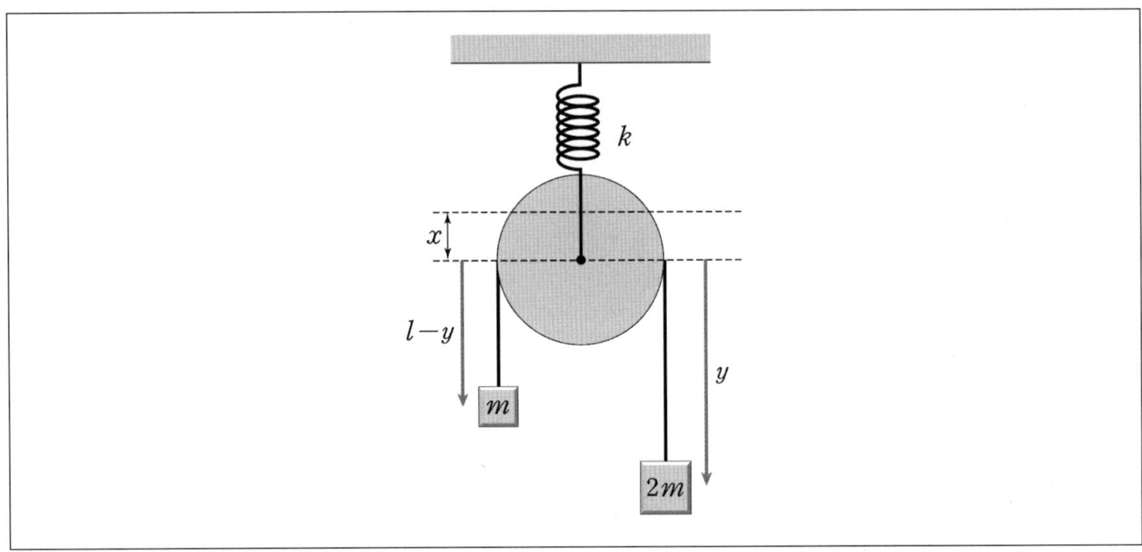

이때 계의 라그랑지안 $L(x,\ y,\ \dot{x},\ \dot{y})$을 쓰고, 운동방정식으로부터 도르래의 질량중심의 각진동수 ω를 구하시오. 또한 줄에 걸리는 장력의 최댓값 $T_{\max}$를 구하시오. (단, 중력 가속도의 크기는 g이고, 모든 마찰은 무시한다.)

Chapter 05 라그랑지안 역학 - 정상 모드 진동

01 단순조화진동(Simple Harmonic Oscillation)

질량이 하나인 용수철 운동의 경우 운동방정식은 $m\ddot{x}+kx=0$으로 표현되고

이때 해는 $x=A\cos(\omega t+\phi)=Re[Ae^{i(\omega t+\phi)}]$이다.

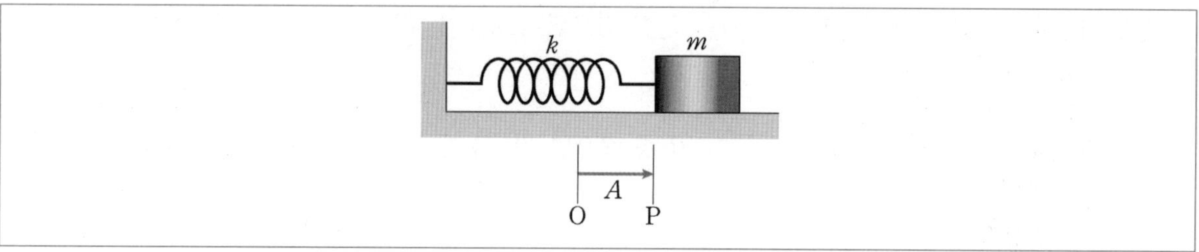

단순하게 초기의 위치가 최대 진폭이면 $x=A\cos(\omega t)=Re[Ae^{i\omega t}]$로 나타낼 수 있다. 질량이 하나이면 가능한 진동수도 하나가 된다.

02 결합 진동(Coupled Oscillation)

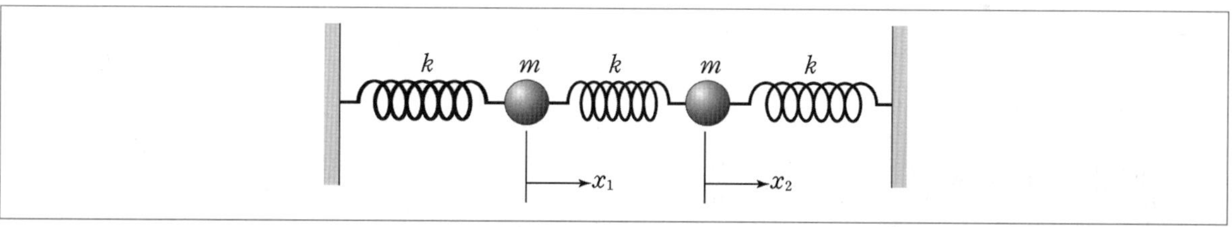

위 그림처럼 질량이 2개 이상인 경우에는 서로 결합되어 운동방정식이 다음과 같이

$\ddot{x}_1+f(x_1,\ x_2)=0$

$\ddot{x}_2+g(x_1,\ x_2)=0$

서로 변수에 대해 혼합되어 있는 경우가 된다.

이때의 일반해는 초기 값이 최대 각각의 최대 진폭이라고 가정할 경우

$x_1 = A_1 e^{i\omega_1 t} + B_1 e^{i\omega_2 t}$

$x_2 = A_2 e^{i\omega_1 t} + B_2 e^{i\omega_2 t}$

가 된다. 즉, 각 질량에 해당하는 초기 위치로부터 해 x_1, x_2가 가능한 진동수 ω_1, ω_2로서 표현이 된다.

만약 우리가 초기 위치를 적정한 x_1, x_2로서 이루어진 다른 변위 η_1, η_2를 정의하여 η_1은 ω_1의 진동으로만 표현되게, η_2는 ω_2의 진동으로만 표현되게끔 좌표를 잡아서 이해할 수 있다.

초기 위치를 적당한 $x_1(0) = A_1$, $x_2(0) = A_2$를 잡으면 진동수가 하나인 ω_1인 진동을 하게 된다.

$x_1 = A_1 e^{i\omega_1 t}$, $x_2 = A_2 e^{i\omega_1 t}$

초기 위치를 적당한 $x_1(0) = B_1$, $x_2(0) = B_2$를 잡으면 진동수가 하나인 ω_2인 진동을 하게 된다.

$x_1 = B_1 e^{i\omega_1 t}$, $x_2 = B_2 e^{i\omega_1 t}$

만약 $\ddot{x}_1 + f(x_1, x_2) = 0 \Rightarrow \ddot{x}_1 + ax_1 + bx_2 = 0$

$\ddot{x}_2 + g(x_1, x_2) = 0 \Rightarrow \ddot{x}_2 + cx_1 + dx_2 = 0$

의 형태라면

$$\begin{pmatrix} \ddot{x}_1 \\ \ddot{x}_2 \end{pmatrix} + \begin{pmatrix} a & b \\ c & d \end{pmatrix}\begin{pmatrix} x_1 \\ x_2 \end{pmatrix} = 0 \Rightarrow \begin{pmatrix} a & b \\ c & d \end{pmatrix}\begin{pmatrix} x_1 \\ x_2 \end{pmatrix} = \omega^2 \begin{pmatrix} x_1 \\ x_2 \end{pmatrix}$$

$$\begin{pmatrix} \ddot{x}_1 \\ \ddot{x}_2 \end{pmatrix} + \omega^2 \begin{pmatrix} x_1 \\ x_2 \end{pmatrix} = 0$$

으로 표현된다.

$$\begin{pmatrix} a & b \\ c & d \end{pmatrix}\begin{pmatrix} x_1 \\ x_2 \end{pmatrix} = \omega^2 \begin{pmatrix} x_1 \\ x_2 \end{pmatrix} \Rightarrow \begin{pmatrix} a-\omega^2 & b \\ c & d-\omega^2 \end{pmatrix} = \begin{pmatrix} 0 \\ 0 \end{pmatrix}$$

$$\begin{vmatrix} a-\omega^2 & b \\ c & d-\omega^2 \end{vmatrix} = 0 \Rightarrow (a-\omega^2)(d-\omega^2) - bc = 0$$

에서 우리는 만족하는 ω를 구할 수 있다. 일반적으로 ω는 ω_1, ω_2 2개가 나오게 된다.

만약 만족하는 ω_1을 구했으면 $x_1 = A_1 e^{i\omega_1 t}$, $x_2 = A_2 e^{i\omega_1 t}$으로부터 $x_1(0) = A_1$, $x_2(0) = A_2$ 즉, $\dfrac{A_2}{A_1}$를 찾을 수 있는데

$$\begin{pmatrix} a & b \\ c & d \end{pmatrix}\begin{pmatrix} x_1 \\ x_2 \end{pmatrix} = \omega^2 \begin{pmatrix} x_1 \\ x_2 \end{pmatrix} \Rightarrow ax_1 + bx_2 = \omega_1^2 x_1$$

$$aA_1 + bA_2 = \omega_1^2 A_1 \Rightarrow bA_2 = (\omega_1^2 - a)A_1$$

$$\frac{A_2}{A_1} = \frac{\omega_1^2 - a}{b}$$

같은 방식으로 ω_2를 대입하여 $\dfrac{B_2}{B_1}$ 역시 찾을 수 있다. 이를 찾으면 일반해로부터

$$x_1 = A_1 e^{i\omega_1 t} + B_1 e^{i\omega_2 t}$$

$$x_2 = A_2 e^{i\omega_1 t} + B_2 e^{i\omega_2 t}$$

$$B_2 x_1 = A_1 B_2 e^{i\omega_1 t} + B_1 B_2 e^{i\omega_2 t}$$

$$B_1 x_2 = A_2 B_1 e^{i\omega_1 t} + B_1 B_2 e^{i\omega_2 t}$$

$$\eta_1 = B_2 x_1 - B_1 x_2 = (A_1 B_2 - A_2 B_1) e^{i\omega_1 t}$$

$$A_2 x_1 = A_1 A_2 e^{i\omega_1 t} + A_2 B_1 e^{i\omega_2 t}$$

$$A_1 x_2 = A_1 A_2 e^{i\omega_1 t} + A_1 B_2 e^{i\omega_2 t}$$

$$\eta_2 = A_2 x_1 - A_1 x_2 = (A_2 B_1 - A_1 B_2) e^{i\omega_2 t}$$

예제 질량이 m으로 같은 두 물체가 마찰이 없는 수평면에 용수철 상수가 k로 같은 세 개의 용수철에 의해서 다음과 같이 연결되어 있다.

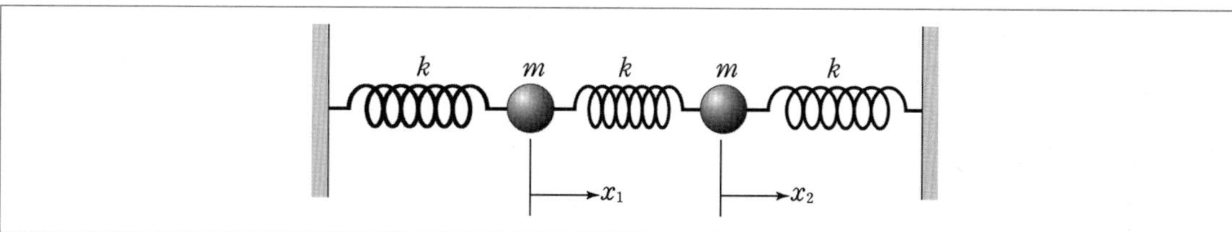

이때 물체의 라그랑지안 $L(x_1,\ \dot{x}_1,\ x_2,\ \dot{x}_2)$을 쓰고 이 계의 정상 모드 진동수(normal mode frequency) $\omega_1,\ \omega_2$를 풀이 과정과 함께 구하시오. 또한 정상모드 좌표계 $\eta_1,\ \eta_2$를 각각 $x_1,\ x_2$로 나타내시오.

풀이

$$T = \frac{1}{2}m\dot{x}_1^2 + \frac{1}{2}m\dot{x}_2^2$$

$$V = \frac{1}{2}kx_1^2 + \frac{1}{2}kx_2^2 + \frac{1}{2}k(x_2 - x_1)^2$$

$$L = \frac{1}{2}m\dot{x}_1^2 + \frac{1}{2}m\dot{x}_2^2 - \frac{1}{2}kx_1^2 - \frac{1}{2}kx_2^2 - \frac{1}{2}k(x_2 - x_1)^2$$

x_1 : $\dfrac{\partial L}{\partial x_1} - \dfrac{d}{dt}\left(\dfrac{\partial L}{\partial \dot{x}_1}\right) = 0$

$m\ddot{x}_1 + 2kx_1 - kx_2 = 0$

$\ddot{x}_1 + 2\omega_0^2 x_1 - \omega_0^2 x_2 = 0$ $\left(\omega_0 = \sqrt{\dfrac{k}{m}}\right)$

x_2 : $\dfrac{\partial L}{\partial x_2} - \dfrac{d}{dt}\left(\dfrac{\partial L}{\partial \dot{x}_2}\right) = 0$

$\ddot{x}_2 + 2\omega_0^2 x_2 - \omega_0^2 x_1 = 0$

$x_1 = Ae^{i\omega t}$라 하면 각각의 운동방정식으로부터

$-\omega^2 A_1 + 2\omega_0^2 A_1 - \omega_0^2 A_2 = 0$

$-\omega^2 A_2 + 2\omega_0^2 A_2 - \omega_0^2 A_1 = 0$

$(2\omega_0^2 - \omega^2)A_1 - \omega_0^2 A_2 = 0$

$-\omega_0^2 A_1 + (2\omega_0^2 - \omega^2)A_2 = 0$

$$\begin{pmatrix} 2\omega_0^2 - \omega^2 & -\omega_0^2 \\ -\omega_0^2 & 2\omega_0^2 - \omega^2 \end{pmatrix}\begin{pmatrix} A_1 \\ A_2 \end{pmatrix} = 0$$

$$\begin{vmatrix} 2\omega_0^2 - \omega^2 & -\omega_0^2 \\ -\omega_0^2 & 2\omega_0^2 - \omega^2 \end{vmatrix} = 0 \Rightarrow (2\omega_0^2 - \omega^2)(2\omega_0^2 - \omega^2) - \omega_0^4 = 0$$

$(2\omega_0^2 - \omega^2 - \omega_0^2)(2\omega_0^2 - \omega^2 + \omega_0^2) = 0$

$\therefore \omega_1 = \omega_0,\ \omega_2 = \sqrt{3}\,\omega_0$

① $\omega_1 = \omega_0$일 때

$-\omega_1^2 A_1 + 2\omega_0^2 A_1 - \omega_0^2 A_2 = 0$

➡ $A_1 = A_2$

② $\omega_2 = \sqrt{3}\,\omega_0$일 때

$-\omega_2^2 B_1 + 2\omega_0^2 B_1 - \omega_0^2 B_2 = 0$

➡ $B_1 = -B_2$

$x_1 = Ae^{i\omega_0 t} + Be^{i\sqrt{3}\omega_0 t}$

$x_2 = Ae^{i\omega_0 t} - Be^{i\sqrt{3}\omega_0 t}$

$\eta_1 = x_1 + x_2$

$\eta_2 = x_1 - x_2$

물리적으로 조금 이해를 더하면 만약 초기 값이 $x_1 = x_2$라면 두 물체는 ω_0 진동을 하게 되고, $x_1 = -x_2$라면 두 물체는 $\sqrt{3}\,\omega_0$진동을 한다.

임의의 상황에서 물체의 새로운 좌표 즉, $\eta_1 = x_1 + x_2$로 정의하면, 정의된 변위에서는 ω_0의 진동과 동일하다. 또한 $\eta_2 = x_1 - x_2$로 정의하면 $\sqrt{3}\,\omega_0$ 진동과 동일하다.

연습문제

정답_ 271p

01 그림 (가)와 같이 질량 m인 두 물체가 용수철 상수 k, 길이 l인 용수철에 연결되어 수평면에 놓여 있다. 그림 (나)는 물체가 평형점으로부터 각각 x_1, x_2만큼 위치해 있을 때를 나타낸 것이다.

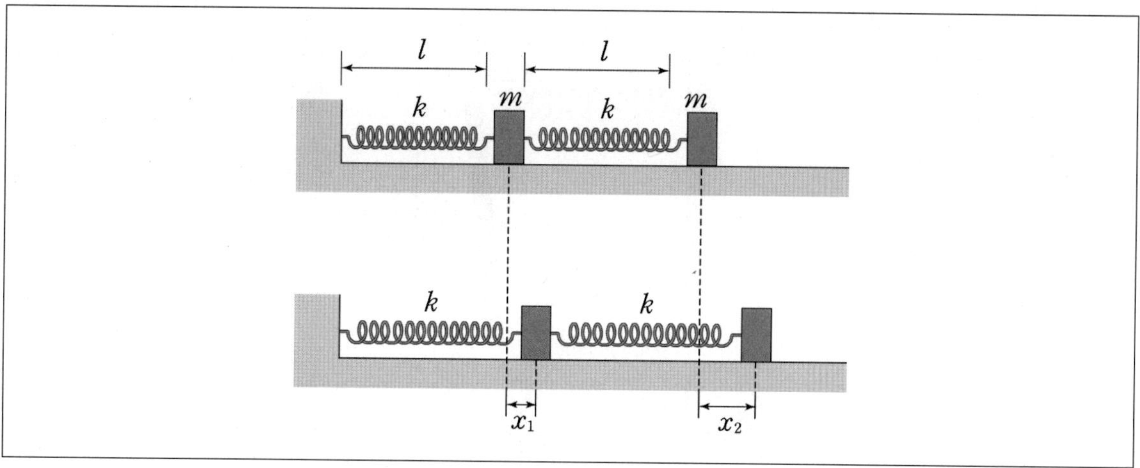

이때 물체의 라그랑지안 $L(x_1,\ x_2,\ \dot{x}_1,\ \dot{x}_2)$을 풀이 과정과 함께 구하시오. 또한 이 계의 정상 모드 진동수(normal mode frequency) ω_1, ω_2를 풀이 과정과 함께 구하시오. 그림 (나)에서 두 물체를 가만히 놓았더니 두 물체는 같은 위상으로 각각 ω_1 또는 ω_2의 각진동수로 일차원 단진동 운동을 하였다. 이때 각각의 진동수에 해당하는 초기 변위의 비, 즉 $\dfrac{x_1}{x_2}$를 구하시오. (단, 모든 마찰, 용수철 질량, 물체의 크기는 무시한다. $\omega_1 > \omega_2$이다.)

02 다음 그림과 같이 질량이 m이고 길이가 l인 막대 양 끝과 중앙에 용수철 상수 k인 3개의 용수철이 연결되어 있다. 초기 각 용수철은 고유길이 상태에 있으며 초기 위치로부터 각각 막대의 맨 아래와 위의 위치를 x_1, x_2라 하면, 작은 진동의 경우 막대의 질량중심 $X=\dfrac{x_1+x_2}{2}$이고, 막대가 초기 상태로부터 회전한 각 $\theta=\dfrac{x_2-x_1}{l}$를 만족한다.

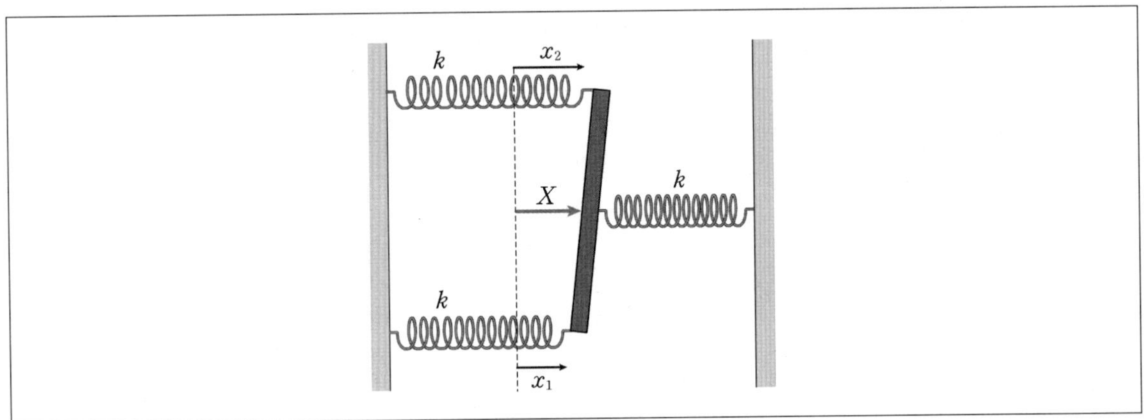

이때 이 계의 라그랑지안 $L(x_1,\ x_2,\ \dot{x}_1,\ \dot{x}_2)$을 풀이 과정과 함께 구하시오. 또한 운동방정식으로부터 계의 정상 모드 진동수(normal mode frequency)를 모두 구하시오. (단, 막대 중심을 수직으로 통과하는 축에 대한 관성 모멘트는 $I=\dfrac{1}{12}ml^2$이다. 중력과 모든 마찰은 무시한다.)

16-B03

03 그림 (가)는 질량 m, 반지름 R인 균일한 두 원판이 용수철 상수가 k로 동일한 세 용수철에 수평으로 연결되어 수평면에서 평형 상태에 있는 모습을 나타낸 것이다. 그림 (나)는 두 원판이 평형 상태로부터 각각의 변위 x_1, x_2만큼 이동한 모습을 나타낸 것이다.

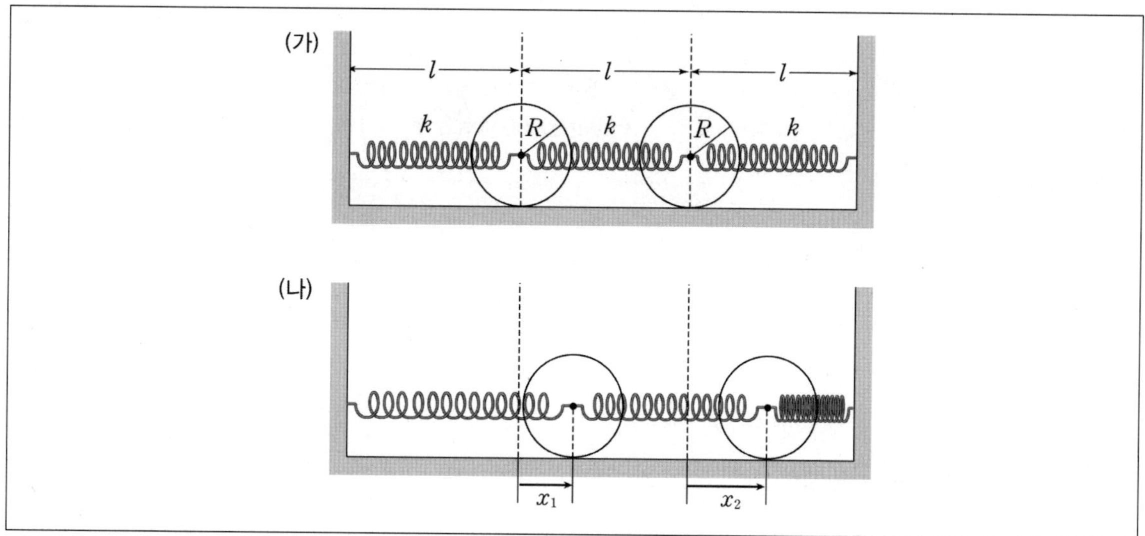

이때 원판이 수평면에서 미끄러짐 없이 구르며 운동할 때, 이 계의 라그랑지안 L을 x_1, x_2와 각각의 속도 $\dot{x}_1$, $\dot{x}_2$로 풀이 과정과 함께 구하시오. 또한 이 계의 정상 모드 진동수(normal mode frequency) ω_1, ω_2를 쓰시오. (단, l은 용수철이 늘어나지도 줄어들지도 않은 상태의 길이이다. 원판의 중심을 지나고 원판 면에 수직으로 통과하는 축에 대한 원판의 관성 모멘트는 $I=\dfrac{1}{2}mR^2$고 용수철의 질량은 무시한다.)

04 다음 그림과 같이 반경이 R이고 질량이 각각 m, $2m$인 균일한 두 원판이 용수철 상수 k인 용수철에 수평으로 연결되어 있는 모습을 나타낸 것이다. 각 물체의 질량중심을 기준으로 하는 좌표를 x_1, x_2하면, $x_1 = 0$의 위치와 $x_2 = 0$인 위치의 사이 거리는 용수철 고유 길이와 같다. 두 물체와 바닥과의 정지 마찰계수가 μ이고, 물체는 미끄러짐 없이 구르는 운동을 한다고 가정한다.

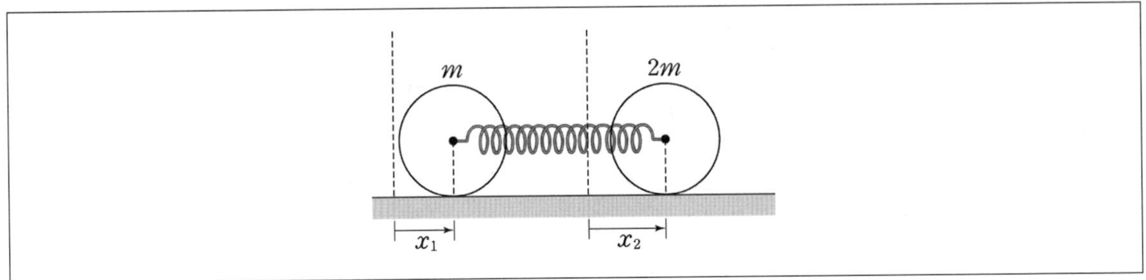

x_1, x_2에 대한 이 계의 라그랑지안 $L(x_1,\ x_2,\ \dot{x}_1,\ \dot{x}_2)$을 구하시오. 또한 이 계의 정상 모드 진동수 (normal mode frequency) ω_1, ω_2를 구하시오. 초기에 정지 상태에서 용수철의 늘어난 길이를 $\Delta x = |x_2 - x_1|$로 유지하여 놓았을 때, 두 물체가 미끄러짐 없이 운동하기 위한 Δx의 최댓값을 구하시오.

(단, 질량이 M이고 반경이 R인 원판의 질량중심에 대한 회전 관성은 $I = \frac{1}{2}MR^2$이다. 중력 가속도의 크기는 g이고, 용수철의 질량은 무시한다.)

05 다음 그림은 용수철로 연결된 세 물체가 가는 막대를 따라 진동하는 모습을 나타낸 것이다. 물체의 질량은 m으로 모두 같고, 막대는 한 면에 간격 d로 서로 평행하게 고정되어 놓여 있다. y_1, y_2, y_3은 세 물체의 질량중심 O를 지나며 막대에 수직인 선에 대한 물체의 변위이고, $y_1 + y_2 + y_3 = 0$이다. 이 계의 퍼텐셜 에너지는 $\frac{\alpha}{2}(y_2 - y_1)^2 + \frac{\alpha}{2}(y_2 - y_3)^2$이고, α는 양의 상수이다.

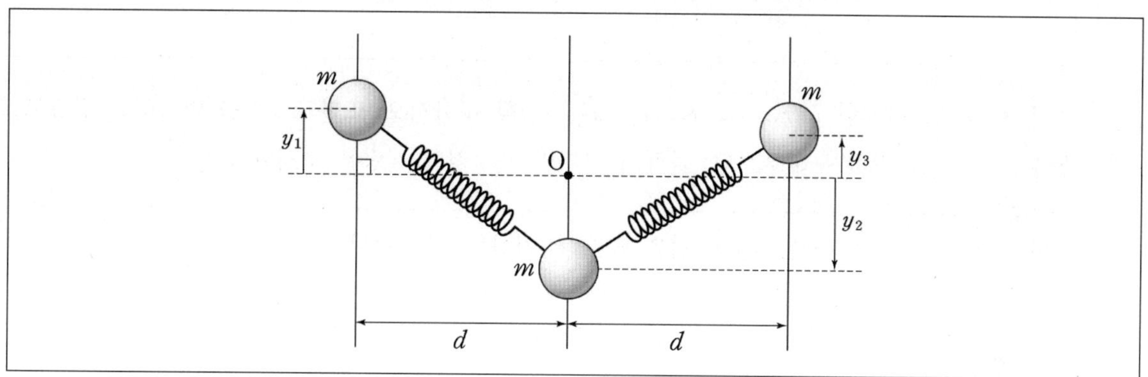

이때 이 계의 라그랑지안 $L(y_1,\ y_3,\ \dot{y}_1,\ \dot{y}_3)$를 쓰고, y_1에 대한 운동방정식을 풀이 과정과 함께 구하시오. $y_3 = y_1$일 때, y_1 운동의 고유 진동수를 구하시오. (단, 물체의 크기, 용수철의 질량, 마찰, 중력은 무시한다.)

06 다음 그림과 같이 마찰이 없는 평면상에서 질량이 m인 세 물체가 각각의 용수철 상수가 k인 두 용수철이 연결되어 일직선상에서 운동한다.

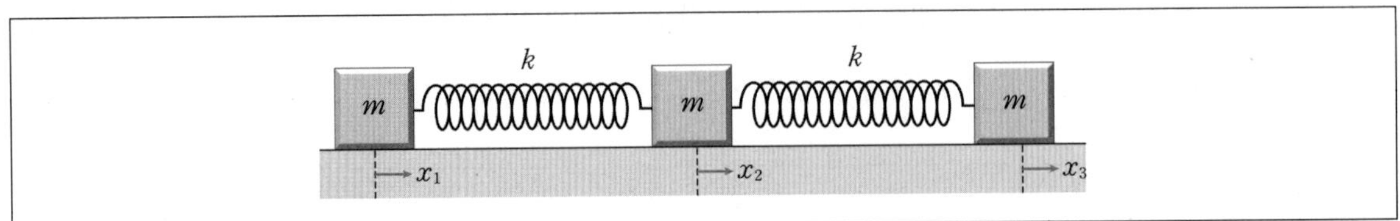

이때 계의 라그랑지안 $L(x_1,\ x_2,\ x_3,\ \dot{x}_1,\ \dot{x}_2,\ \dot{x}_3)$를 구하시오. 또한 $\omega > 0$을 만족하는 정상모드 각진동수 $\omega_1,\ \omega_2$를 각각 구하오. (단, 물체의 크기와 용수철의 질량은 무시한다.)

자료

위와 같은 계의 정상모드는 다음과 같은 조건에서 각진동수를 갖는다.

$$|x_2 - x_1| = |x_3 - x_2|$$

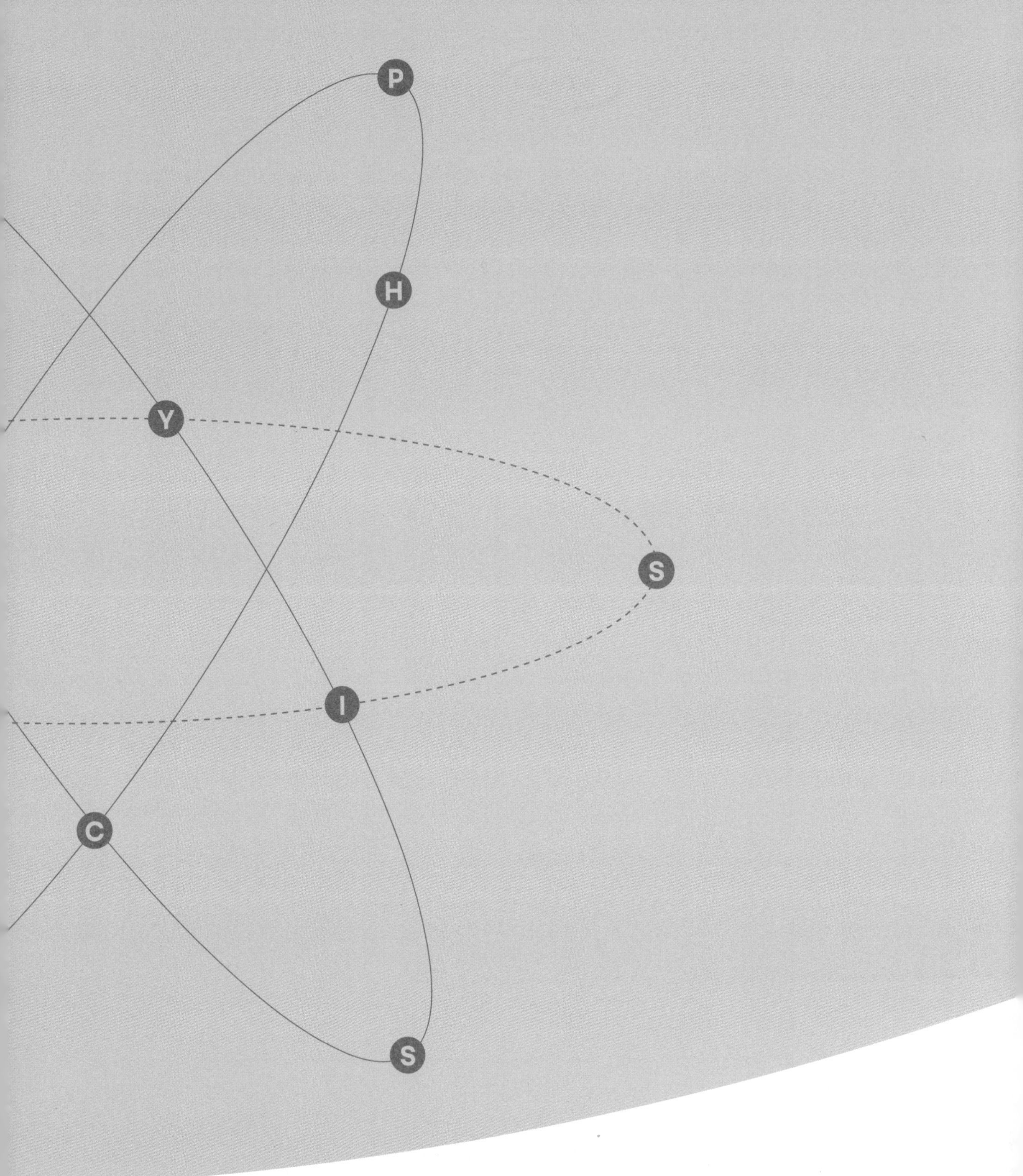

정승현
고전역학
전자기학

Part

02

전자기학

전자기학 기본과 쿨롱의 법칙

01 가우스 발산 법칙

$$\int \vec{\nabla} \cdot \vec{F} dV = \int \vec{F} \cdot d\vec{S}$$

만약 폭탄이 터진다면 파편이 사방으로 퍼지게 된다. 그런데 폭탄의 파편의 양은 정해져있기 때문에 폭탄이 닫힌 공간 내부(창고 등)에서 터졌다면 파편을 싹 다 모으면 폭탄의 본래 양을 구할 수 있다. 또한 슬로우 모션 캡처로 특정 시각에 폭탄의 파편이 날아가는 모습을 보여준다면 단위 부피당 파편 수를 계산하여 전체 부피를 곱해서 총 파편 수를 알게 될 수 있다.

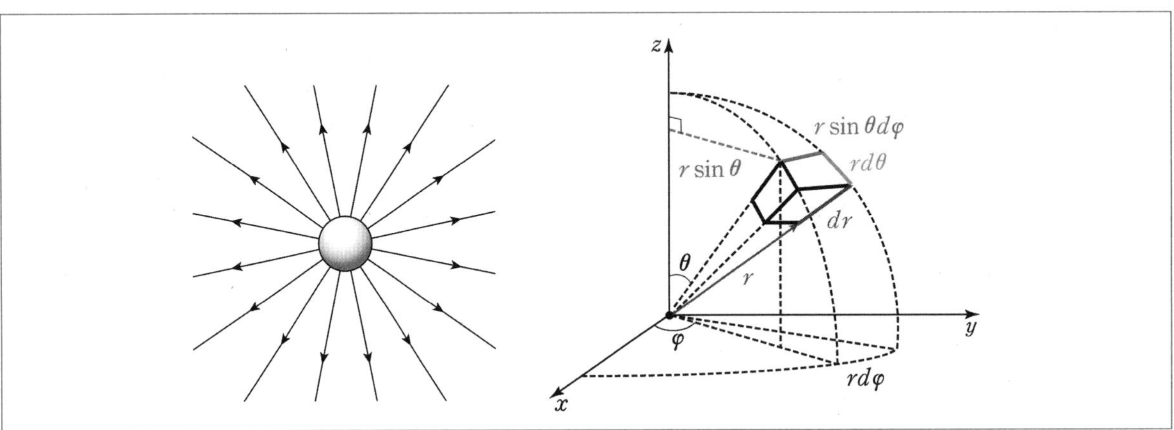

만약 $\vec{F}$를 $\hat{r}$방향 단위 면적당 파편 개수라 정의하자.

즉, $\vec{F} = \dfrac{\partial N}{\partial S}\hat{r}$ (N은 총 파편 개수)

그리고 $\vec{\nabla} \cdot \vec{F} = \dfrac{\partial F}{\partial r} = \dfrac{\partial^2 N}{\partial r \partial S} = \dfrac{\partial N}{\partial V}$는 단위 부피당 파편 개수를 의미한다.

$$\int \vec{\nabla} \cdot \vec{F} dV = \int \frac{\partial N}{\partial V} dV = N$$

$$\int \vec{F} \cdot d\vec{S} = \int \frac{\partial N}{\partial S} dS = N$$

이를 확장하면 발산 방향은 중심으로부터 뻗어나가는 방향으로 벡터를 미분한 값의 공간 적분은 임의의 둘러싼 표면에서의 벡터 면적분과 동일한 값을 갖는다. 예를 들어 폭탄의 총 파편 수 즉, 폭탄의 양을 알기 위해서는 폭탄을 둘러싼 표면에서 파편을 수를 모두 세거나 폭탄이 터질 때 특정 시각에 공간에 퍼져있는 총 파편의 수를 세면 된다. 이 둘은 동일하다.

발산은 뻗어나가는 양이 얼마인지 궁금할 때 계산한다.

02 스토크스 법칙

$$\int (\vec{\nabla}\times\vec{F}) \cdot d\vec{S} = \int \vec{F}\cdot d\vec{l}$$

아래 그림과 같이 입자들이 회전운동하고 있다고 하자.

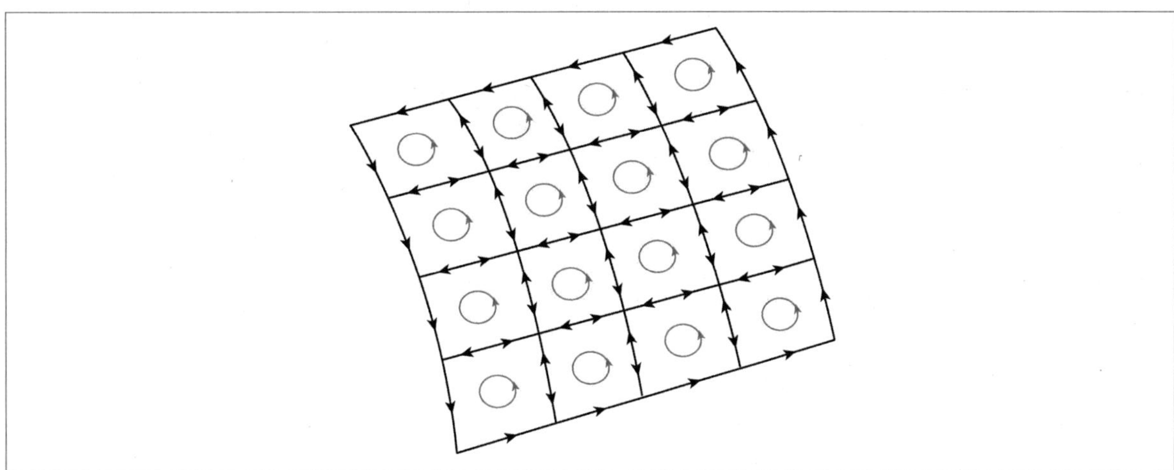

인접한 미소 면적들은 각속도가 동일하다고 가정할 수 있다. 이때 관심 있는 영역에서 입자들이 얼마나 회전하는지 양을 측정해 보자.

$\vec{F}$는 회전 방향으로 단위 길이당 입자 개수라고 정의하자.

$$\vec{F} = \frac{\partial N}{\partial l}\hat{\theta}$$

회전 성분이므로 $\vec{\nabla}\times\vec{F} = \frac{\partial^2 N}{\partial r \partial l}\hat{n} = \frac{\partial N}{\partial S}\hat{n}$; 회전 방향 단위 면적당 입자 개수 (회전면에 수직 방향)

그런데 외부 경계면을 제외한 내부 미소 면적의 회전은 인접한 모서리에 대해 모두 서로 반대 방향을 가지고 있다. 따라서 이들을 모두 합치면 결국 살아남는 성분은 외부 경계면의 회전밖에 없다.

$$\int (\vec{\nabla}\times\vec{F}) \cdot d\vec{S} = \int \frac{\partial N}{\partial S} dS = N$$

$$\int \vec{F} \cdot d\vec{l} = \int \frac{\partial N}{\partial l} dl = N$$

즉, 회전하는 회오리가 있으면 회전하는 양은 경계면의 회전만 고려하면 된다는 결론이다. 회전하는 단위 면적당 입자 개수를 면적 적분하는 것과 특정 경계면에서 입자의 단위 길이당 입자 수를 선적분하는 결과와 동일하다.

스토크스 법칙은 회전하는 방향으로 양이 얼마인지 계산할 때 사용된다.

03 맥스웰 방정식의 이해

맥스웰 방정식은 실험법칙을 맥스웰이 수식적으로 아름답게 정리한 것이다.

1. 쿨롱의 법칙

$$F = \frac{kQq}{r^2} = qE \Rightarrow \nabla \cdot E = \frac{\rho}{\epsilon}$$

2. 패러데이 법칙

$$V = -N\frac{d\phi_B}{dt} \Rightarrow \nabla \times E = -\frac{\partial B}{\partial t}$$

3. 비오-사바르법칙

$$B = \int \frac{\mu I d\vec{l} \times \hat{r}}{4\pi r^2} \Rightarrow \nabla \cdot B = 0$$

4. 앙페르 법칙

$$\int B dl = \mu I \Rightarrow \nabla \times B = \mu J + \mu\epsilon\frac{\partial E}{\partial t}$$

5. 맥스웰 방정식

(1) $\nabla \cdot E = \frac{\rho}{\epsilon}$

전하의 존재는 전기장을 발생시킨다.

(2) $\nabla \times E = -\frac{\partial B}{\partial t}$

자기장의 시간변화는 전기장을 발생시킨다.

(3) $\nabla \cdot B = 0$

자기홀극은 불가능하다. (N, S극은 항상 쌍으로 존재)

(4) $\nabla \times B = \mu J + \mu\epsilon \frac{\partial E}{\partial t}$

전류는 자기장을 발생시킨다.

04 전기장 구하기(가우스 법칙 응용)

쿨롱의 법칙 : $F = \frac{kQq}{r^2} = qE$ ➡ $\nabla \cdot E = \frac{\rho}{\epsilon}$

일반적으로 가우스 법칙은 대칭성이 존재하는 영역에서만 적용가능하다.

1. 균일한 밀도의 구대칭 전하

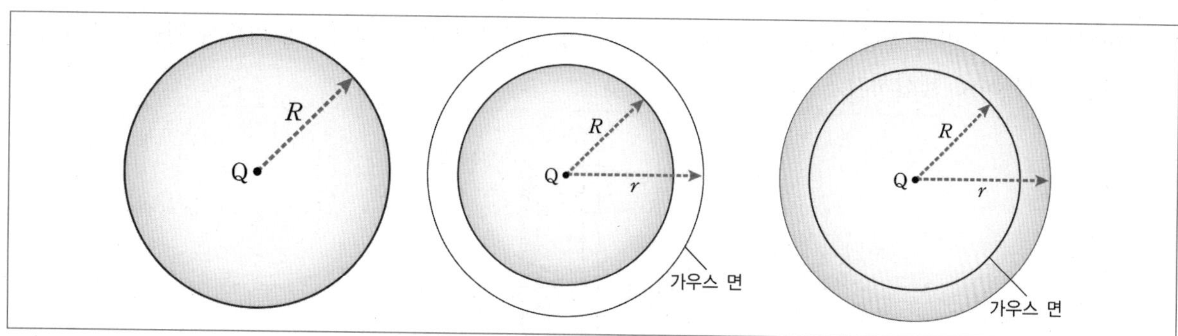

(1) $r \geq R$인 경우

가우스 면이 전하를 모두 감쌀 때는 내부 전하가 모두 전기장에 적용된다.

$$\int \vec{E} \cdot d\vec{a} = \frac{1}{\epsilon_0} \int \rho dV = \frac{Q}{\epsilon_0}$$

$$E(4\pi r^2) = \frac{Q}{\epsilon_0}$$

$$\therefore E(r \geq R) = \frac{Q}{4\pi\epsilon_0 r^2}$$

(2) $r < R$인 경우

가우스 면이 전하의 일부만을 감쌀 때는 외부 전하가 가우스 면의 전기장에 영향을 주지 않는다. 전하를 폭탄이라고 하면 가우스면 외부는 폭탄이 밖으로 방출되는 것이므로 가우스 면에 영향을 주지 않는다.

$$\int \vec{E} \cdot d\vec{a} = \frac{1}{\epsilon_0} \int \rho dV = \frac{\rho}{\epsilon_0} \frac{4}{3}\pi r^3 \quad (\rho = \frac{Q}{\frac{4}{3}\pi R^3})$$

$$E(4\pi r^2) = \frac{Q}{\epsilon_0 R^3} r^3$$

$$\therefore E(r < R) = \frac{Q}{4\pi\epsilon_0 R^3} r$$

구형 전하 분포의 전기장 ➡ $\vec{E} = \begin{cases} \dfrac{Q}{4\pi\epsilon_0} \dfrac{1}{r^2} \hat{r} & ; r \geq R \\ \dfrac{Q}{4\pi\epsilon_0} \dfrac{r}{R^3} \hat{r} & ; r < R \end{cases}$

2. 무한 길이의 선전하에 의한 전기장

무한한 길이의 선밀도 λ인 선전하 분포에 의한 전기장은 다음과 같다. 대칭성에 의해서 원통형 좌표계 가우스 면을 적용하여 계산하자.

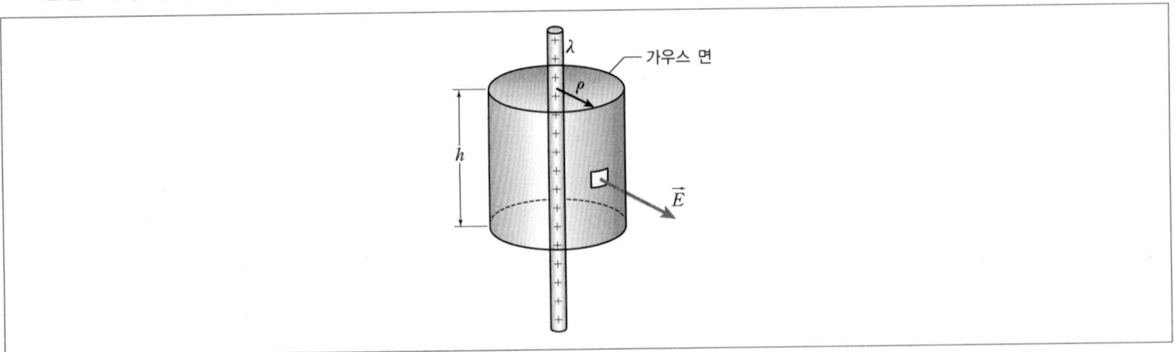

$$\int \vec{E} \cdot d\vec{a} = \frac{1}{\epsilon_0} \int \lambda dz = \frac{\lambda h}{\epsilon_0}$$

$$E(2\pi\rho h) = \frac{\lambda h}{\epsilon_0}$$

$$\therefore E = \frac{\lambda}{2\pi\epsilon_0\rho}$$

무한 길이의 선전하 분포의 전기장 ➡ $\vec{E} = \frac{\lambda}{2\pi\epsilon_0\rho}\hat{\rho}$

3. 무한히 넓은 균일한 전하밀도를 가진 평면

가우스 법칙은 정확히 활용해야 하는데 해당 전하 분포가 가우스 면에 영향을 주는 경우에만 가우스 면에 포함해야 한다. 즉, 경계면의 대칭성 여부와 영향력이 고려 대상이다. 예를 들어 아주 강력한 철벽 뒤에 폭탄이 있으면 우리는 벽 뒤의 폭탄은 고려 대상에서 제외된다는 점을 숙지하자.

(1) 두께를 무시할 수 있는 균일한 면전하 분포

면전하 밀도 $\sigma = \frac{Q}{A}$

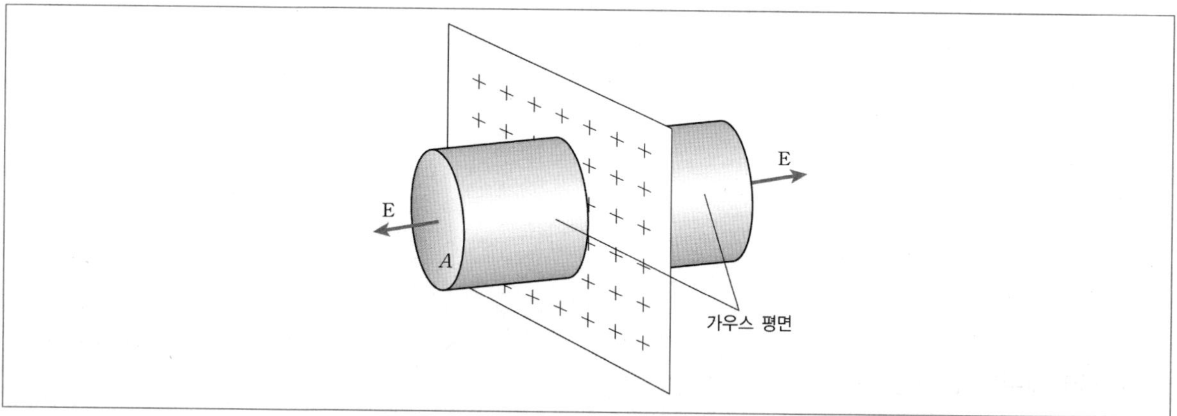

대칭성을 활용하여 원통형 가우스 면을 잡으면 면전하는 양쪽 방향으로 전기장을 생성한다. 면으로 이루어진 폭탄이 있으면 양쪽으로 파편이 나가는 현상과 유사하다.

$$\int \vec{E} \cdot d\vec{a} = \frac{1}{\epsilon_0} \int \sigma da = \frac{\sigma A}{\epsilon_0}$$

$$E(2A) = \frac{\sigma A}{\epsilon_0}$$

$$\therefore E = \frac{\sigma}{2\epsilon_0}$$

(2) 두께가 있는 균일한 면전하 분포

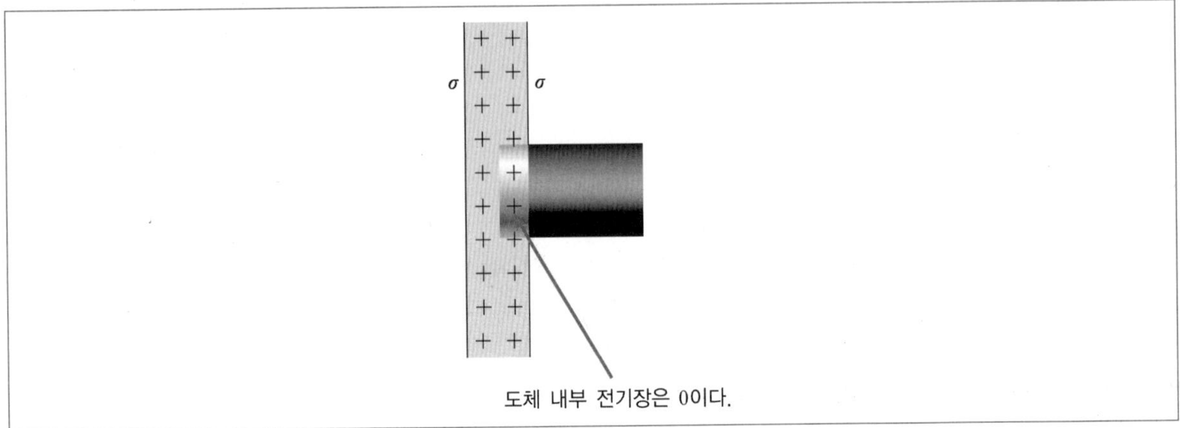

σ의 균일한 면전하 밀도를 가진 두께를 무시할 수 없는 무한 평면을 가정하자. 전하는 도체 표면에만 존재하고, 도체의 성질에 의해서 내부 전기장은 0이 된다. 이때는 가우스 면을 좌, 우 각각 따로 잡아야 한다. 예를 들어 두꺼운 벽 표면에 폭탄이 설치되어 있다고 하면 왼쪽과 오른쪽의 폭탄 파편은 각각 왼쪽과 오른쪽으로 진행하게 된다. 즉, 왼쪽 전하는 왼쪽의 공간에만 영향을 주고, 오른쪽 전하는 오른쪽에만 영향을 주기 때문에 가우스 면을 동시에 잡는 것이 불가능하다.

총 전하가 Q라 하면 Q가 왼쪽과 오른쪽 면에 골고루 분포하므로 면적 $2A$에 분포하게 된다.

도체판 오른쪽의 전기장을 구해보면 $\sigma = \dfrac{Q}{2A}$이므로

$$\int \vec{E} \cdot d\vec{a} = \frac{1}{\epsilon_0}\int \sigma da = \frac{\sigma A}{\epsilon_0}$$

$$E(A) = \frac{\sigma A}{\epsilon_0}$$

$$\therefore\ E = \frac{\sigma}{\epsilon_0}$$

(3) 축전기 내부의 전기장

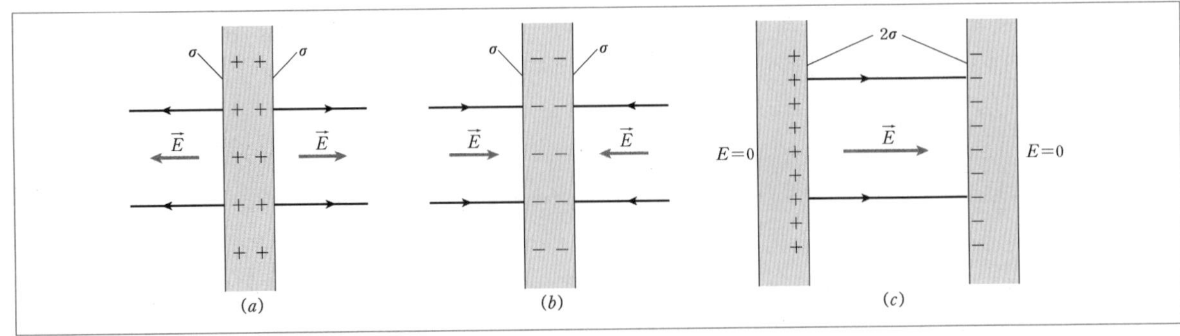

전하량이 각각 Q, $-Q$로 대전된 두께가 있는 두 개의 도체판이 존재한다고 하자. 각 표면적은 A이고, 전하밀도의 크기 $\sigma = \dfrac{Q}{2A}$이다.

(a)와 (b) 도체판에 의한 전기장의 세기는 $E = \dfrac{\sigma}{\epsilon_0} = \dfrac{Q}{2\epsilon_0 A}$로 동일하다. 그러면 중첩에 의해서 외부 전기장의 크기는 같아지며 방향이 반대로 사라지게 되고, 내부 전기장은 크기와 방향이 동일하여 2배 증가하게 된다. 내부 전기장은 $E_{내부} = \dfrac{2\sigma}{\epsilon_0} = \dfrac{Q}{\epsilon_0 A}$ 이다.

이는 전기적으로 인력에 의해서 (a)와 (b) 도체판의 바깥쪽 전하가 모두 안쪽으로 분포하게 되어 내부에 전하밀도의 크기가 2σ로 증가하는 효과를 만들게 된다. 그래서 바깥쪽 표면의 전하밀도가 존재하지 않으므로 축전기 외부 전기장은 0이 된다. 이렇게 이해해도 된다.

(4) 비대칭 전하 도체 평행판(가우스 법칙의 영역 분할)

예제 1 다음 그림과 같이 단면적이 S로 동일하고 서로 d만큼 떨어진 평행한 두 도체판이 있다. 도체판 A에 대전된 총 전하량은 Q이고, 도체판 B에 대전된 총 전하량은 $2Q$이다.

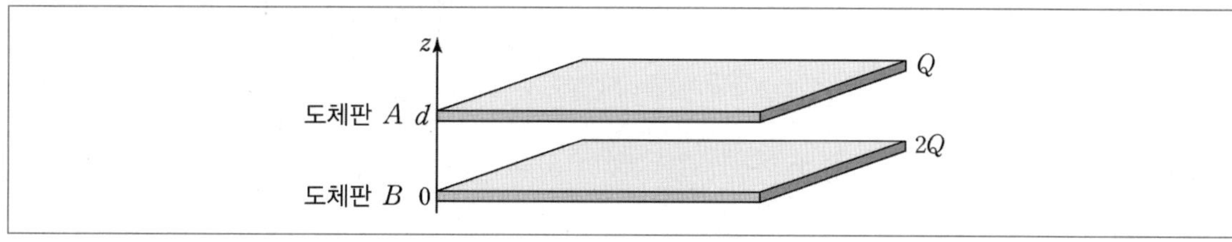

이때 도체판 A 윗면($z > d$)의 전기장의 세기 E_1와 도체판 사이($0 < z < d$)의 전기장의 세기 E_2를 각각 구하시오. 또한 두 도체판으로 이루어진 축전기 내부에 저장된 에너지 U를 구하시오. (단, 진공의 유전율은 ϵ_0이고, 가장자리 효과는 무시한다.)

정답 1) $E_1 = \dfrac{3Q}{2\epsilon_0 S}$, $E_2 = \dfrac{Q}{2\epsilon_0 S}$, 2) $U = \dfrac{dQ^2}{8\epsilon_0 S}$

05 전기적 퍼텐셜 V

쿨롱의 법칙으로부터 $F=-\nabla U$ ➡ $F=qE$, $V=-\int_{기준}^{r} E dr$

전위 V는 에너지를 기술하므로 항상 연속성을 만족해야 한다. 그리고 전위는 기준점이 존재하고 일반적으로 기준점을 $r=\infty$ 로 설정하지만 수학적 정의가 안 될 시에는 정의할 수 있는 특정 지점을 기준점으로 설정한다. 전위는 차이 값이 중요하다는 점을 명심하자.

> ① 전위 : 단위 전하당 위치에너지 또는 전기장 내에서 +1C의 전하를 기준점에서 한 점까지 옮기는 데 필요한 일
> ② 전기장 내의 전하는 힘을 받으므로, 일을 할 수 있는 능력(퍼텐셜 에너지)을 가진다.

1. 점전하에서의 전위

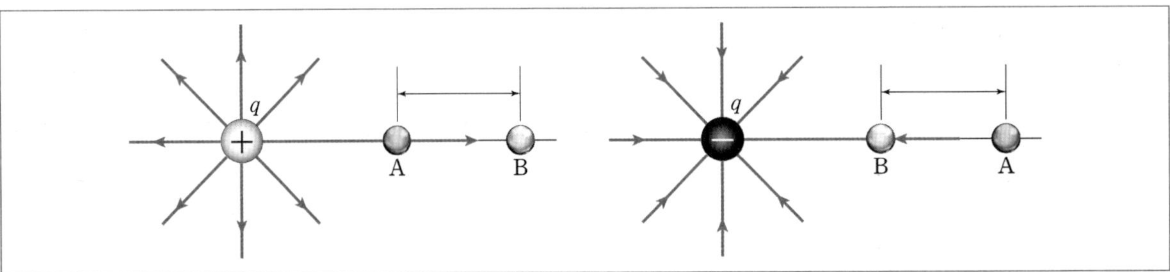

점전하는 기준점을 $r=\infty$ 로 설정한다.

$$V=-\int_{\infty}^{r} E dr=-\int_{\infty}^{r} \frac{q}{4\pi\epsilon_0 r^2} dr=\frac{q}{4\pi\epsilon_0 r}$$

그래서 전하 q가 +인 경우에는 r이 작을수록 전위가 높고, q가 −인 경우에는 r이 작을수록 전위가 낮다.

2. 도체판(축전기)에서의 전위

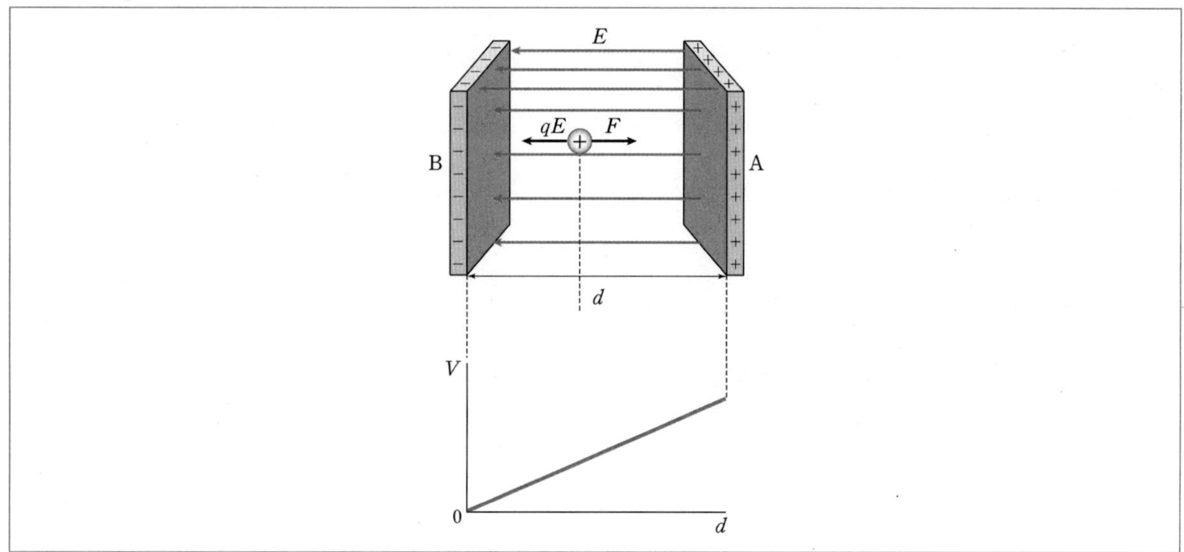

축전기에서의 전기장은 E로 일정하므로 양단의 전위차는 $V = Ed$ 이다. 내부에서는 기준점 음극판에서 양극판으로 갈수록 전위가 증가하게 된다.

3. 대전된 도체구에서의 전위

도체구에서 전하는 표면에만 분포하므로 도체 내부의 전기장은 0이다. 전위는 전기장을 기준점으로 두고 순차적으로 적분해야 함을 명심하자.

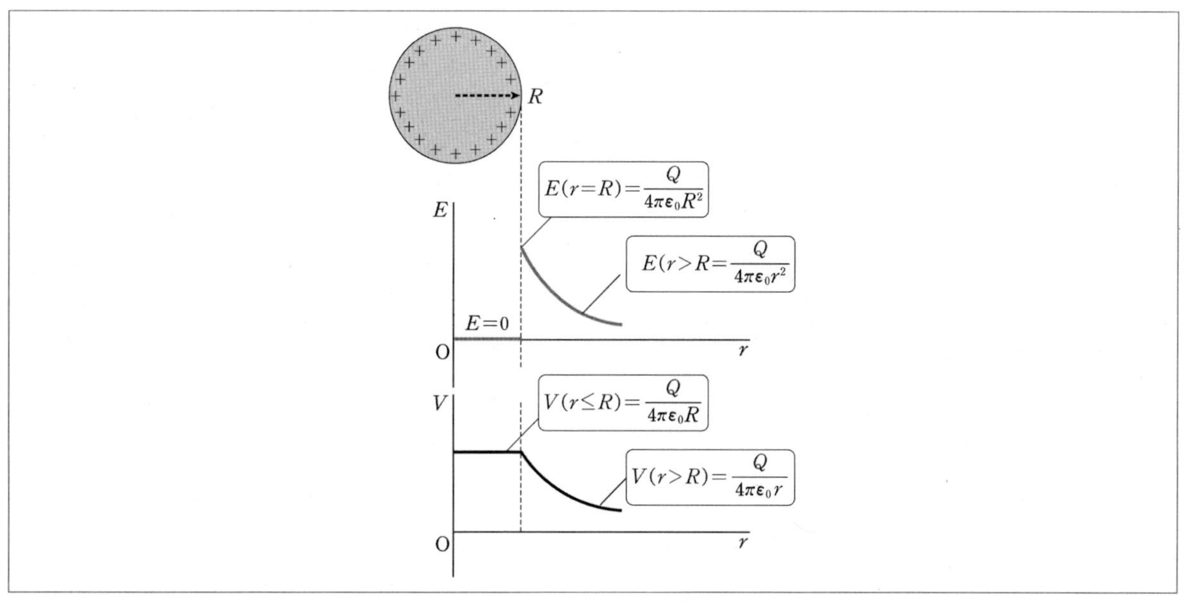

전하량 Q로 대전된 도체구의 전기장의 세기는 다음과 같다.

$$E=\begin{cases}\dfrac{Q}{4\pi\epsilon_0}\dfrac{1}{r^2} & ; r>R \\ 0 & ; r\le R\end{cases}$$

$r>R$인 영역에서 전위는

$$V=-\int_{\infty}^{r}Edr=-\int_{\infty}^{r}\frac{Q}{4\pi\epsilon_0 r^2}dr=\frac{Q}{4\pi\epsilon_0 r}$$

$$\therefore V(r>R)=\frac{Q}{4\pi\epsilon_0 r}$$

$r\le R$인 영역에서 전위는 내부 전기장이 0이므로

$$V=-\int_{\infty}^{r}Edr=-\int_{\infty}^{R}\frac{Q}{4\pi\epsilon_0 r^2}dr=\frac{Q}{4\pi\epsilon_0 R}$$

$$\therefore V(r\le R)=\frac{Q}{4\pi\epsilon_0 R}$$

4. 균일한 전하 분포에서 전위

(1) 구형 전하 분포

① 균일한 전하 분포

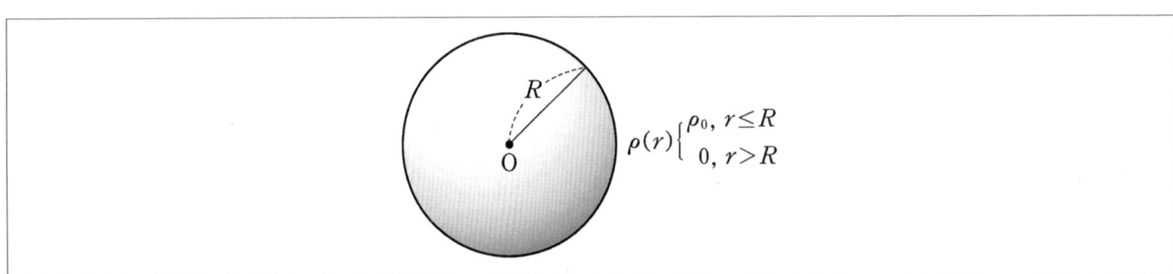

$$E_{out}=\frac{Q}{4\pi\epsilon_0 r^2}=\frac{\rho R^3}{3\epsilon_0 r^2},\ E_{in}=\frac{\rho}{3\epsilon_0}r$$

$$V_{out}=-\int_{\infty}^{r}\frac{\rho_0 R^3}{3\epsilon_0 r^2}dr=\frac{\rho_0 R^3}{3\epsilon_0 r}\ ; r>R$$

$$V_{in}=-\int_{\infty}^{R}E_{out}dr-\int_{R}^{r}E_{in}dr\ ; r\le R$$

$$=\frac{\rho_0 R^2}{3\epsilon_0}-\frac{\rho_0 r^2}{6\epsilon_0}+\frac{\rho_0 R^2}{6\epsilon_0}=\frac{\rho_0 R^2}{2\epsilon_0}-\frac{\rho_0 r^2}{6\epsilon_0}$$

$$V_{in}=\frac{\rho_0}{6\epsilon_0}(3R^2-r^2)$$

② 선형 전하 분포

예제 2 다음 그림은 반지름이 R인 구 내부에 균일하게 전하가 분포하고 있는 것을 나타낸 것이다. 구의 중심 O로부터의 거리 r에 따른 전하밀도 $\rho(r)$는 $r \le R$일 때 $\rho(r) = \rho_0 \frac{r}{R}$ 이고, $r > R$일 때 $\rho(r) = 0$이다. 여기서 ρ_0은 양의 상수이다.

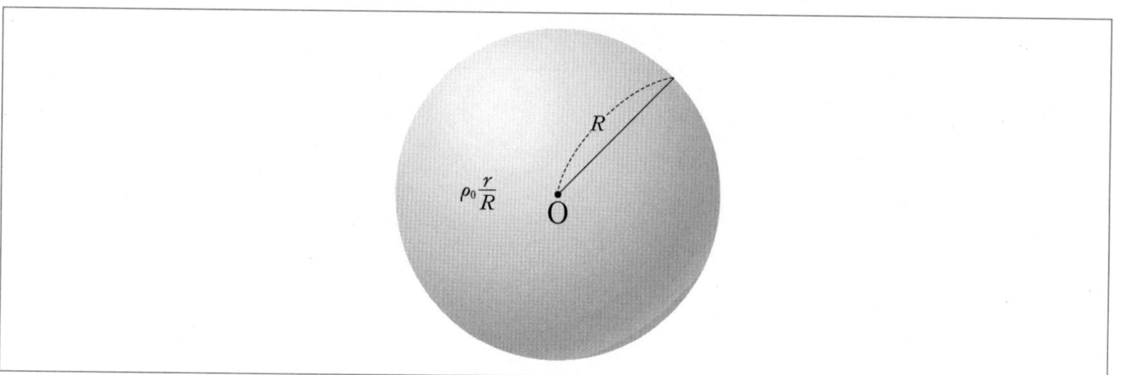

$r \le R$에서 전기장의 세기 $E_{내부}(r)$와 $r > R$에서 전기장의 세기 $E_{외부}(r)$를 각각 구하시오. 또한 $r \le R$ 에서 전위 $V(r)$을 구하시오. (단, 구를 포함한 모든 공간의 유전율은 ϵ_0이고, 전위 $V(r=\infty)=0$ 이다.)

풀이

1) $r < R$에서 전기장을 구하면

$$\int EdA = \frac{Q_{en}}{\epsilon_0} = \frac{1}{\epsilon_0}\int_0^r \rho\, dV = \frac{4\pi\rho_0}{\epsilon_0 R}\int_0^r r^3 dr = \frac{\pi\rho_0 r^4}{\epsilon_0 R}$$

$$Q = \pi\rho_0 R^3$$

$$E_{내부} = \frac{\rho_0 r^2}{4\epsilon_0 R}$$

2) $r > R$에서 전기장을 구하면

$$E_{외부} = \frac{\rho_0 R^3}{4\epsilon_0 r^2}$$

퍼텐셜의 정의는 $V = -\int_{기준}^{r} Edr$ 이다. 즉, 기준부터 적분해야 하는데 전기장이 내부와 외부가 다르므로 각각 나눠서 적분해야 한다. 일반적으로 기준이 되는 곳을 퍼텐셜을 0으로 하는 곳이고 문제에서는 $r = \infty$ 이다.

$$V = -\int_{\infty}^{R} E_{외부}dr - \int_{R}^{r} E_{내부}dr$$

$$= \frac{\rho_0 R^2}{4\epsilon_0} - \frac{\rho_0}{12\epsilon_0 R}r^3 + \frac{\rho_0 R^2}{12\epsilon_0}$$

$$\therefore V(r<R) = \frac{\rho_0}{12\epsilon_0 R}(4R^3 - r^3)$$

③ 제곱 전하 분포

예제 3 다음 그림은 반지름이 R인 구 내부에 균일하게 전하가 분포하고 있는 것을 나타낸 것이다. 구의 중심 O로부터의 거리 r에 따른 전하밀도 $\rho(r)$는 $r \le R$일 때 $\rho(r) = \rho_0 \dfrac{r^2}{R^2}$이고, $r > R$일 때 $\rho(r) = 0$이다. 여기서 ρ_0은 양의 상수이다.

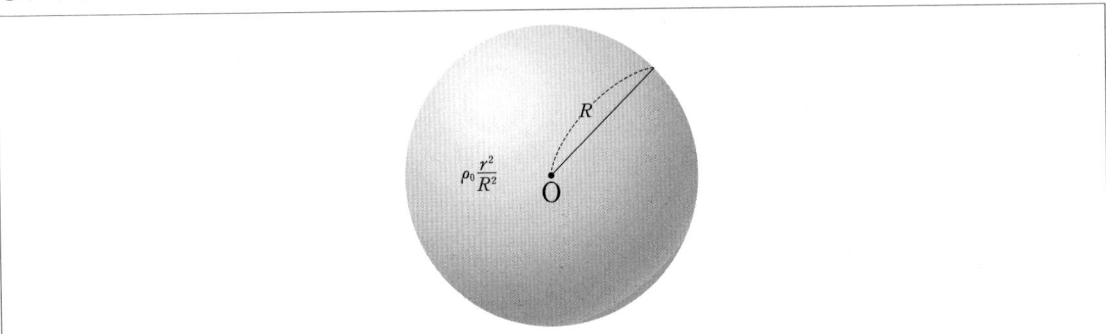

총 전하량 Q를 구하시오. $r \le R$에서 전기장의 세기 $E_{내부}(r)$와 $r > R$에서 전기장의 세기 $E_{외부}(r)$를 각각 구하시오. 또한 $r \le R$에서 전위 $V(r)$을 구하시오. (단, 구를 포함한 모든 공간의 유전율은 ϵ_0이고, 전위 $V(r=\infty)=0$이다.)

풀이

1) $r < R$에서 전기장을 구하면

$$\int EdA = \frac{Q_{en}}{\epsilon_0} = \frac{1}{\epsilon_0}\int_0^r \rho\, dV = \frac{4\pi\rho_0}{\epsilon_0 R^2}\int_0^r r^4\, dr = \frac{4\pi\rho_0 r^5}{5\epsilon_0 R^2}$$

$$Q = \frac{4\pi\rho_0 R^3}{5}$$

$$E_{내부} = \frac{\rho_0 r^3}{5\epsilon_0 R^2}$$

2) $r > R$에서 전기장을 구하면

$$E_{외부} = \frac{\rho_0 R^3}{5\epsilon_0 r^2}$$

퍼텐셜의 정의는 $V = -\int_{기준}^r Edr$이다. 즉, 기준부터 적분해야 하는데 전기장이 내부와 외부가 다르므로 각각 나눠서 적분해야 한다. 일반적으로 기준이 되는 곳을 퍼텐셜을 0으로 하는 곳이고 문제에서는 $r=\infty$이다.

$$V = -\int_\infty^R E_{외부}dr - \int_R^r E_{내부}dr$$

$$= \frac{\rho_0 R^2}{5\epsilon_0} - \frac{\rho_0}{20\epsilon_0 R^2}r^4 + \frac{\rho_0 R^2}{20\epsilon_0}$$

$$\therefore V(r<R) = \frac{\rho_0}{20\epsilon_0 R^2}(5R^4 - r^4)$$

※ 전하 분포에 따른 일반화

n	$\rho(r)$	Q	$E_{내부}(r)$	$E_{외부}(r)$	$V_{내부}(r)$
0	ρ_0	$\frac{4\pi\rho_0 R^3}{3}$	$\frac{\rho_0 r}{3\epsilon_0}$	$\frac{\rho_0 R^3}{3\epsilon_0 r^2}$	$\frac{\rho_0}{6\epsilon_0}(3R^2-r^2)$
1	$\rho(r)=\rho_0\frac{r}{R}$	$\frac{4\pi\rho_0 R^3}{4}$	$\frac{\rho_0 r^2}{4\epsilon_0 R}$	$\frac{\rho_0 R^3}{4\epsilon_0 r^2}$	$\frac{\rho_0}{12\epsilon_0 R}(4R^3-r^3)$
2	$\rho(r)=\rho_0\left(\frac{r}{R}\right)^2$	$\frac{4\pi\rho_0 R^3}{5}$	$\frac{\rho_0 r^3}{5\epsilon_0 R^2}$	$\frac{\rho_0 R^3}{5\epsilon_0 r^2}$	$\frac{\rho_0}{20\epsilon_0 R^2}(5R^4-r^4)$
n	$\rho(r)=\rho_0\left(\frac{r}{R}\right)^n$	$\frac{4\pi\rho_0 R^3}{n+3}$	$\frac{\rho_0 r^{n+1}}{(n+3)\epsilon_0 R^n}$	$\frac{\rho_0 R^3}{(n+3)\epsilon_0 r^2}$	$\frac{\rho_0}{(n+2)(n+3)\epsilon_0 R^n}((n+3)R^{n+2}-r^{n+2})$

예 $n=3$인 경우

예제 4 다음 그림은 반지름이 R인 구 내부에 균일하게 전하가 분포하고 있는 것을 나타낸 것이다. 구의 중심 O로부터의 거리 r에 따른 전하밀도 $\rho(r)$는 $r \le R$ 일 때 $\rho(r)=\rho_0\frac{r^3}{R^3}$이고, $r>R$일 때 $\rho(r)=0$이다. 여기서 ρ_0은 양의 상수이다.

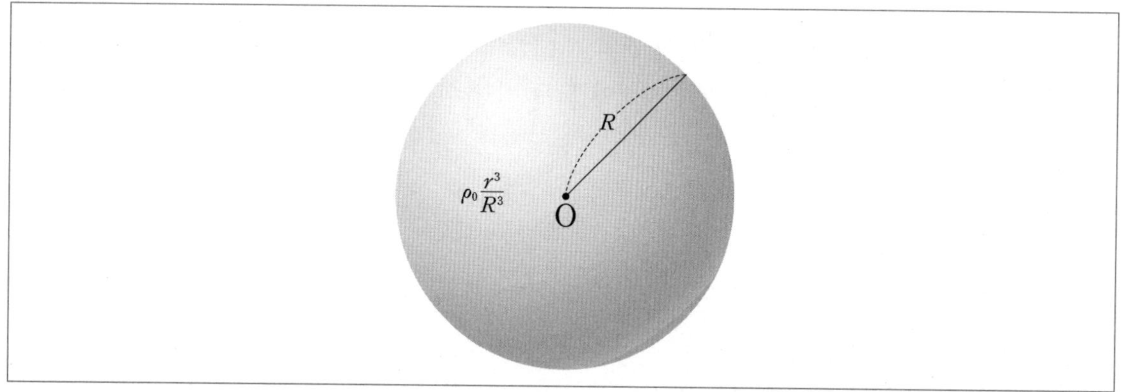

총 전하량 Q를 구하시오. $r \le R$에서 전기장의 세기 $E_{내부}(r)$와 $r>R$에서 전기장의 세기 $E_{외부}(r)$를 각각 구하시오. 또한 $r \le R$에서 전위 $V(r)$을 구하시오. (단, 구를 포함한 모든 공간의 유전율은 ϵ_0이고, 전위 $V(r=\infty)=0$이다.)

정답

1) $Q=\frac{4\pi\rho_0 R^3}{6}=\frac{2\pi\rho_0 R^3}{3}$, 2) $E_{내부}(r)=\frac{\rho_0 r^4}{6\epsilon_0 R^3}$, 3) $E_{외부}(r)=\frac{\rho_0 R^3}{6\epsilon_0 r^2}$, 4) $V_{내부}(r)=\frac{\rho_0}{30\epsilon_0 R^3}(6R^5-r^5)$

(2) 원통형 전하 분포(기준점 상정의 상대성)

그림은 전하밀도 ρ가 균일하게 분포되어 있고, 중심축이 z축과 일치하는 무한히 긴 원기둥 모양의 물체를 나타낸 것이다. 원기둥의 반지름이 R이고, 중심축으로부터 떨어진 거리를 r이라 하자.

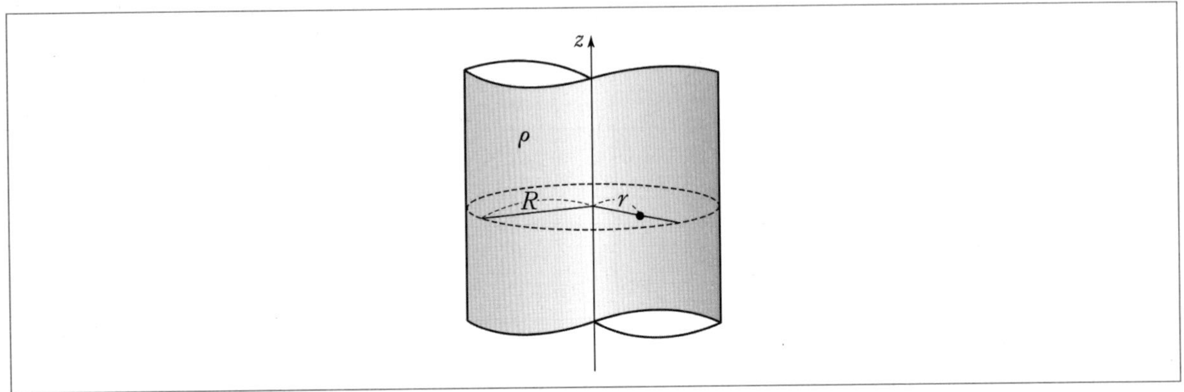

가우스 법칙을 이용하면 원기둥 내부와 외부의 전기장의 크기 $E_{내부}$, $E_{외부}$을 구하면 다음과 같다.

$$E_{내부} = \frac{\rho}{2\epsilon_0} r \,,\ E_{외부} = \frac{\rho R^2}{2\epsilon_0 r}$$

그런데 구형 분포와 같이 기준점을 $r = \infty$로 잡게 되면 전위의 정의가 안 되게 된다. 그러므로 특정 기준점 설정이 중요하다. 원기둥 표면 $r = R$에서의 전위를 $V(R) = 0$이라 하자. 전위는 차이 값이 중요하므로 기준점 설정은 전위가 정의가 된다면 임의의 지점이 모두 가능하다. $r \geq R$에서의 전위 $V(r)$는 다음과 같다.

$$\begin{aligned} V(r \geq R) &= -\int_R^r E_{외부}\, dr = -\int_R^r \frac{\rho R^2}{2\epsilon_0 r} dr \\ &= -\frac{\rho R^2}{2\epsilon_0} \ln\frac{r}{R} = \frac{\rho R^2}{2\epsilon_0} \ln\frac{R}{r} \end{aligned}$$

$$\therefore\ V(r \geq R) = \frac{\rho R^2}{2\epsilon_0} \ln\frac{R}{r}$$

$r < R$에서 전위는 다음과 같다.

$$\begin{aligned} V(r < R) &= -\int_R^r E_{내부}\, dr = -\int_R^r \frac{\rho}{2\epsilon_0} r dr \\ &= -\frac{\rho}{4\epsilon_0}(r^2 - R^2) = \frac{\rho}{4\epsilon_0}(R^2 - r^2) \end{aligned}$$

$$\therefore\ V(r < R) = \frac{\rho}{4\epsilon_0}(R^2 - r^2)$$

(3) 원형 전하 분포

예제 5 다음 그림과 같이 반지름이 a이고 원점 O를 중심으로 xy평면에 고정된 가느다란 고리에 선전하 밀도가 λ인 전하가 고르게 분포되어 있다. 여기서 λ는 양의 상수이다.

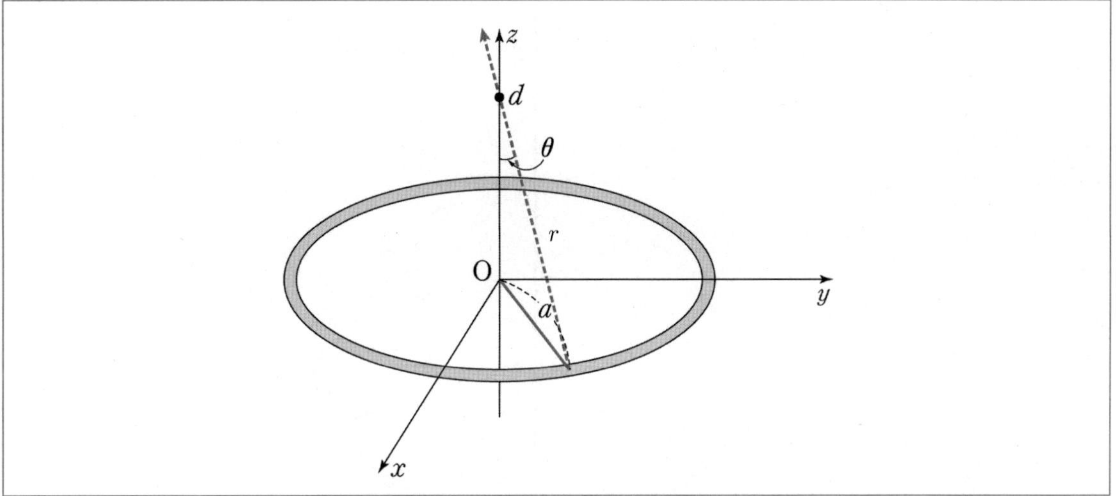

원점으로부터 z축 상에 d만큼 떨어진 위치에서 전기장의 세기 E와 전위 V를 각각 구하시오. (단, 공간의 유전율은 ϵ_0이다.)

풀이

선전하의 임의의 위치에서 x축과의 사이각을 ϕ라 하고, d지점과 연장선과 z축과의 사이각을 θ라 하자.

$$d\vec{E} = \frac{dQ}{4\pi\epsilon_0 r^2}(-\hat{\rho}+\hat{z})$$

$$= \frac{dQ}{4\pi\epsilon_0 r^2}(-\sin\theta\cos\phi\,\hat{x} - \sin\theta\sin\phi\,\hat{y} + \cos\theta\,\hat{z})$$

$$= \frac{\lambda a\,d\phi}{4\pi\epsilon_0 r^2}(-\sin\theta\cos\phi\,\hat{x} - \sin\theta\sin\phi\,\hat{y} + \cos\theta\,\hat{z})$$

$$\vec{E} = \frac{\lambda a}{4\pi\epsilon_0 r^2}2\pi\cos\theta\,\hat{z} = \frac{\lambda a d}{2\epsilon_0(a^2+d^2)^{3/2}}\hat{z}$$

$$\therefore E = \frac{\lambda a d}{2\epsilon_0(a^2+d^2)^{3/2}}$$

$$dV = \frac{dQ}{4\pi\epsilon_0 r} = \frac{\lambda a d\phi}{4\pi\epsilon_0\sqrt{a^2+d^2}}$$

$$\therefore V = \frac{\lambda a}{2\epsilon_0\sqrt{a^2+d^2}}$$

(4) 원판 전하 분포

예제 6 다음 그림과 같이 반지름이 R이고 두께를 무시할 수 있는 얇은 원판에 표면 전하 밀도 σ로 균일하게 전하가 분포되어 있다.

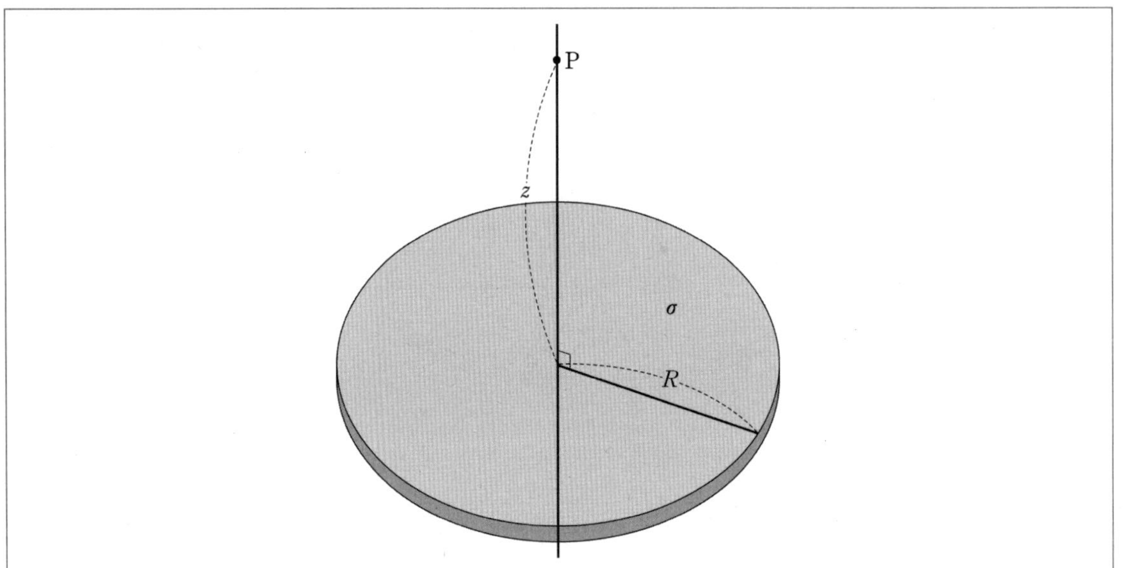

원판의 중심에서 중심축을 따라 z만큼 떨어진 P 지점에서 전기장의 세기 $E(z)$와 전위 $V(z)$를 각각 구하시오.

$$\int \frac{x}{(x^2+a^2)^{3/2}}dx = -\frac{1}{\sqrt{X^2+a^2}}, \quad \int \frac{x}{(x^2+a^2)^{1/2}}dx = \sqrt{X^2+a^2}$$

풀이

앞에서 원형 전하 분포와 동일하게 대칭성에 의해서 z축 성분의 전기장만 존재한다.

$$dE_z = \frac{dQ\cos\theta}{4\pi\epsilon_0 r^2} = \frac{\sigma\rho d\rho d\phi\cos\theta}{4\pi\epsilon_0 r^2}\frac{z}{r}$$

$$E_z = \frac{\sigma z}{2\epsilon_0}\int_0^R \frac{\rho d\rho}{(\rho^2+z^2)^{3/2}} = \frac{\sigma z}{2\epsilon_0}\left(\frac{1}{z} - \frac{1}{\sqrt{R^2+z^2}}\right)$$

$$\therefore E(z) = \frac{\sigma}{2\epsilon_0}\left(1 - \frac{z}{\sqrt{R^2+z^2}}\right)$$

$$dV = \frac{dQ}{4\pi\epsilon_0 r} = \frac{\sigma 2\pi\rho d\rho}{4\pi\epsilon_0 r} = \frac{\sigma\rho d\rho}{2\epsilon_0 r}$$

$$V = \frac{\sigma}{2\epsilon_0}\int_0^R \frac{\rho}{\sqrt{\rho^2+z^2}}d\rho$$

$$= \frac{\sigma}{2\epsilon_0}(\sqrt{R^2+z^2} - z)$$

$$\therefore V(z) = \frac{\sigma}{2\epsilon_0}(\sqrt{R^2+z^2} - z)$$

06 퍼텐셜 에너지

퍼텐셜 에너지는 서로의 전하에 의해 생성된 전기적 위치 에너지를 말한다.

$$U = -\int_{\text{기준}}^{r} \vec{F} \cdot d\vec{r}$$

1. 두 점전하의 위치에너지

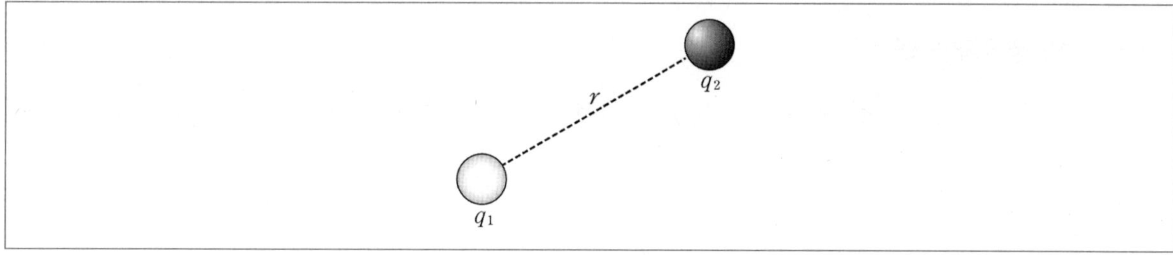

$\vec{F} = q\vec{E}$ 이므로 $\vec{F} = \dfrac{q_1 q_2}{4\pi\epsilon_0 r^2}\hat{r}$

점전하 q_2에 의해 r만큼 떨어진 q_1와의 퍼텐셜 에너지는 $U = \dfrac{q_1 q_2}{4\pi\epsilon_0 r}$이다. 힘은 상대 전하가 필요하므로 퍼텐셜 에너지는 두 전하 사이의 관계식이 된다.

2. 세 점전하의 퍼텐셜 에너지

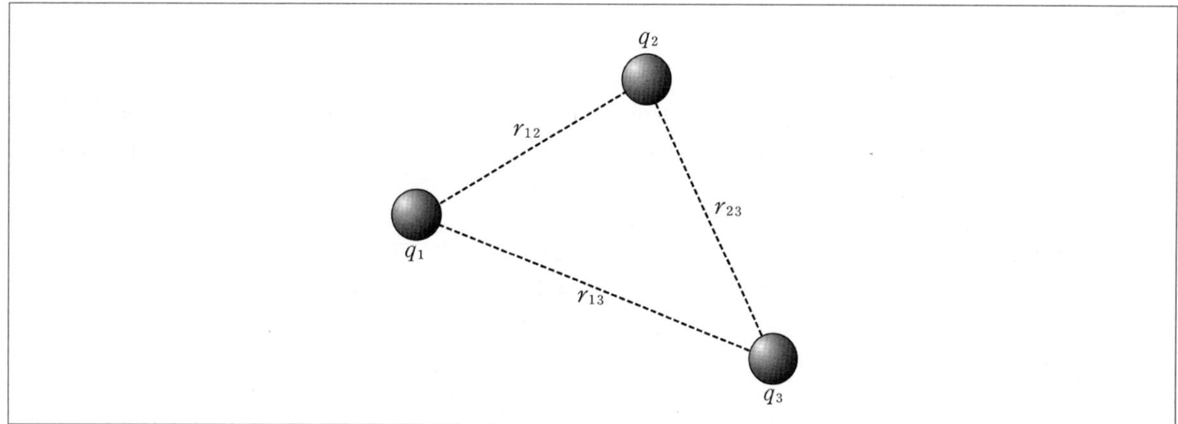

3개의 전하는 서로 쌍을 이루는 방식이 $_3C_2$개 즉, 3가지가 존재하므로 전체 퍼텐셜 에너지는 다음과 같다.

$$U=\frac{1}{4\pi\epsilon_0}\left(\frac{q_1q_2}{r_{12}}+\frac{q_1q_3}{r_{13}}+\frac{q_2q_3}{r_{23}}\right)$$

07 물질 내에서 전기장

1. 편극 P와 쌍극자 모멘트 p

물질 내 원자는 양성자와 전자들로 이뤄져 있다. 도체에서는 전자들이 자유롭게 돌아 다닐 수 있으나 부도체(유전체)에서는 전자들이 원자핵에 속박 상태로 존재한다. 평형 상태에서는 전자들의 분포가 전체적으로 대칭적으로 분포하지만 외부 요인이나 특정 구조적 결합의 요인에 의해서 전하의 대칭성이 깨지게 된다. 이때 종합적으로 크기는 같고 부호가 다른 두 개의 점전하로 생각할 수 있다. 이를 물질 내 전하의 배치에 따른 편극(유전분극) 현상이라 한다.

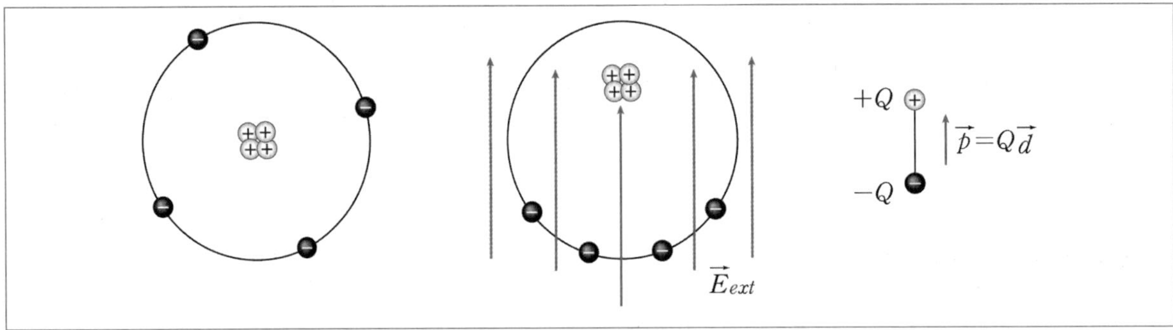

전하의 배치에 따른 것의 정의를 쌍극자 모멘트를 도입해서 정의한다. 쌍극자 모멘트는 전하량 Q와 전하 사이의 거리 d로 정의하고 크기는 $p=Qd$이며, 방향은 $-Q$에서 $+Q$를 향하는 방향으로 정의한다. 물질 내부에는 수많은 원자들이 존재하는데 이때 모든 쌍극자 모멘트의 합을 물질의 쌍극자 모멘트라 한다. 그리고 편극의 정의는 다음과 같다.

편극 $P=\frac{p}{V}$: 단위 부피당 쌍극자 모멘트

편극의 단위를 보면 $P=\frac{Qd}{V}=\frac{Q}{A}$로 단위 면적당 전하량 즉, 면전하 밀도의 단위를 가진다.

외부 요인에 의해서 유전 분극 현상이 일어나는 물질을 유전체라 한다. 우리가 다루는 유전체의 성질을 알아보자. 일반적으로 학부 수준의 유전체는 선형이고 등방적이며 균일한 유전체를 다룬다.

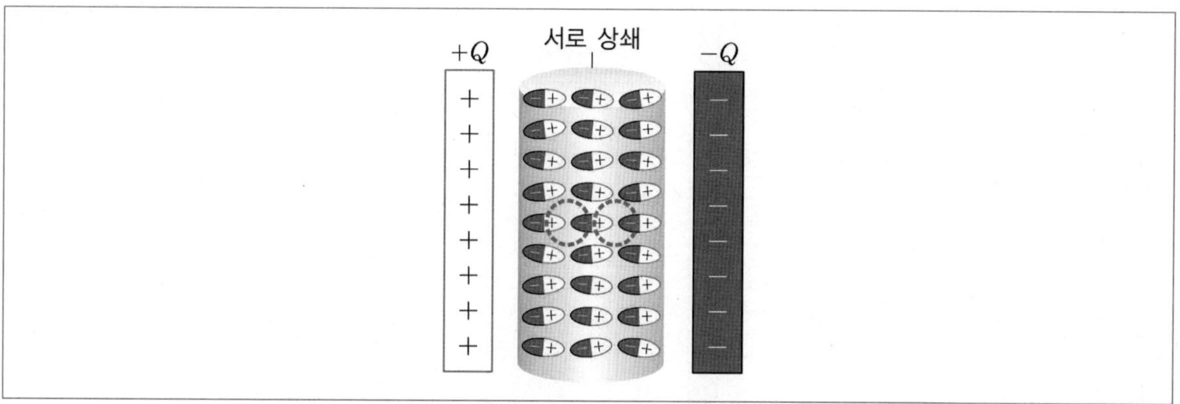

여기서 선형이라 함은 편극이 전기장에 일차식 비례관계에 있다는 말이고, 등방적이란 말은 외부 전기장과 편극의 방향이 나란하다는 말이며, 균일하다는 것은 분포의 특성을 의미한다. 물질의 유전 현상이 위와 같은 특성을 가지게 되면 편극이 꼬리에 꼬리를 물어 이어지게 되므로 실질적으로 전하는 표면에만 존재하는 현상을 가진다.

2. 전하의 구분

(1) 자유 전하량 Q_f

도체에서 전하가 자유롭게 돌아다닐 수 있는 전하량을 의미한다.

(2) 속박 전하량 Q_b

유전체의 편극에 의해서 발생되는 유전체의 표면 전하량을 의미한다.

(3) 총 전하량 Q_T

자유 전하와 속박 전하의 합을 의미한다.

(4) 유전율 ϵ

유전체의 특성을 나타내는 값으로써 진공 대비 내부 전기장의 감소 비율로 정의한다. 진공일 때 전기장의 세기를 E_0, 유전체 존재 시 전기장의 세기를 E라 하면 $\dfrac{\epsilon}{\epsilon_0} = \dfrac{E_0}{E}$가 성립한다.

자세한 이유는 다음과 같다.

아래 그림 (a)와 같이 진공인 축전기 내부에 전기장 $\overrightarrow{E_0}$이 존재 한다고 하자. 그림 (b)는 내부에 유전체가 채워져 있는 것을 나타낸 것이다.

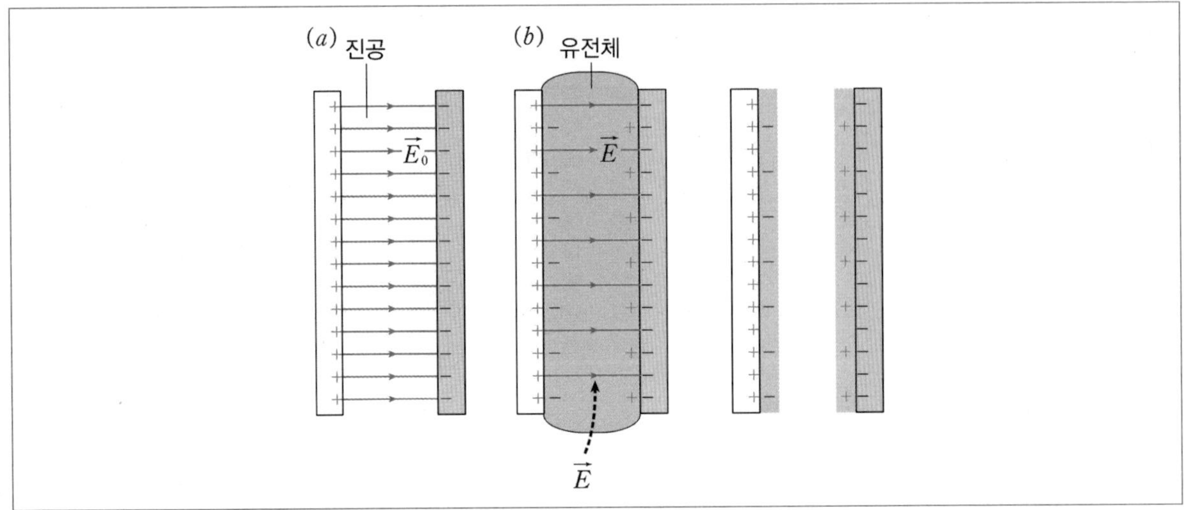

진공일 때 평행판 축전기의 전기장의 세기는 $E_0 = \dfrac{\sigma_f}{\epsilon_0} = \dfrac{Q_f}{\epsilon_0 A}$ 이다.

표면 자유 전하밀도 $\sigma_f = \epsilon_0 E_0$ 가 된다. 유전체를 채우면 도체판에 인접한 유전체 표면에 편극에 의한 속박 전하량이 생성된다. 그런데 전기적 인력에 의해서 반대 전하가 생성되는 이때의 속박 전하밀도는 P가 된다. 그러면 이를 합성해서 진공인 상태에서 σ_f와 σ_b를 더한 총 면전하 밀도 $\sigma_T = \sigma_f + \sigma_b$ 에 의한 전기장의 세기가 유전체 내부에서 전기장의 세기로 생각할 수 있다.

$\sigma_T = \epsilon_0 E = \sigma_f + \sigma_b = \epsilon_0 E_0 + P$

그런데 진공일 때와 유전체가 존재할 때와 상관없이 자유 전하량은 동일하고, 유전율과 전기장만 달라지므로 우리는 새로운 물리량 유전체에 무관한 대체장을 정의할 수 있다.

대체장 ➡ $D = \epsilon_0 E_0 = \epsilon E = \sigma_f$

표면전하밀도 σ_f가 고정된다면 유전체의 유무에 관계없이 D는 불변하고, 오직 편극에 의해 전기장만 바뀌게 된다. 이를 이용하여 정리하면 다음과 같다.

$\vec{E} = \epsilon_0 \vec{E} + \vec{P} = \epsilon \vec{E} = \epsilon_0 \vec{E_0}$

$\therefore \vec{P} = (\epsilon - \epsilon_0)\vec{E}$

전기 감수율(Electric Susceptibility)은 외부 전기장에 의하여 물질이 분극을 일으키는 정도를 나타내는 양이다.

$\vec{P} = (\epsilon - \epsilon_0)\vec{E} = \epsilon_0 x_e \vec{E}$

$\therefore x_e = \dfrac{\epsilon - \epsilon_0}{\epsilon_0}$

3. 편극과 속박 전하밀도

(1) $\vec{\nabla}' \cdot \vec{P} = -\rho_b$

선형 유전체의 경우 ρ_b는 0이다. 선형 유전체의 경우에는 편극이 균일하므로 P가 상수가 된다. 우리는 거의 대부분 선형 유전체를 다룬다. 그러므로 선형 유전체인 경우에는 표면의 편극에 의한 전하량만 고려하면 된다.

(2) $\vec{P} \cdot \hat{n}' = \sigma_b$

여기서 $\hat{n}'$의 방향은 유전체 표면에서 밖을 향하는 방향이다.

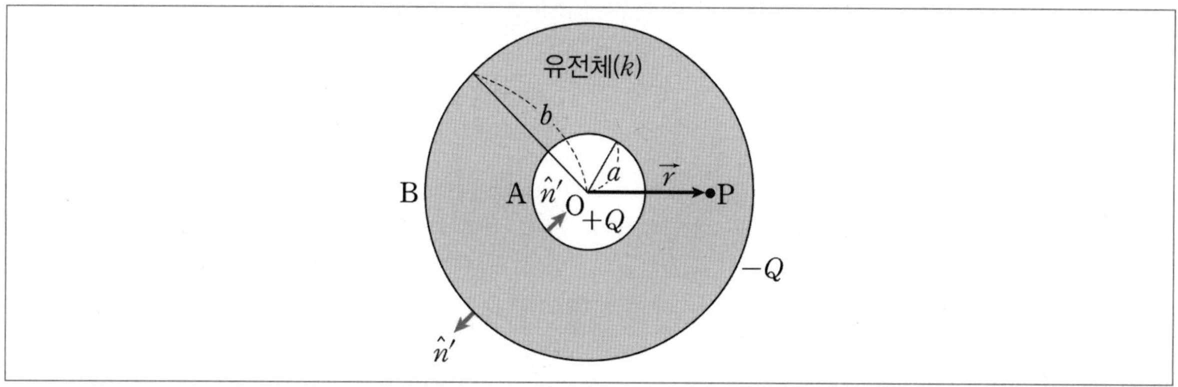

유전체 반쪽 $r=a$에서 유전체 밖을 향하는 방향은 $\hat{n}' = -\hat{r}$ 이고, 유전체 바깥쪽 $r=b$에서 유전체 밖을 향하는 방향은 $\hat{n}' = +\hat{r}$ 이다. 그런데 이렇게 수직으로 해도 되지만, 유전체는 표면에 대전된 전하의 반대 전하를 가지고 있으므로 어느 정도 부호정리를 하고 문제에 접근하는 것이 실수를 덜 하게 된다.

08 불연속면에 의한 경계 조건

1. 표면 전하 밀도가 σ_f인 도체와 진공의 경계면

시간에 관여되지 않은 맥스웰 방정식을 이용하면 $\vec{D} \cdot \hat{n} = \sigma_f$로부터

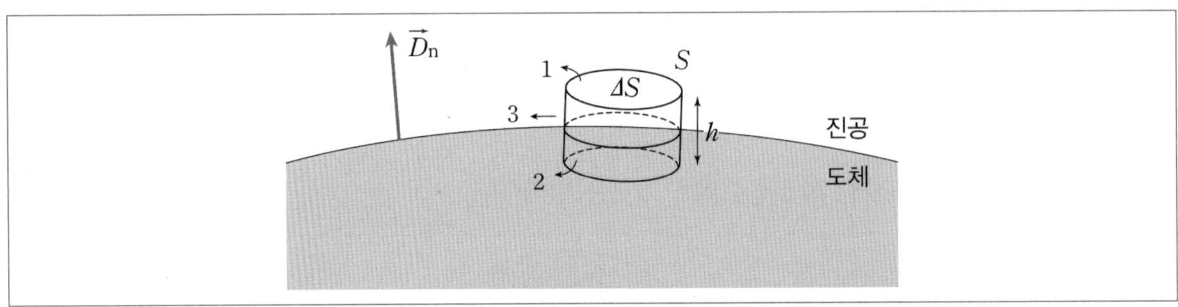

$$\int \vec{D} \cdot d\vec{S} = Q_f$$

$$D_n = \frac{Q_f}{S} = \sigma_f$$

$$\vec{E}_n = \frac{\sigma_f}{\epsilon_0} \hat{n}$$

표면에 수직한 전기장이 존재한다.

$\vec{\nabla} \times \vec{E} = 0$ 로부터 $\int \vec{E} \cdot d\vec{l} = \int_1 \vec{E}_t \cdot d\vec{l} + \int_2 \vec{E}_n \cdot d\vec{l} + \int_3 \vec{E}_t \cdot d\vec{l} + \int_4 \vec{E}_n \cdot d\vec{l}$

$$= E_t d - E_n \frac{h}{2} + 0 + E_n \frac{h}{2} = E_t d = 0$$

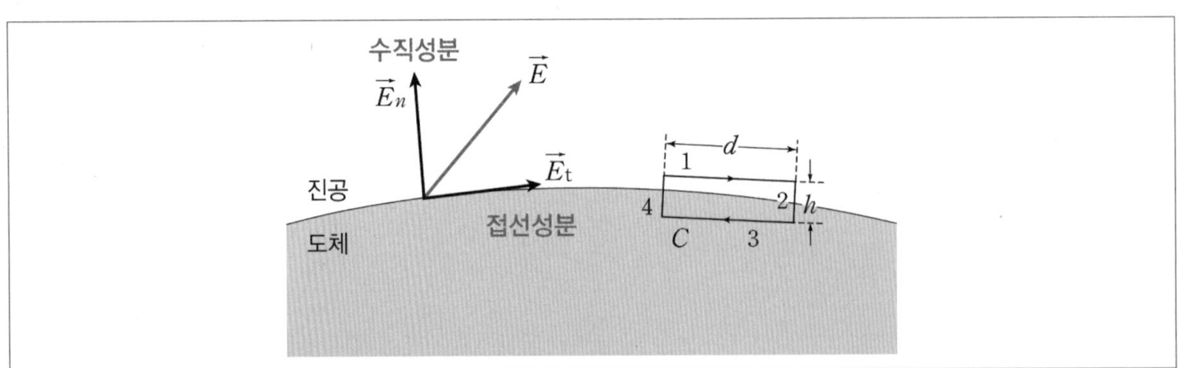

정리하면 다음과 같다.

> ① 도체 표면전하 밀도에 의한 전기장은 표면에 수직하다.
> ② 도체 표면에 나란한 성분의 전기장은 존재하지 않는다.

2. 대전되지 않은($\sigma_f = 0$)인 유전체의 경계면

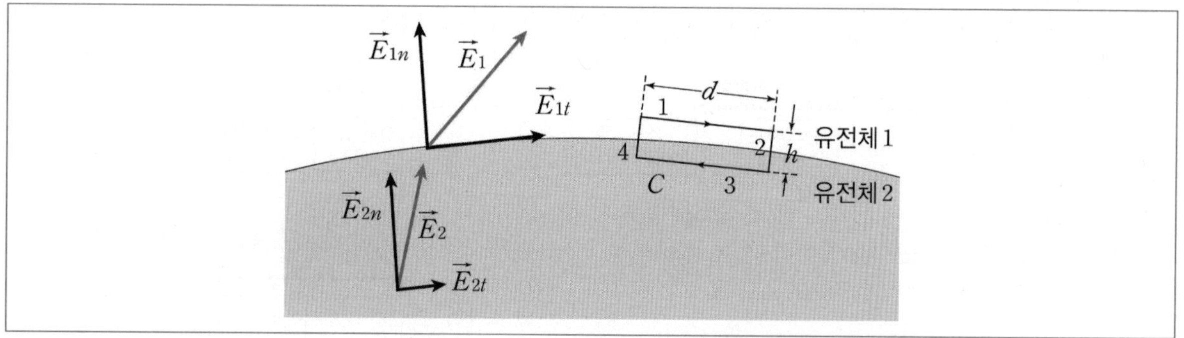

$\vec{\nabla}\times\vec{E}=0$ 로부터 $\int \vec{E}\cdot d\vec{l} = \int_1 \vec{E}_t \cdot d\vec{l} + \int_2 \vec{E}_n \cdot d\vec{l} + \int_3 \vec{E}_t \cdot d\vec{l} + \int_4 \vec{E}_n \cdot d\vec{l}$

$$= E_{1t}d - (E_{1n}+E_{2n})\frac{h}{2} - E_{2t}d + (E_{1n}+E_{2n})\frac{h}{2}$$

$$= (E_{1t} - E_{2t})d = 0$$

$E_{1t} = E_{2t}$ ➡ 유전체 표면에 나란한 전기장은 서로 동일하다.

$\vec{D}\cdot\hat{n} = \sigma_f = 0$로부터

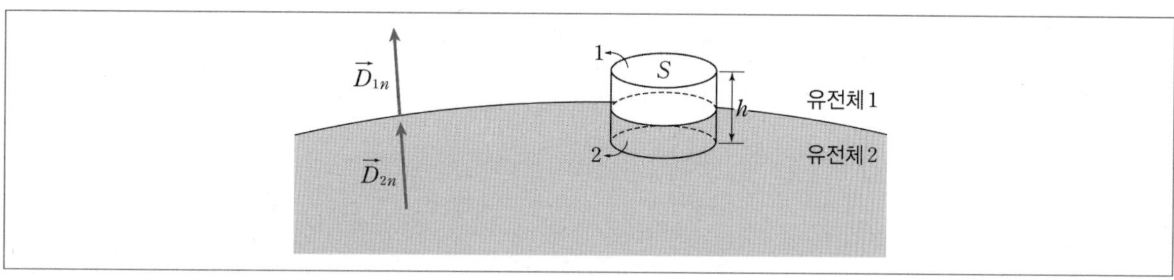

$\int \vec{D}\cdot d\vec{S} = \int_1 \vec{D}_{1n}\cdot d\vec{S} + \int_2 \vec{D}_{2n}\cdot d\vec{S}$

$$= (D_{1n} - D_{2n})S = Q_f = 0$$

$D_{1n} = D_{2n}$ ➡ 유전체의 경계면 수직성분의 대체장은 서로 연속이다.

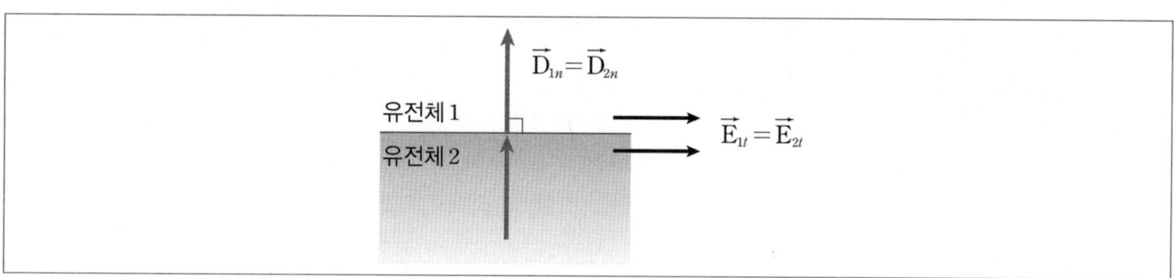

3. 경계조건을 활용한 유전체가 존재하는 축전기

축전기 면적은 A, 사이 간격은 d이다. (유전체는 대전되지 않은 상태 가정)

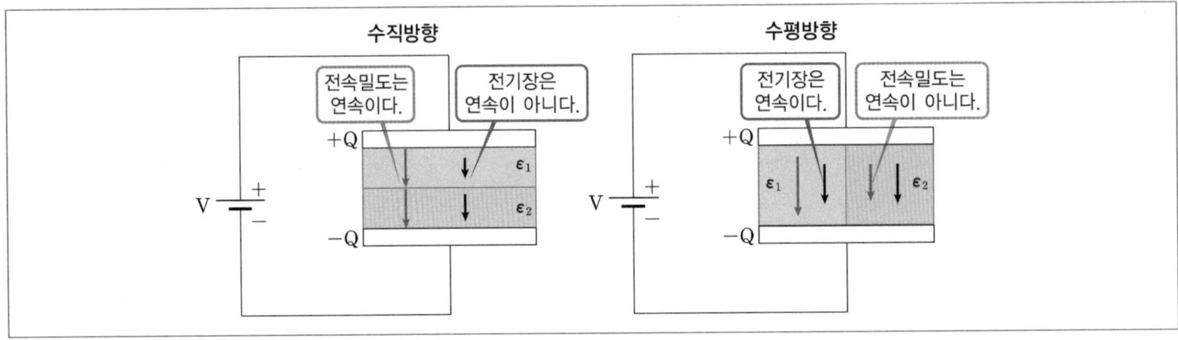

(1) 수직 방향(직렬연결 유전체)

① 도체판의 자유전하밀도의 크기 σ_f

② 아래 도체판 위 ϵ_2인 유전체 표면에 편극된 편극전하밀도 σ_{b2}

③ 위 도체판 아래 ϵ_1인 유전체 표면에 편극된 편극전하밀도 σ_{b1}

④ $\vec{\nabla}\times\vec{E}=0$

경계조건에 의해서 전기장은 도체판에 연직성분만 존재한다.

㉠ $D=\epsilon_0 E+P=\epsilon_1 E_1=\epsilon_2 E_2$

$$V=E_1\left(\frac{d}{2}\right)+E_2\left(\frac{d}{2}\right)=\frac{d}{2}(E_1+E_2)$$
$$=\frac{d}{2}\left(1+\frac{\epsilon_1}{\epsilon_2}\right)E_1=\frac{d}{2}\left(\frac{1}{\epsilon_1}+\frac{1}{\epsilon_2}\right)\epsilon_1 E_1$$

$$\text{도체판 } D_n=\frac{Q_f}{S}=\sigma_f=\frac{V}{\frac{d}{2}\left(\frac{1}{\epsilon_1}+\frac{1}{\epsilon_2}\right)}=\frac{2\epsilon_1\epsilon_2 V}{d(\epsilon_1+\epsilon_2)}$$

㉡ $D=\epsilon_0 E+P=\epsilon E$

$$P=(\epsilon-\epsilon_0)E$$

$$P_2=(\epsilon_2-\epsilon_0)E_2=\left(1-\frac{\epsilon_0}{\epsilon_2}\right)\epsilon_2 E_2$$

$$D_n=\epsilon_2 E_{2n}=-\sigma_f$$

$$P_{2n}=-\sigma_{b2}=\left(\frac{\epsilon_0}{\epsilon_2}-1\right)\sigma_f$$

$$\sigma_{b2}=\left(1-\frac{\epsilon_0}{\epsilon_2}\right)\sigma_f>0$$

ⓒ 같은 방식으로 $P_1=(\epsilon_1-\epsilon_0)E_1=\left(1-\dfrac{\epsilon_0}{\epsilon_1}\right)\epsilon_1 E_1$

$$D_n=\epsilon_1 E_{1n}=\sigma_f$$

$$P_{1n}=-\sigma_{b1}=\left(1-\frac{\epsilon_0}{\epsilon_1}\right)\sigma_f$$

$$\sigma_{b1}=\left(\frac{\epsilon_0}{\epsilon_1}-1\right)\sigma_f<0$$

(2) 수평 방향(병렬연결 유전체)

① 왼쪽 유전체 위쪽 도체판의 자유전하밀도의 크기 σ_{f1}

② 오른쪽 유전체 위쪽 도체판의 자유전하밀도의 크기 σ_{f2}

③ 아래 도체판 위 ϵ_1인 유전체 표면에 편극된 편극전하밀도 σ_{b1}

④ 아래 도체판 위 ϵ_2인 유전체 표면에 편극된 편극전하밀도 σ_{b2}

⑤ $\vec{\nabla}\times\vec{E}=0$
경계조건에 의해서 전기장은 도체판에 연직성분만 존재한다.
$V=E_1 d=E_2 d$

㉠ $D_n=\dfrac{Q_f}{S}=\sigma_f$

$$D_{n1}=\epsilon_1 E_{n1}=\epsilon_1\frac{V}{d}=\sigma_{f1}$$

$$\therefore\ \sigma_{f1}=\frac{\epsilon_1 V}{d}$$

㉡ $D_{n2}=\epsilon_2 E_{n2}=\epsilon_2\dfrac{V}{d}=\sigma_{f2}$

$$\therefore\ \sigma_{f2}=\frac{\epsilon_2 V}{d}$$

㉢ $D=\epsilon_0 E+P=\epsilon E$

$$P=(\epsilon-\epsilon_0)E$$

$$P_1=(\epsilon_1-\epsilon_0)E_1=\left(1-\frac{\epsilon_0}{\epsilon_1}\right)\epsilon_1 E_1$$

$$D_{n1}=\epsilon_1 E_{n1}=-\sigma_{f1}$$

$$P_{1n}=-\sigma_{b1}=\left(\frac{\epsilon_0}{\epsilon_1}-1\right)\sigma_{f1}$$

$$\sigma_{b1}=\left(1-\frac{\epsilon_0}{\epsilon_1}\right)\sigma_{f1}>0$$

㉣ 같은 방식으로 $D_{n2} = \epsilon_2 E_{2n} = -\sigma_{f2}$

$$P_{2n} = -\sigma_{b2} = \left(\frac{\epsilon_0}{\epsilon_2} - 1\right)\sigma_{f2}$$

$$\sigma_{b2} = \left(1 - \frac{\epsilon_0}{\epsilon_2}\right)\sigma_{f2} > 0$$

09 축전기의 전기용량 C

1. 평행판 축전기

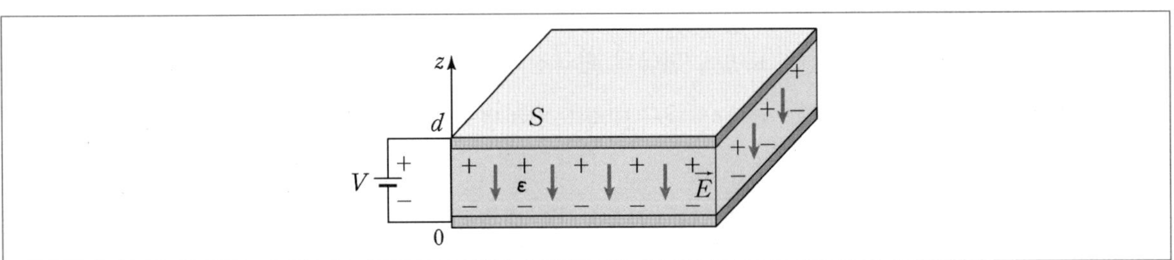

$$Q = CV$$

$$V = -\int \vec{E}\,d\vec{r} = Ed = \frac{\sigma_f}{\epsilon}d = \frac{Q}{S\epsilon}d$$

$$Q = C\left(\frac{Q}{S\epsilon}d\right)$$

$$\therefore C = \epsilon\frac{S}{d}$$

(1) 직렬연결

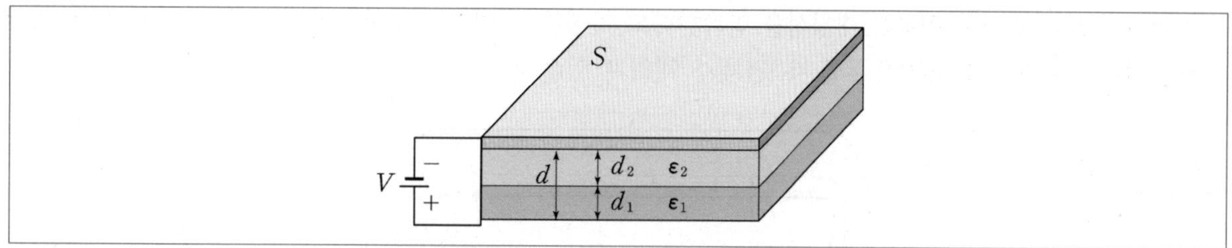

$$D_{1n} = D_{2n} \;\Rightarrow\; \epsilon_1 E_1 = \epsilon_2 E_2 = \sigma_f$$

$$V = E_1 d_1 + E_2 d_2 = \frac{\sigma_f}{\epsilon_1} d_1 + \frac{\sigma_f}{\epsilon_1} d_2$$
$$= \left(\frac{d_1}{\epsilon_1} + \frac{d_2}{\epsilon_1}\right)\sigma_f = \left(\frac{d_1}{\epsilon_1} + \frac{d_2}{\epsilon_1}\right)\frac{Q}{S}$$

$$Q = CV$$

$$\therefore C = \frac{\epsilon_1 \epsilon_2 S}{\epsilon_1 d_2 + \epsilon_2 d_1}$$

(2) 병렬연결 시 중첩의 활용

만약 $S_1 = S_2 = \dfrac{S}{2}$ 절반씩 서로 다른 유전물질이 채워져 있다고 하면

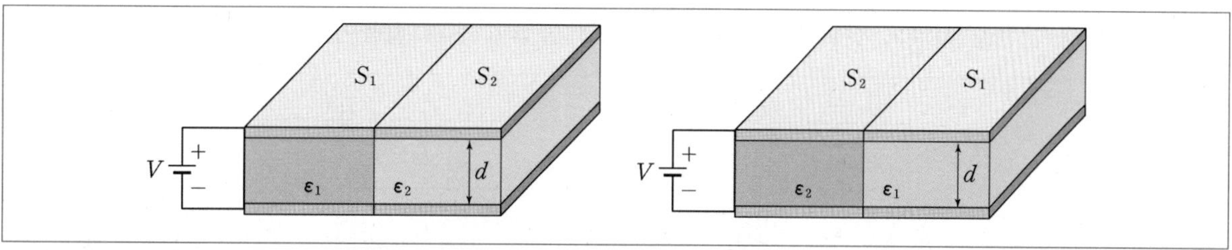

좌우 반전을 시켜도 도체판의 전위는 변하지 않으므로 이를 더하면 V 기전력에 $\epsilon_1 + \epsilon_2$인 하나의 유전물질이 채워져 있는 것과 동일하다.

$$2C = (\epsilon_1 + \epsilon_2)\frac{S}{d}$$

$$\therefore C = \frac{(\epsilon_1 + \epsilon_2)S}{2d}$$

2. 원통형 축전기

길이가 충분히 길어서 원통형 대칭성을 만족한다고 가정한다. 내부 반경이 a이고 외부 반경이 b이며 길이가 l인 원통형 축전기에 유전율 ϵ인 유 전체가 채워져 있을 때

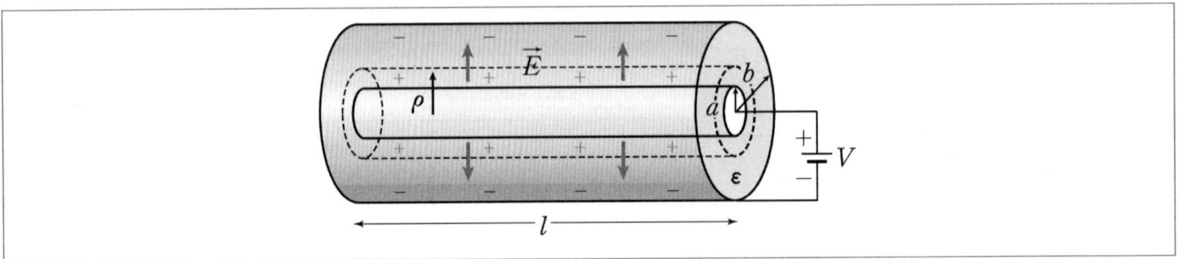

$\rho(a < \rho < b)$인 영역에서 전기장을 구하면

$$\int \vec{D} \cdot d\vec{S} = D(2\pi\rho l) = Q \Rightarrow D = \frac{Q}{2\pi\rho l} = \epsilon E \Rightarrow \therefore \vec{E} = \frac{Q}{2\pi\epsilon l\rho}\hat{\rho}$$

$$V = -\int_{-}^{+} \vec{E} \cdot d\vec{l} = -\int_{b}^{a} \left(\frac{Q}{2\pi\epsilon l}\frac{1}{\rho}\right) d\rho = \frac{Q}{2\pi\epsilon l}\ln\frac{b}{a}$$

$Q = CV$ 로부터

$$C_{원통} = \frac{2\pi\epsilon l}{\ln\left(\frac{b}{a}\right)}$$

대칭형일 때 반전을 시켜도 전위차가 변하지 않을 때 중첩의 원리 활용이 가능하다.

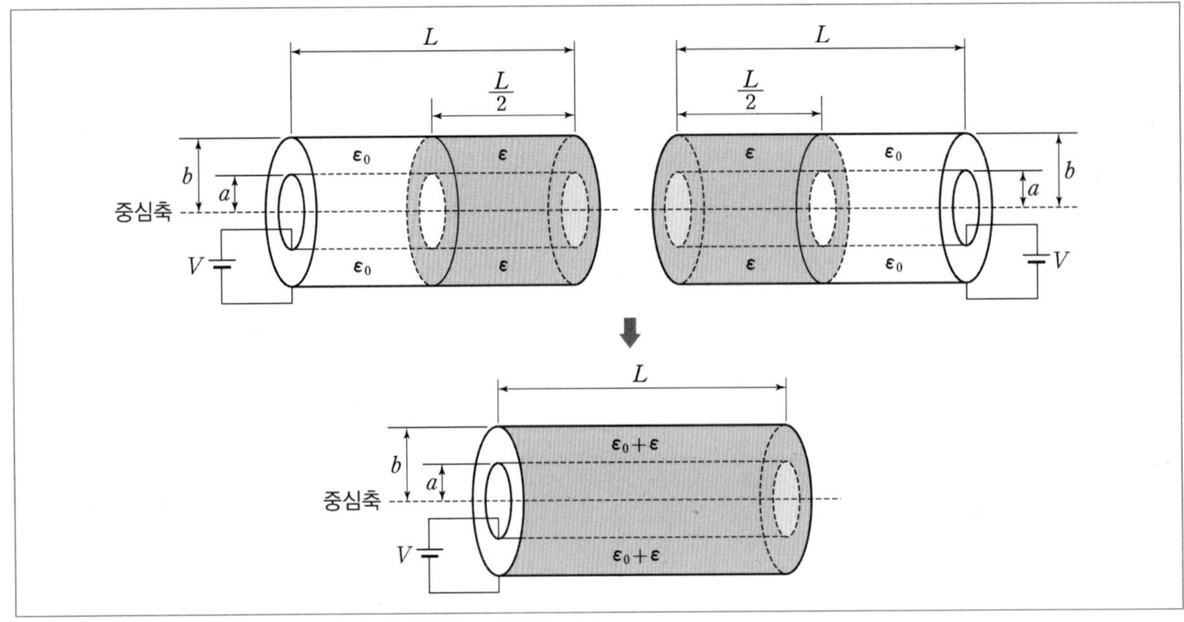

병렬 평행판 축전기와 비슷한 방식으로

$$2C = \frac{2\pi(\epsilon_0 + \epsilon)L}{\ln\frac{b}{a}}$$

$$\therefore C = \frac{\pi(\epsilon_0 + \epsilon)L}{\ln\frac{b}{a}}$$

3. 구형 축전기

내부 반경이 a이고 외부 반경이 b인 구형 축전기에 유전율 ϵ인 유전체가 채워져 있을 때

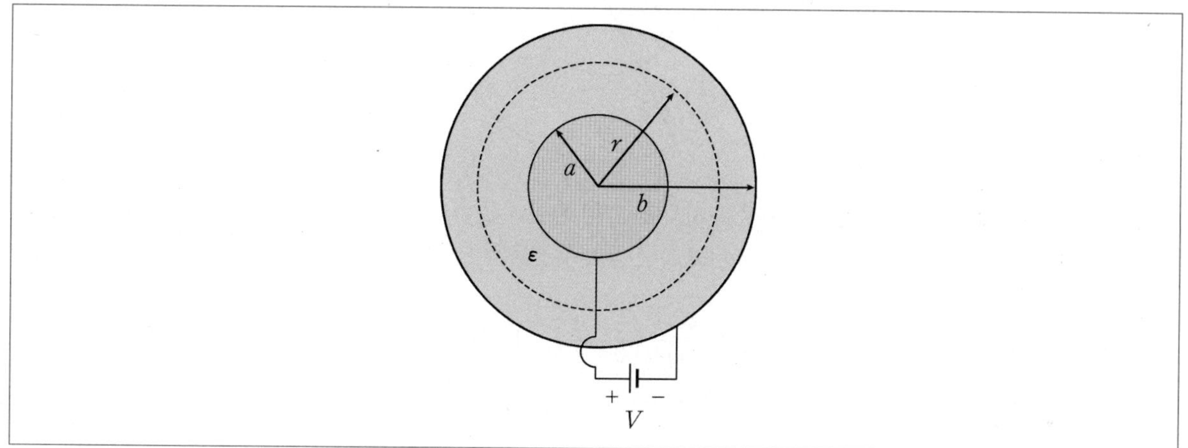

$r(a < r < b)$인 영역에서 전기장을 구하면

$$\int \vec{D} \cdot d\vec{S} = D(4\pi r^2) = Q \;\Rightarrow\; D = \frac{Q}{4\pi r^2} = \epsilon E \;\Rightarrow\; \therefore \vec{E} = \frac{Q}{4\pi\epsilon r^2}\hat{r}$$

$$V = -\int_{-}^{+} \vec{E} \cdot d\vec{l} = -\int_{b}^{a} \left(\frac{Q}{4\pi\epsilon}\frac{1}{r^2}\right) dr = \frac{Q}{4\pi\epsilon}\left(\frac{1}{a} - \frac{1}{b}\right)$$

$Q = CV$ 로부터

$$C_{구형} = \frac{4\pi\epsilon ab}{b-a}$$

4. 접지된 축전기

축전기의 전기용량은 구조가 결정하므로 전하의 분포가 바뀌더라도 전기용량은 불변한다.

접지의 전위의 정의는 기준점 즉, 0으로 한다.

예제 7 다음 그림과 같이 반경 a인 도체구 A는 전하량 Q로 대전되어 있고 반경이 b인 도체 구껍질 B는 접지된 상태로 있다.

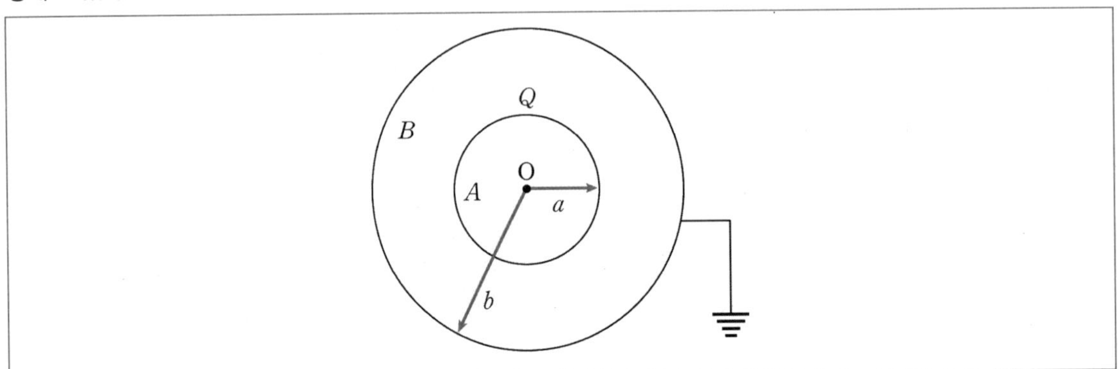

이때 도체 구껍질 B에 유도된 전하량을 구하시오. 또한 전위차 $\Delta V(=V_A-V_B)$와 축전기의 전기용량 C를 각각 구하시오. (단, 도체 구껍질의 두께는 무시하고, 진공의 유전율은 ϵ_0이다.)

정답 1) $q=-Q$, 2) $\Delta V(=V_A-V_B)=\dfrac{Q}{4\pi\epsilon_0}\left(\dfrac{1}{a}-\dfrac{1}{b}\right)$, 3) $C=\dfrac{4\pi\epsilon_0 ab}{b-a}$

연습문제

정답_272p

01 다음 그림과 같이 선전하 밀도가 $\lambda(>0)$인 전하가 원호를 따라 균일하게 분포한 것을 나타낸 것이다. 원호는 xy평면에 놓여 있고, 반지름이 R이며 중심각은 θ이다.

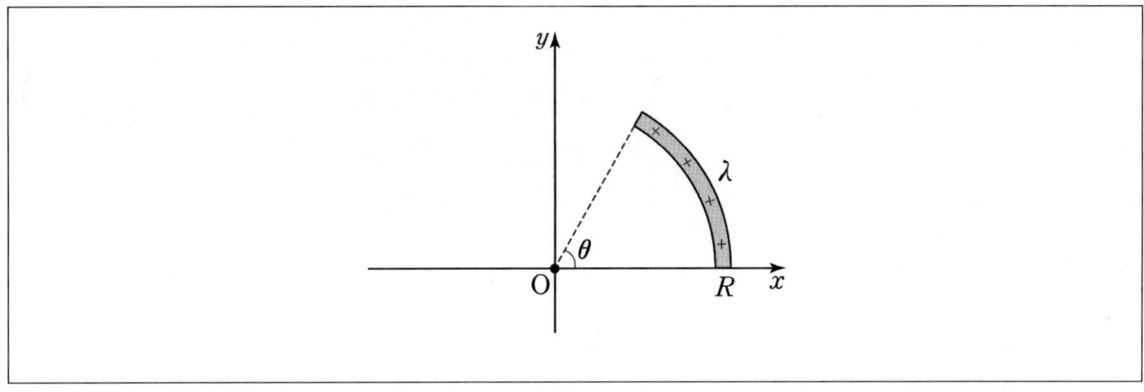

원점 O에서 전기장 $\vec{E}$와 전위 V를 각각 구하시오. (단, 공간의 유전율은 ϵ_0이다.)

02 다음 그림은 반지름이 R인 구 내부에 균일하게 전하가 분포하고 있는 것을 나타낸 것이다. 구의 중심 O로부터의 거리 r에 따른 전하밀도 $\rho(r)$는 $r \le R$일 때 $\rho(r) = \rho_0\left(1 - \frac{r}{R}\right)$이고, $r > R$일 때 $\rho(r) = 0$이다. 여기서 ρ_0은 양의 상수이다.

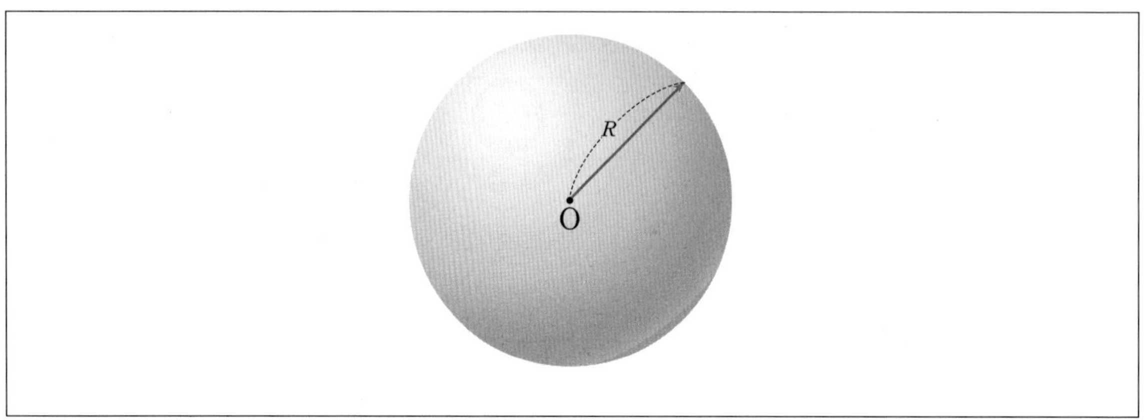

$r \le R$에서 전기장의 세기 $E_{내부}(r)$와 $r > R$에서 전기장의 세기 $E_{외부}(r)$를 각각 구하시오. 또한 $r \le R$에서 전위 $V(r)$을 풀이 과정과 함께 구하시오. (단, 구를 포함한 모든 공간의 유전율은 ϵ_0이고, 전위 $V(r = \infty) = 0$ 이다.)

24-B06

03 다음 그림은 균일한 면전하 밀도 $-\sigma_0$으로 대전된 무한 평면에 반지름 a인 원형 구멍을 뚫은 평면과 균일한 면전하 밀도 σ_1로 대전된 무한 평면이 나란히 놓여 있는 것을 나타낸 것이다. 공간의 유전율은 ϵ_0이고, 두 평면은 $2a$만큼 떨어져 있다.

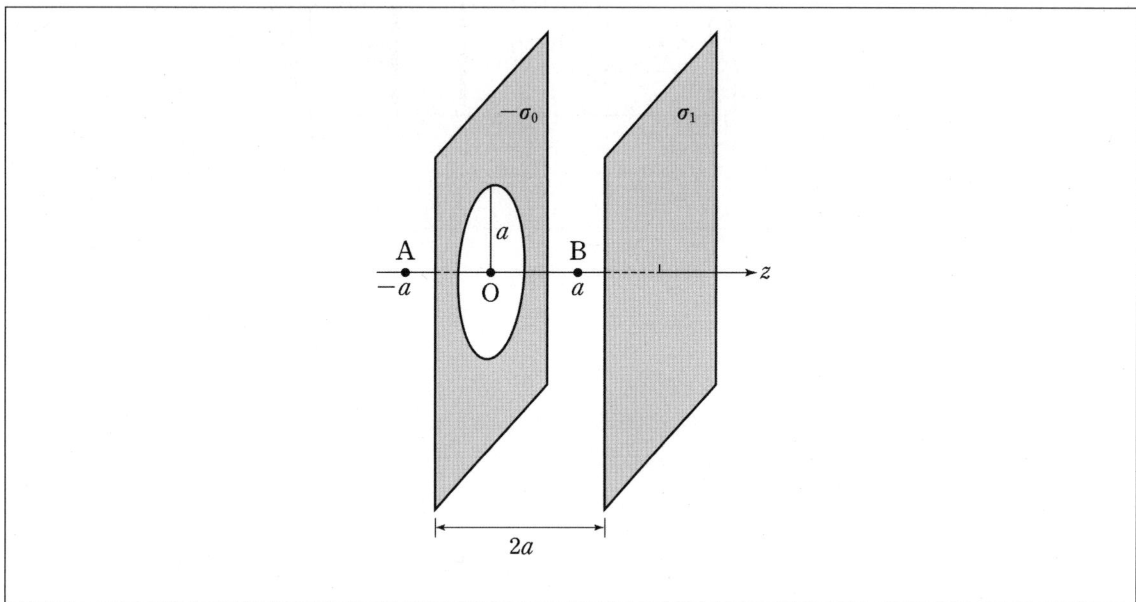

지점 A에서 전기장과 전위가 모두 0일때, $\dfrac{\sigma_1}{\sigma_0}$과 지점 B에서 전기장의 크기를 구하고, B에서 전위를 풀이 과정과 함께 구하시오

자료

- 반지름 R인 원판에 전하가 σ로 균일하게 대전되어 있을 때, 원판의 중심을 원점으로 하고 원판에 수직인 z축 상의 점에서 전기장은 아래와 같다.
  $\vec{E}(z) = \dfrac{\sigma}{2\epsilon_0}\left(1-\dfrac{|z|}{\sqrt{z^2+R^2}}\right)\dfrac{z}{|z|}\hat{z}$
- $\displaystyle\int \frac{x}{\sqrt{x^2+\alpha^2}}dx = \sqrt{x^2+\alpha^2}+C$

16-A03

04 다음 그림은 전하량 Q, $-Q$로 대전된 평행판 축전기의 왼쪽 극판이 용수철 상수 k인 용수철에 연결되어 용수철이 x만큼 늘어나 평형상태로 정지해 있는 모습을 나타낸 것이다. 각 극판의 면적은 A이다.

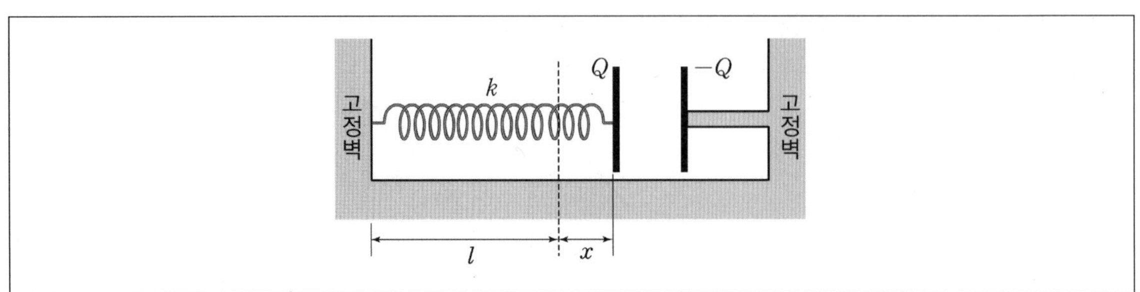

이때 용수철의 늘어난 길이 x를 구하시오. (단, 용수철의 늘어나지도 줄어들지도 않은 길이는 l이다. 진공의 유전율은 ϵ_0이다. 극판 두께, 가장자리 효과, 중력은 무시한다. 고정벽과 용수철은 축전기와 절연되어 있다.)

05 ϵ인 유전체로 채워진 평행판 축전기가 직류 전원에 연결된 회로를 나타낸 것이다. 도체판의 면적은 A이고, 두 도체판 사이의 간격은 d이며, 두 도체판 사이의 전위차는 V로 일정하다. 유전체는 알짜 전하가 없다. 위쪽 도체판의 알짜 전하량의 크기는 유전체의 편극에 의해 유전체 윗면에 유도된 전하량의 크기보다 2배 크다.

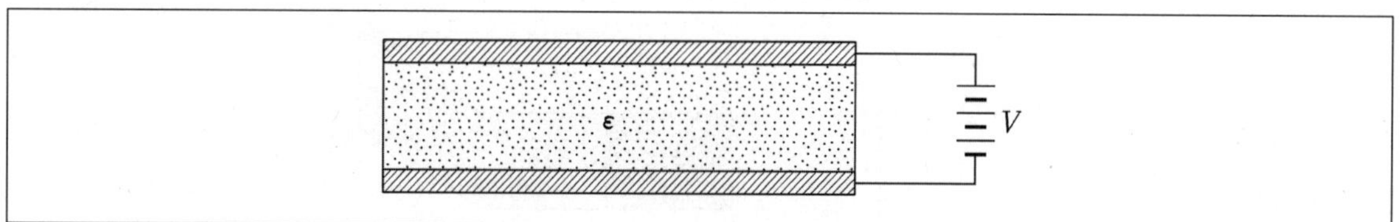

이때 유전체의 유전율 ϵ을 ϵ_0로 구하고, 유전체의 편극에 의해 유전체 윗면에 유도된 전하량을 구하시오. 또한 위쪽 도체판이 받는 힘의 크기를 구하시오. (단, 진공의 유전율은 ϵ_0이고, 가장자리 효과는 무시한다. 유전체는 선형이고 등방형이다.)

06 다음 그림과 같이 V_0로 전위차가 일정한 평행판 축전기가 절반은 유전율 ϵ_1인 유전체로 나머지 반은 유전율 ϵ_2인 유전체로 채워져 있다. 한쪽 평행판의 넓이는 A이고 두 도체판은 d만큼 떨어져 있다. (단, 진공에서 유전율은 ϵ_0이고, d는 충분히 작다고 가정한다.)

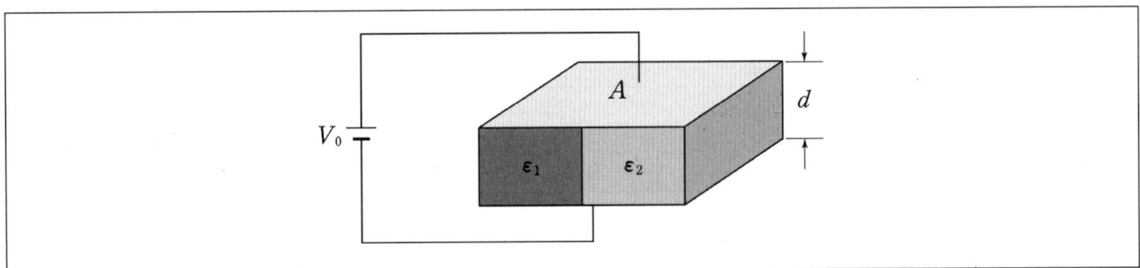

1) 축전기의 전기용량 C를 구하시오.

2) 유전율 ϵ_1인 유전체 위쪽 도체판에 대전된 표면전하밀도 σ_1과 유전율 ϵ_2인 유전체 위쪽 도체판에 대전된 표면전하밀도 σ_2를 각각 구하시오.

3) 아래 도체판 위에 유전체면에 편극에 의한 속박전하밀도를 σ_{b1}, σ_{b2}를 각각 구하시오.

07 다음 그림과 같이 단면적이 A이고, 표면전하밀도의 크기가 σ인 축전기를 나타낸 것이다. 축전기의 사이의 거리는 d인데, $\frac{d}{3} < z < \frac{2d}{3}$인 영역에 유전율이 ϵ인 대전되지 않은 유전체가 존재한다.

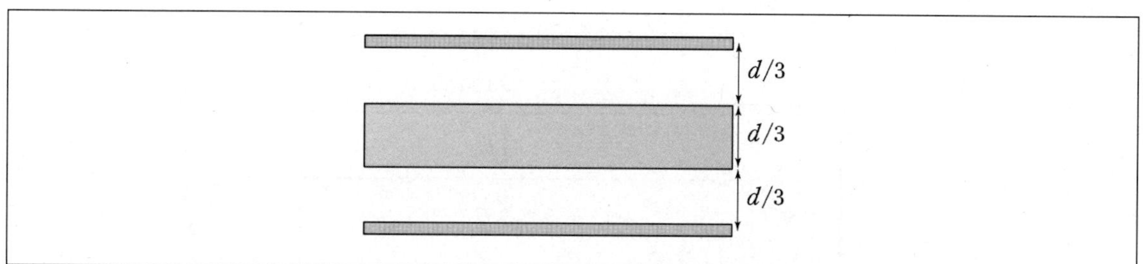

아래 도체판의 전하량이 $+Q$라고 할 때 모든 영역에서 전기장 E와 축전기의 전기용량 C를 구하시오. 또한 $z = \frac{d}{3}$인 유전체 부분의 속박 전하 밀도 σ_b를 구하시오.

08 면적이 A인 평행판 축전기가 아래에 두께 $s(< x)$ 및 유전율 ϵ의 고체 유전체로 채워져 있고 상부에는 진공으로 되어있다. 유전체에는 알짜 전하가 없고, 진공의 유전율은 ϵ_0이다. 그리고 평행판 축전기의 전위차는 V_0로 일정하다. (단, 도체판의 가장자리 효과는 무시한다.)

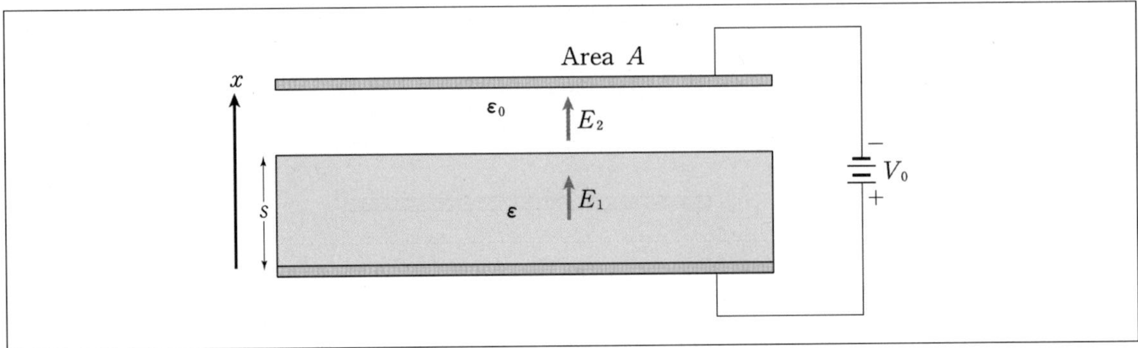

1) 유전체 내부 전기장 E_1과 진공부분의 전기장 E_2를 각각 구하시오.

2) 하부 전극의 자유 표면 전하 밀도와 유전체 아래면($x = 0$)의 편극에 의한 전하밀도를 각각 구하시오.

3) 축전기의 전기용량 $C(x)$를 구하시오.

4) 상부 도체판에 작용하는 힘의 크기를 구하고 받는 힘의 방향을 쓰시오. ($+\hat{x}$ or $-\hat{x}$)

09 다음 그림과 같이 넓이가 정사각형 모형인 평행판 축전기가 있다. 축전기는 전하량 Q로 대전되어 있고, 평행판의 한쪽 변의 길이는 l이며, 두 판의 떨어진 거리는 d이다. 이때 상대유전율 $k=\dfrac{\epsilon}{\epsilon_0}$인 유전체가 축전기 내부에 x만큼 들어와 있는 모습을 나타낸 것이다. (단, 진공의 유전율은 ϵ_0이고, $l \gg d$이고, 가장자리 효과는 무시한다.)

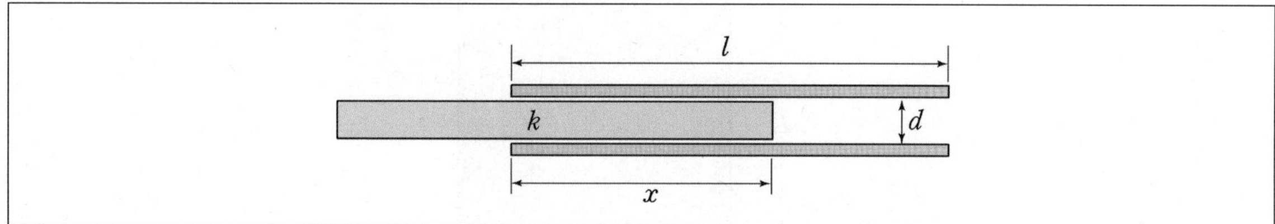

1) 축전기의 전기용량 $C(x)$를 구하시오.

2) 축전기에 저장된 전기 에너지를 구하시오.

3) 유전체가 가해지는 힘 $F(x)$의 크기와 방향을 구하시오.

10 다음 그림은 반지름이 각각 a, b인 도체 원통 껍질 사이에 각각 절반씩 유전율이 ϵ_1, ϵ_2인 유전체가 채워져 있는 것을 나타낸 것이다. 축전기의 안쪽과 바깥쪽은 일정한 기전력 V에 연결되어 있다.

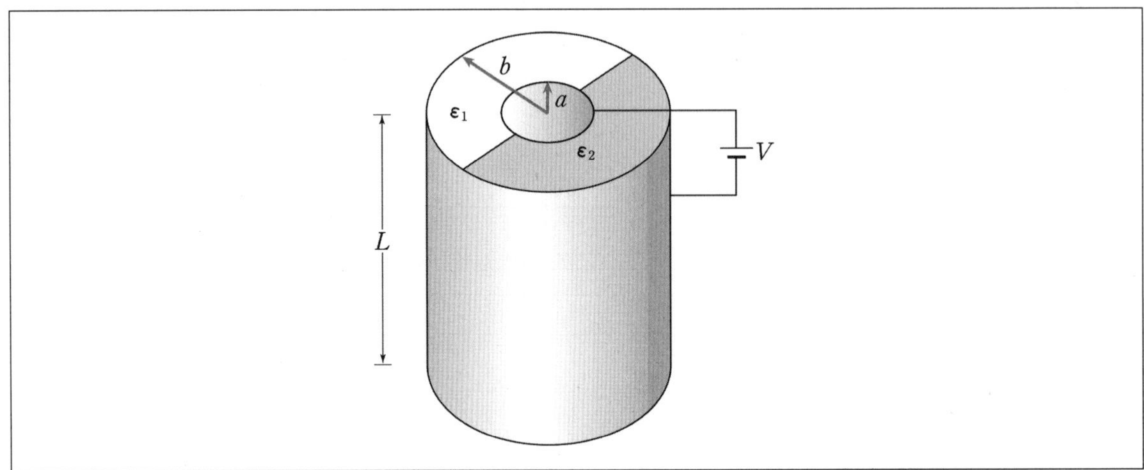

이때 전기용량 C를 구하시오. 또한 $a < r < b$에서 전기장의 세기 $E(r)$을 구하시오. (단, 유전체는 균일하고 등방적이며 선형적이다. 가장자리 효과는 무시한다.)

12-18

11 다음 그림은 반지름이 각각 a, b인 도체 구 껍질 A, B 사이에 유전상수 K인 유전체가 채워져 있는 것을 나타낸 것이며, 점 O는 두 구 껍질의 중심점이다. A, B는 각각 전하량 $+\mathrm{Q}$, $-\mathrm{Q}$로 대전되어 있고, 점 P는 O로부터 위치 벡터 $\vec{r}$ $(a < r < b)$인 지점이다.

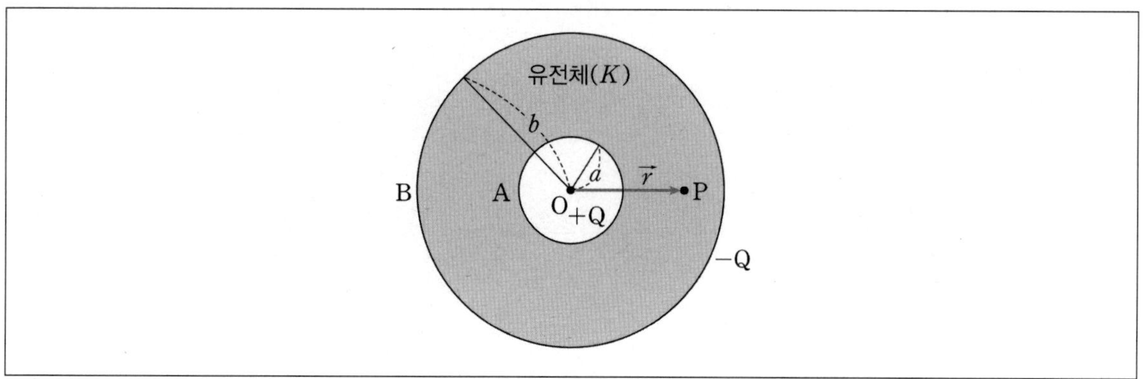

이때 P점에서의 편극(polarization)을 구하시오. 또한 반지름 r인 구면 내의 총 전하량(자유전하와 속박전하)를 구하시오. 그리고 A와 B 사이의 전기장에 저장된 에너지를 구하시오. (단, 유전체는 균일하고 등방적이며 선형적이다. 유전체의 유전율은 $\varepsilon = K\varepsilon_0$이고, ε_0은 진공의 유전율이다.)

18-A05

12 다음 그림과 같이 유전율이 ϵ인 유전체와 도체로 구성된 내부가 비어 있는 구의 중심 O에 점전하 q가 놓여 있다. 유전체와 도체에는 알짜 전하가 없고, 도체구의 안쪽 반지름은 a, 바깥쪽 반지름은 b, 유전체 구의 바깥쪽 반지름은 c이다.

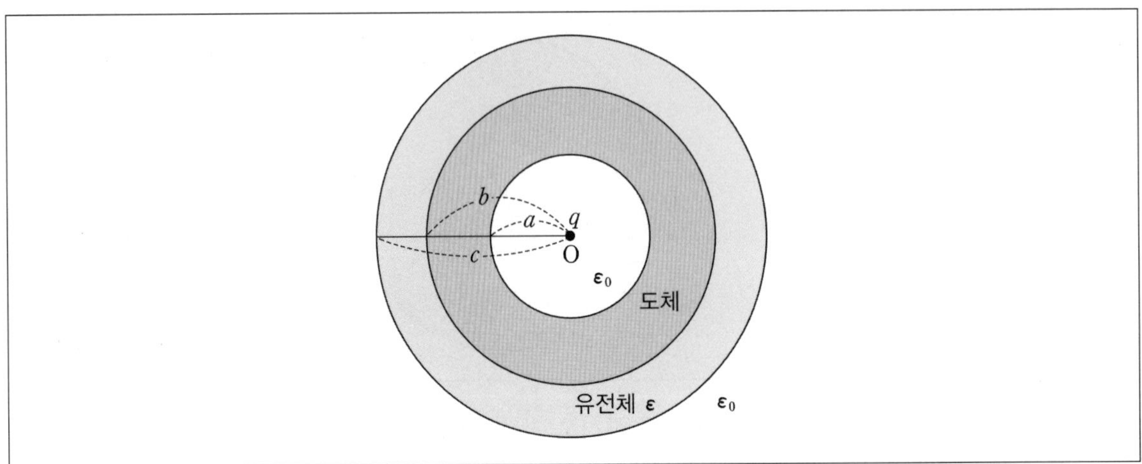

이때 중심 O로부터 거리 r인 유전체 밖$(r>c)$에서의 전기장의 크기를 구하시오. 도체구의 안쪽면$(r=a)$에 유도된 전하량을 Q_a, 유전체 바깥 면$(r=c)$의 편극에 의한 면 전하량을 Q_c라 할 때, $\dfrac{Q_c}{Q_a}$를 구하시오. (단, 유전체는 균질하고 등방적이며 선형적이다. 진공의 유전율은 ϵ_0이다.)

13 다음 그림과 같이 안쪽 반경이 R, 바깥쪽 반경이 $2R$인 두 개의 동심형 구껍질 모양의 도체구로 이루어진 구형 축전기에 전하를 각각 $+Q$, $-Q$로 대전시켰다. 두 도체구 사이의 반쪽에는 유전율 ϵ인 유전체가 채워져 있고 나머지 반쪽은 비어있는 진공 상태이다. 유전체에는 알짜 전하가 없고, 진공의 유전율은 ϵ_0이다.

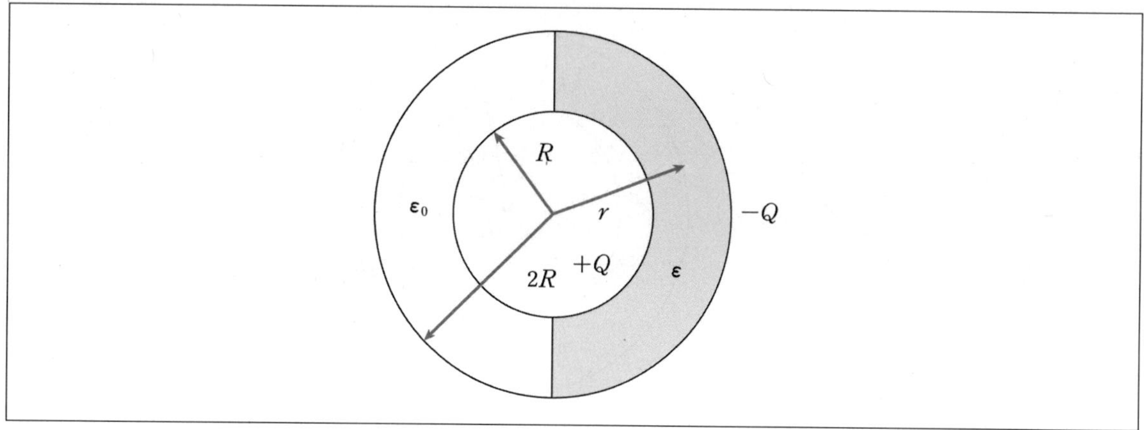

이때 두 도체구 사이에서 전기장의 크기를 구하시오. 그리고 유전체가 존재하는 도체구 안쪽면($r = R$)의 편극전하밀도 σ_b를 풀이 과정과 함께 구하시오. 또한 축전기의 전기용량 C를 구하시오.

14 다음 그림과 같이 반경이 R, $2R$ 그리고 $3R$인 얇은 도체 구껍질이 있다. 반경이 R인 도체 구껍질에는 전하량 q, 반경이 $3R$인 도체 구껍질에는 전하량이 $2q$가 각각 대전되어 있다. 초기 반경이 $2R$인 도체 구껍질에는 대전되지 않은 상태에 있으며 이후에 접지를 시킨 상황을 나타낸 것이다. 접지 이후에는 반경이 $2R$인 도체구 안쪽과 바깥쪽에 각각 전하가 대전된다.

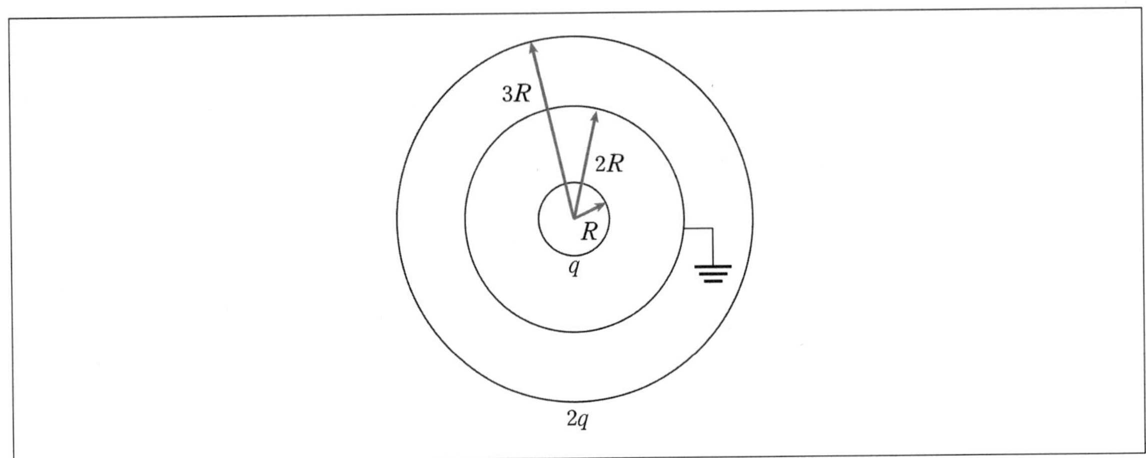

이때 접지된 상태에서 반경이 $2R$인 도체 구껍질에 대전된 전하량을 풀이 과정과 함께 구하시오. 또한 반경이 $2R$인 도체구와 반경이 $3R$인 도체구 사이의 전위차의 크기 ΔV를 풀이 과정과 함께 구하시오. (단, 진공에서의 유전율은 ϵ_0이고, 도체 구껍질의 두께는 매우 얇아 무시한다. 그리고 전하량은 부호에 유의한다.)

15 다음 그림과 같이 반지름이 각각 a, b인 도체 원통 껍질 사이에 유전율 ϵ인 유전체가 채워져 있다. 두 도체 사이에 V의 전압을 인가하여 일정한 전위를 형성한다. 유전체에는 알짜 전하가 없고, 진공의 유전율은 ϵ_0이다.

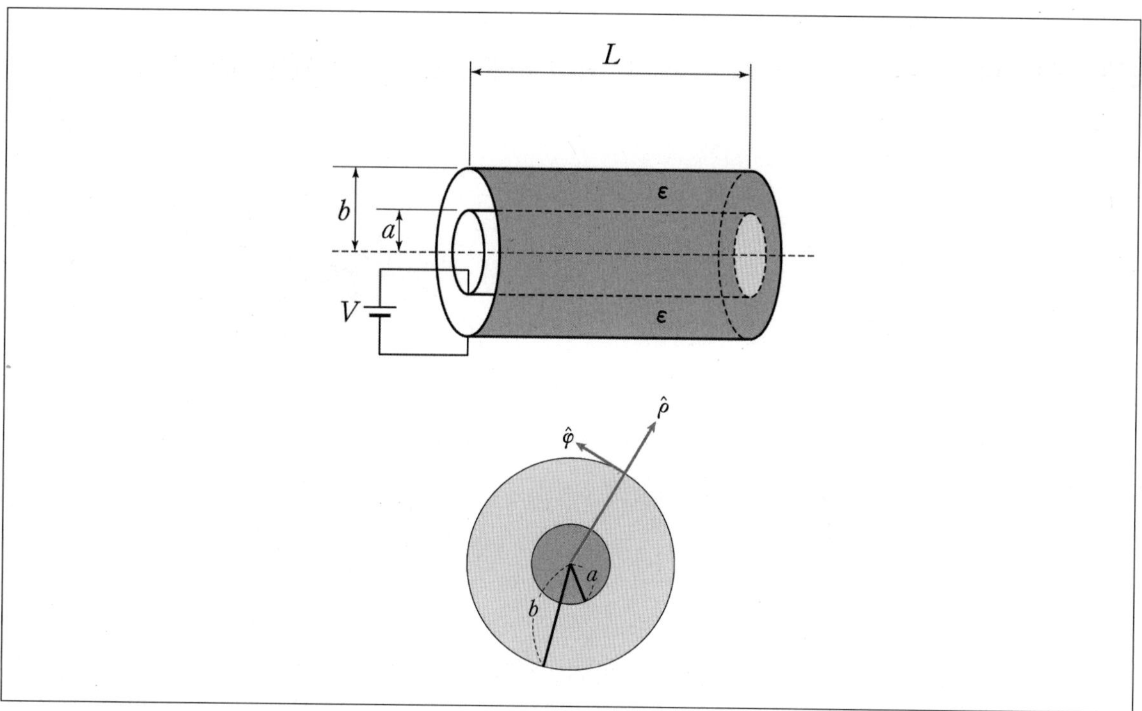

유전체 내부 $a < \rho < b$에서의 전기장 $\vec{E}(\rho)$의 크기와 방향을 각각 구하시오. 유전체 안쪽 표면($\rho = a$)에 유도된 편극에 의한 면 전하량 Q_a를 풀이 과정과 함께 구하시오. (단, 유전체는 균일하고 등방적이며 선형적이다. 가장 자리 효과는 무시한다.)

Chapter 02

이미지 전하법

01 접지되어 있는 무한한 도체 평면 위 높이 h에 전하 q가 존재할 때

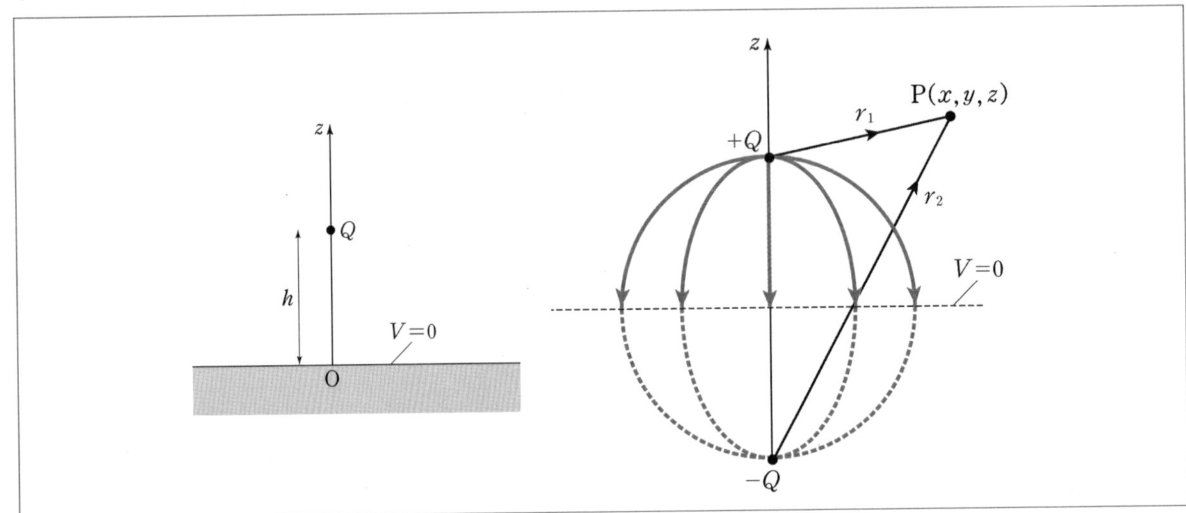

접지되어 있다는 의미는 그곳에서 전위가 0이라는 의미이다. 도체의 정의에 의해서 도체 내부의 전기장은 0이다. 도체 표면의 전위가 0이므로 도체 표면 방향으로 이동하는 전위차도 0이다. 전위의 정의에 의해서 $V=-\int \vec{E} \cdot d\vec{r}$ 이다. 도체 표면에서는 전기장이 존재하지만 표면 방향과 수직이어야 표면을 따라 이동할 때 전위가 0이 된다. 즉, 도체 표면에서의 전기장은 항상 표면에 수직한다. 도체 표면 임의의 지점에서 전위를 0으로 만들고 표면에 전기장이 항상 수직이 되게끔 하는 방법은 표면에 반대 방향으로 같은 거리만큼 반대 전하 $-Q$를 배치시키는 것과 수학적으로 동일한 결과를 얻게 된다. 이것이 이미지 전하법이다.

1. 전위와 전기장

임의의 P지점에서 전위를 구해보자.

$$V(x,\ y,\ z) = \frac{q}{4\pi\epsilon_0}\left\{\frac{1}{[x^2+y^2+(z-d)^2]^{1/2}} - \frac{1}{[x^2+y^2+(z+d)^2]^{1/2}}\right\}$$

(1) **전기장** $\vec{E} = (E_x,\ E_y,\ E_z)$

$$E_x = -\frac{\partial V}{\partial x} = \frac{qx}{4\pi\epsilon_0}\left\{\frac{1}{[x^2+y^2+(z-d)^2]^{3/2}} - \frac{1}{[x^2+y^2+(z+d)^2]^{3/2}}\right\}$$

$$E_y = -\frac{\partial V}{\partial y} = \frac{qy}{4\pi\epsilon_0}\left\{\frac{1}{[x^2+y^2+(z-d)^2]^{3/2}} - \frac{1}{[x^2+y^2+(z+d)^2]^{3/2}}\right\}$$

$$E_z = -\frac{\partial V}{\partial z} = \frac{q}{4\pi\epsilon_0}\left\{\frac{(z-d)}{[x^2+y^2+(z-d)^2]^{3/2}} - \frac{(z+d)}{[x^2+y^2+(z+d)^2]^{3/2}}\right\}$$

(2) **표면 전하 밀도** $\sigma_f = \vec{D} \cdot \hat{n} = \epsilon_0 E_z(x,\ y,\ z=0)$

$$E_z(x,\ y,\ 0) = -\frac{qd}{2\pi\epsilon_0(x^2+y^2+d^2)^{3/2}}$$

$$\sigma_f = -\frac{qd}{2\pi(x^2+y^2+d^2)^{3/2}}$$

2. 퍼텐셜 에너지

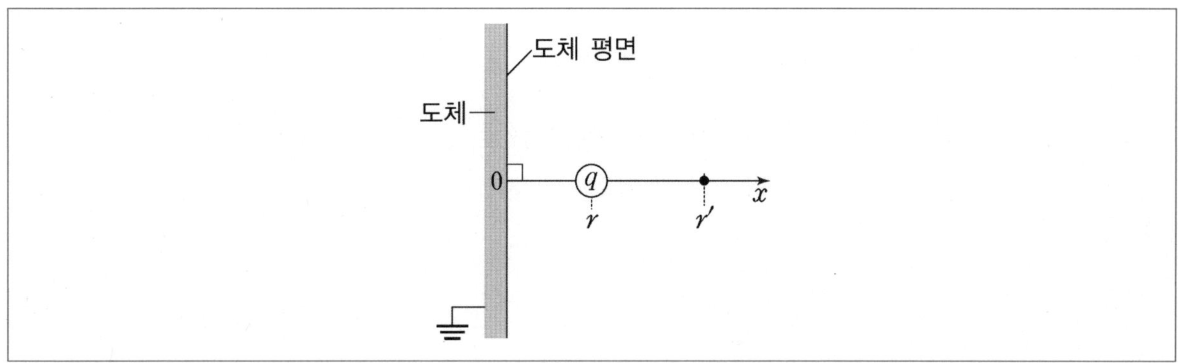

다음 그림과 같이 접지된 도체 평면에 전하량이 q인 점전하가 존재한다. 점전하는 도체 평면에 r만큼 떨어져 고정되어 있다. 정지 상태일 때 도체 평면으로부터 r'만큼 떨어진 위치만큼 이동시키는 데 필요한 에너지를 구해보자.

A의 초기 떨어진 거리를 r이라 하고 P 위치를 r'이라 하자. 이미지 전하법을 사용하여 A에 작용하는 힘을 구하면

$$\vec{F} = -\frac{kq^2}{(2r)^2}\hat{x} = -\frac{kq^2}{4r^2}\hat{x}$$

그러면 점전하를 이동시키기 위해 해줘야 하는 에너지를 구해보자. 전하를 움직이기 위해서는 반대 방향의 힘을 가해야 하므로 필요한 에너지는 $U = -\int_r^{r'} \vec{F} \cdot d\vec{r} = -\frac{kq^2}{4}\left(\frac{1}{r'} - \frac{1}{r}\right)$

$$\therefore U = \frac{kq^2}{4}\left(\frac{1}{r} - \frac{1}{r'}\right)$$

그러면 이제는 퍼텐셜 에너지 변화량으로 필요한 에너지를 구해보자.

초기 위치에서 퍼텐셜 에너지는 $U_T = -\frac{kq^2}{2r}$이고, 나중 위치에서 퍼텐셜 에너지는 $U_T' = -\frac{kq^2}{2r'}$이므로 두 퍼텐셜의 차이는 $\Delta U_T = U_T' - U_T = \frac{kq^2}{2}\left(\frac{1}{r} - \frac{1}{r'}\right)$이다.

힘으로 구한 식과는 2배 차이가 난다. 이유는 퍼텐셜 에너지 변화에는 이미지 전하가 이동하는 데 필요한 에너지가 포함되어 있기 때문이다. 이미지 전하는 가상으로 존재하는 전하이고, 도체판의 대전된 전하는 도체 평면에 존재하므로 점전하의 이동에 의해 도체 평면을 따라 이동하는 전하는 일을 하지 않는다. 즉, 전체 전하 중 이미지 전하의 에너지를 제거해 주어야 한다. 실제 전하가 1개이고 이미지 전하가 1개이므로 $U = \frac{1}{2}\Delta U_T = \frac{kq^2}{4}\left(\frac{1}{r} - \frac{1}{r'}\right)$이다.

일반화하면 다음과 같다.

이미지 전하를 모두 포함한 전체 퍼텐셜: $U_T = \sum_{ij} U_{ij}$ $(i < j$; 전하 번호)

실제 전하의 퍼텐셜 에너지: $U_P = \frac{\text{실제전하개수}}{\text{실제전하개수} + \text{이미지전하개수}} \times (U_T)$

이동하는 데 필요한 에너지: $U = \Delta U_P$

예제 다음 그림과 같이 직각으로 연결된 두 개의 접지된 무한 도체판과 각각 거리 a만큼 떨어진 위치에 전하 $+q$가 놓여져 있다.

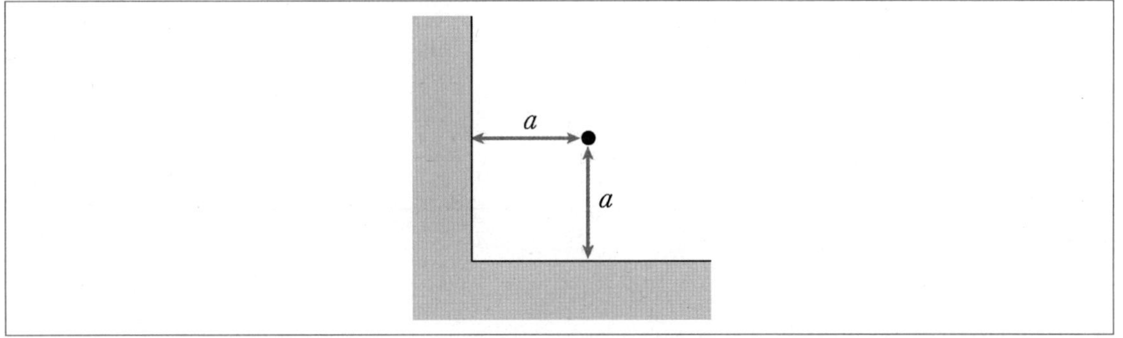

이때 이 전하에 작용하는 힘 $\vec{F}$를 구하시오. 또한 지금의 위치에서 전하를 무한히 멀리 가져다 놓는데 필요한 에너지 U를 구하시오. (단, $k=\dfrac{1}{4\pi\epsilon_0}$이고, ϵ_0는 진공의 유전율이다.)

정답 1) $\vec{F}=\dfrac{kq^2}{4a^2}\left(\dfrac{\sqrt{2}}{4}-1,\dfrac{\sqrt{2}}{4}-1\right)$, 2) $U=\dfrac{kq^2}{4\sqrt{2}\,a}(2\sqrt{2}-1)$

풀이

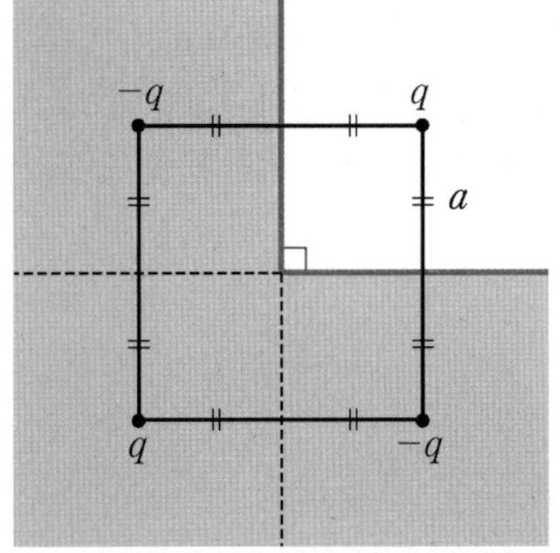

위의 이미지 전하를 고려하여 계산하면 다음과 같다.

$\vec{F}=\dfrac{kq^2}{4a^2}\left(\dfrac{\sqrt{2}}{4}-1,\dfrac{\sqrt{2}}{4}-1\right)$, $U=\dfrac{kq^2}{4\sqrt{2}\,a}(2\sqrt{2}-1)$

02 접지되어 있는 도체 껍질구에서 이미지 전하법

1. 실제 전하가 도체구 외부에 있을 때

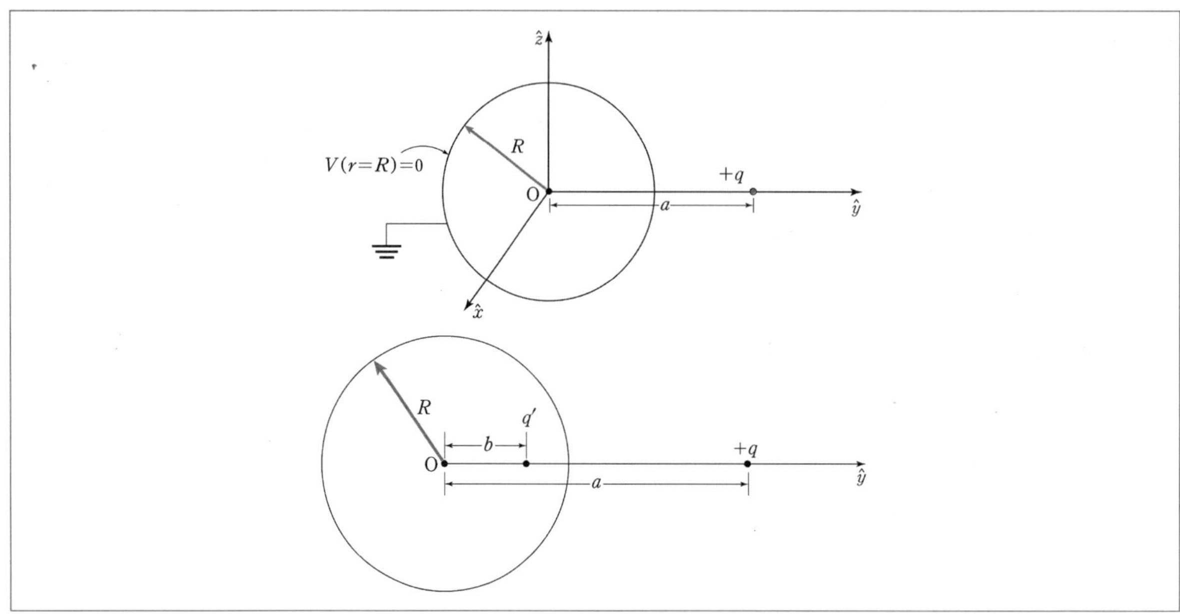

도체구가 접지된 상태에서 중심으로부터 a만큼 떨어진 전하 q에 의해서 전기적 인력에 의해서 접지를 통해 전하가 도체구 표면으로 배치되게 된다. 대칭성에 의해서 이들의 전하는 실제로 중심과 $+y$방향으로 내부에 하나의 점전하처럼 표현이 가능하다. 이를 이미지 전하법으로 활용하면 다음과 같이 계산할 수 있다. 접지로 들어오는 전하의 부호는 실제 전하가 결정하고, 전하량의 크기는 구 내부의 전하에 의해 결정된다. 즉, 접지를 통해 도체구에 대전된 전하는 q'이다.

$$V_{P_1}=\frac{1}{4\pi\epsilon_0}\left(\frac{q}{r_1}+\frac{q'}{r_2}\right)=\frac{1}{4\pi\epsilon_0}\left(\frac{q}{R+a}+\frac{q'}{R+b}\right)=0 \quad \cdots\cdots ①$$

$$V_{P_2}=\frac{1}{4\pi\epsilon_0}\left(\frac{q}{r_1}+\frac{q'}{r_2}\right)=\frac{1}{4\pi\epsilon_0}\left(\frac{q}{a-R}+\frac{q'}{R-b}\right)=0 \quad \cdots\cdots ②$$

식 ①과 ②를 연립하면

$$q'=-\frac{R}{a}q,\ b=\frac{R^2}{a}$$

> 이미지 전하량 : $q'=-\dfrac{R}{a}q$
>
> 중심으로부터 위치 : $b=\dfrac{R^2}{a}$
>
> 구 표면에 대전된 전하량 : $Q=q'=-\dfrac{R}{a}q$

2. 실제 전하가 도체 구껍질 내부에 있을 때

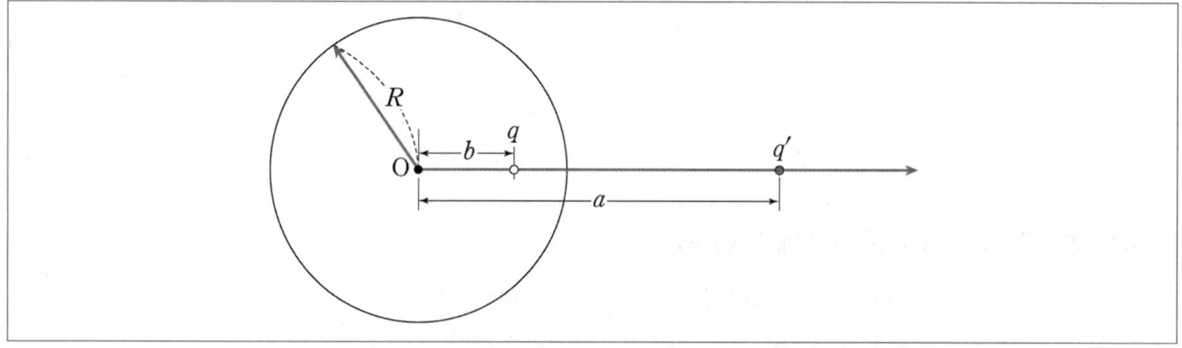

반지름이 R인 전위 0으로 접지된 도체 구껍질 중심 O으로부터 b만큼 떨어진 전하 q가 존재할 때는 앞의 이미지 전하법과 대부분 동일하다. 단, 접지를 통해 들어와 도체 구껍질에 대전되는 전하가 달라지게 된다. 전하의 부호는 실제 전하가 q이므로 반대 부호가 되고, 도체구 내부의 전하가 실제 전하가 되므로 이때 대전된 전하는 $-q$가 된다.

이미지 전하량: $q' = -\frac{R}{b}q$

중심으로부터 위치: $a = \frac{R^2}{b}$

구 표면에 대전된 전하량: $Q = -q$

03 접지되어 있지 않고 전하량 Q로 대전되어 있는 도체 껍질구 중심에 d만큼 떨어진 전하

1. 실제 전하가 도체 구껍질 외부에 있을 때

다음 그림은 접지되어 있지 않고 전하량 Q로 대전되어 있는 반지름 R인 도체 구의 외부에 전하량이 q인 점전하를 x축 상의 한 점 $x = a$에 놓은 모습을 나타낸 것이다.

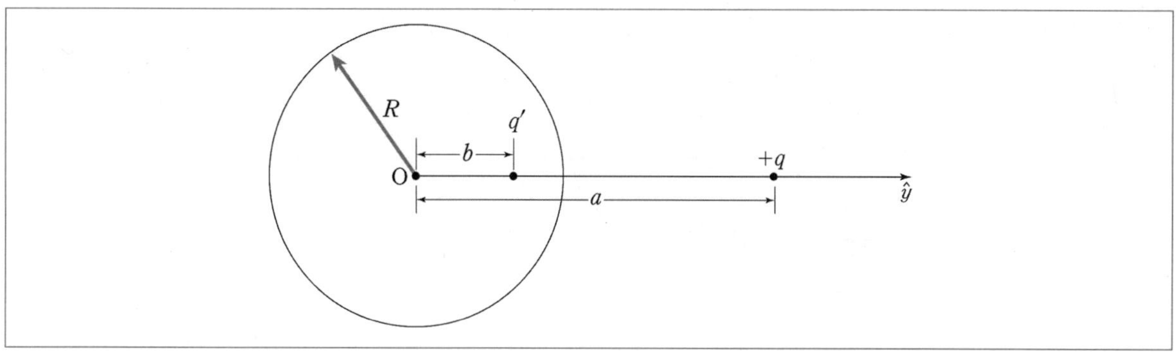

이미지 전하량 : $q' = -\dfrac{R}{a}q$

중심으로부터 위치 : $b = \dfrac{R^2}{a}$

중앙 보정 전하량 : $Q - q'$

2. 실제 전하가 도체 구껍질 내부에 있을 때

다음 그림은 접지되어 있지 않고 전하량 Q로 대전되어 있는 반지름 R인 도체구의 외부에 전하량이 q인 점전하를 x축 상의 한 점 $x = b$에 놓은 모습을 나타낸 것이다.

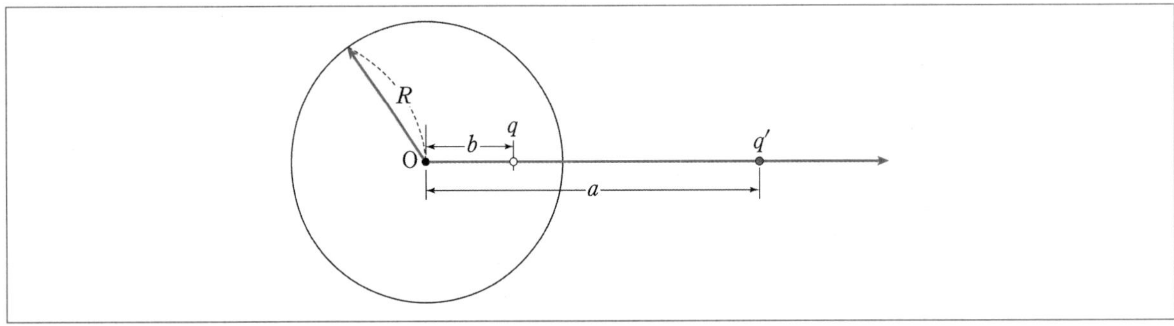

이미지 전하량 : $q' = -\dfrac{R}{b}q$

중심으로부터 위치 : $a = \dfrac{R^2}{b}$

중앙 보정 전하량 : $Q + q$

※ 참고

임의의 P점$(r,\ \theta)$에서 전위 V

$q' = -\dfrac{R}{d}q,\ d' = \dfrac{R^2}{d}$

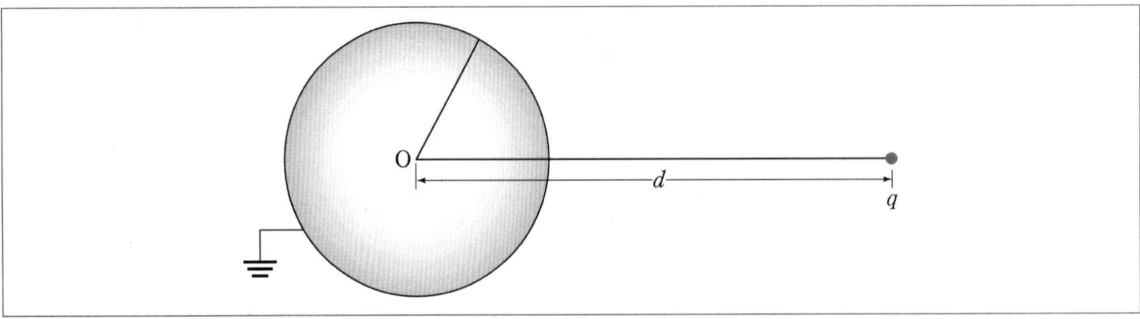

$$V(r,\ \theta,\ \phi)=\frac{1}{4\pi\epsilon_0}\left(\frac{q}{(r^2+d^2-2rd\cos\theta)^{1/2}}-\frac{q'}{(R^2+d'^2-2Rd'\cos\theta)^{1/2}}\right)$$

$$V(r,\ \theta,\ \phi)=\frac{q}{4\pi\epsilon_0}\left(\frac{1}{(r^2+d^2-2rd\cos\theta)^{1/2}}-\frac{R/d}{[r^2+(R^2/d)^2-2r(R^2/d)\cos\theta]^{1/2}}\right)$$

$$\vec{E}=-\nabla V=(E_r,\ E_\theta,\ E_\phi)$$

$$E_r=-\frac{\partial V}{\partial r}=\frac{q}{4\pi\epsilon_0}\left\{\frac{r-d\cos\theta}{(r^2+d^2-2rd\cos\theta)^{3/2}}-\frac{(R/d)[r-(R^2/d)\cos\theta]}{[r^2+(R^2/d)^2-2r(R^2/d)\cos\theta]^{3/2}}\right\}$$

$$E_\theta=-\frac{1}{r}\frac{\partial V}{\partial\theta}=\frac{qd\sin\theta}{4\pi\epsilon_0}\left\{\frac{1}{(r^2+d^2-2rd\cos\theta)^{3/2}}-\frac{(R/d)^3}{[r^2+(R^2/d)^2-2r(R^2/d)\cos\theta]^{3/2}}\right\}$$

표면 전하 밀도는 $\sigma_f=\vec{D}\cdot\hat{n}=\epsilon_0 E_r(R,\ \theta)=\dfrac{-q(d^2-R^2)}{4\pi R(R^2+d^2-2Rd\cos\theta)^{3/2}}$

연습문제

정답_ 273p

01 다음 그림과 같이 일정한 선 전하밀도 λ로 대전된 반지름 R의 원형 고리가 접지된 무한 도체 평면과 나란하게 $z = R$인 지점에 놓여 있다.

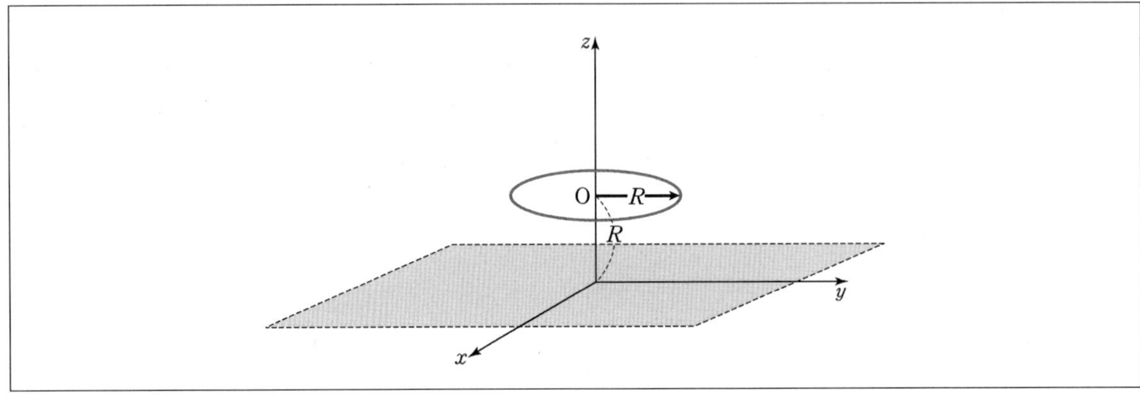

원형 고리의 중심 O에서 전기장 $\vec{E}$를 구하시오. 또한 전기 쌍극자 모멘트 $\vec{p} = p\hat{z}$ 를 갖는 입자를 O에 놓을 때, 입자의 전기 퍼텐셜 에너지를 구하시오.

13-20

02 다음 그림은 무한히 넓은 접지된 도체 평면으로부터 $x=d$인 점 A, $x=3d$인 점 B에 각각 같은 점전하 q가 진공 속에 놓여 있는 것을 나타낸 것이다. B의 전하 q는 고정되어 있다. 점 P는 도체 평면으로부터 $x=2d$인 점이고, x축은 도체 평면에 수직이다. 점 A, P, B는 x축상에 있다.

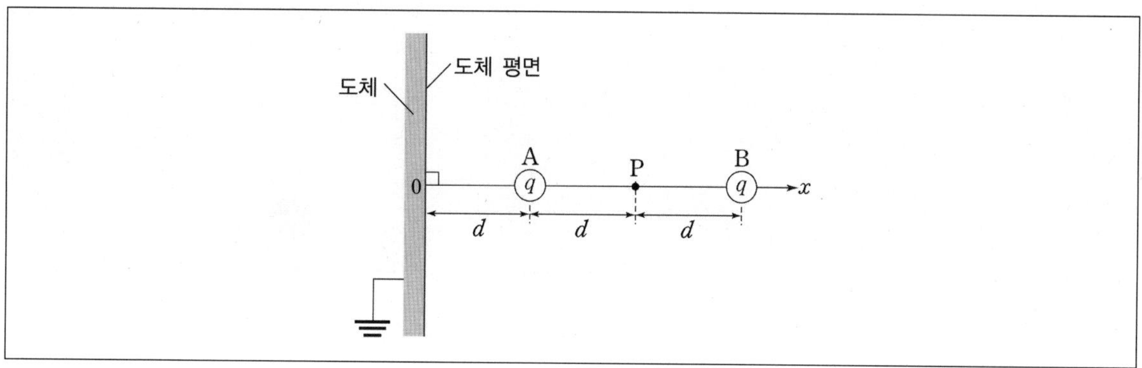

이때 A의 전하 q를 P까지 이동시키기 위하여 필요한 일은? (단, ε_0은 진공의 유전율이다.)

03 다음 그림과 같이 두께가 t이고 넓이가 무한한 도체판의 좌우에 전하량이 각각 $+q, -3q$인 점전하가 놓여 있다. 도체판 표면으로부터 두 점전하까지의 거리는 각각 L이며, 도체판은 접지되어 있다.

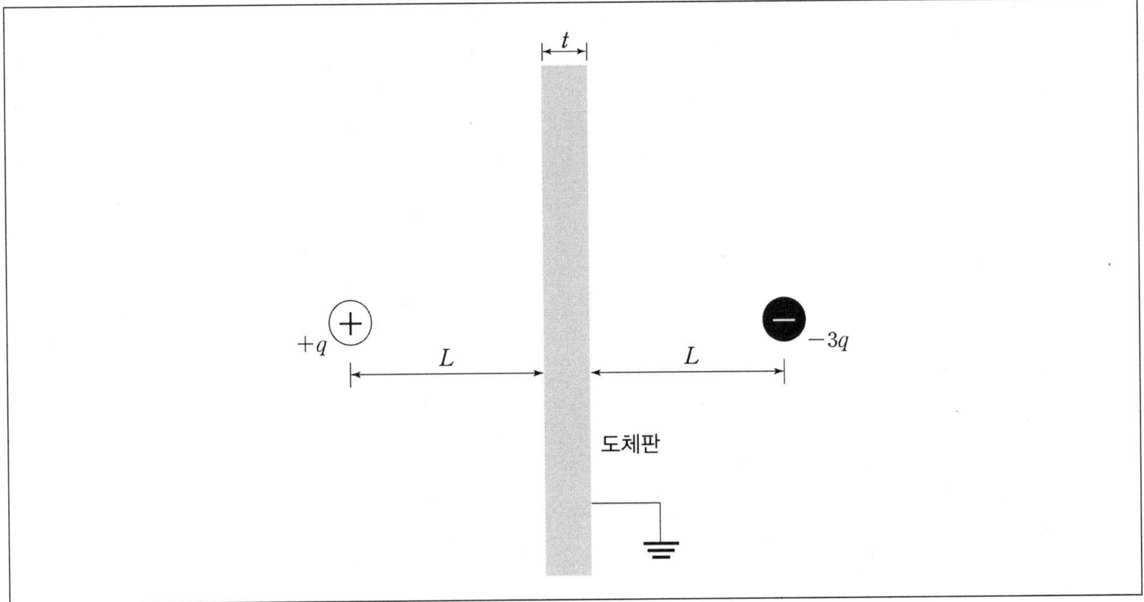

이때 $+q$인 점전하가 받는 전기력의 크기와 방향을 구하시오. 또한 두 전하를 아주 멀리 떨어뜨리기 위해 필요한 에너지 U를 구하시오. (단, 진공의 유전율은 ϵ_0이고, $k=\dfrac{1}{4\pi\epsilon_0}$이다.)

04 영상법(이미지 전하)는 도체판간의 상호작용을 구하기 위해 가상 전하를 가정하는 법이다. 전하와 도체판을 가까이 두면 전자기적 인력에 의해서 전하 근처로 도체판에 정반대의 전하가 유도된다. 전하의 유도는 도체판 표면의 전위가 0이 되도록 유도된다. 결과적으로 거울효과처럼 도체 표면의 대칭지점에 반대 전하가 놓인 것으로 계산할 수 있게 된다. 전하가 받는 힘의 경우는 전하와 이미지 전하 사이의 인력을 계산하면 되지만 퍼텐셜 에너지의 경우 전하가 움직이게 되면 이미지 전하가 움직이게 되므로 두 사이의 거리를 사용하면 잘못된 결과가 나오게 된다. 이를 해결하기 위해서는 가상전하의 전위를 제거해 주어야 한다.

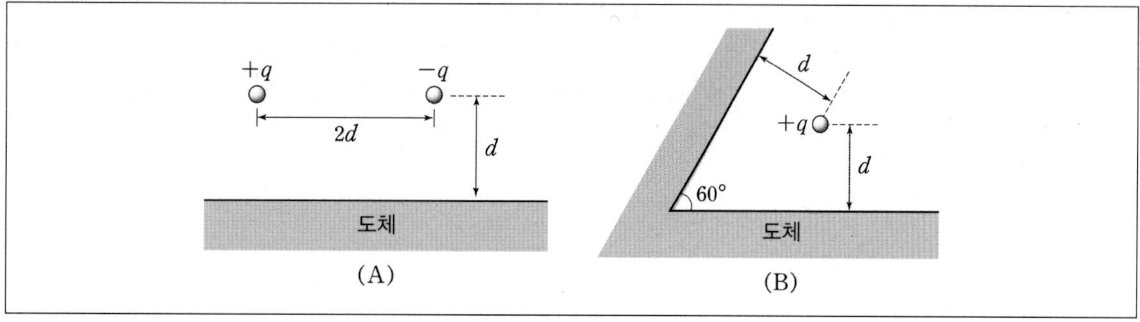

이때 자료를 참고하여 (A)와 (B)의 전기적 퍼텐셜 에너지를 각각 구하시오. (단, $\frac{1}{4\pi\epsilon_0}=k$이다.)

자료

이미지 전하를 모두 포함한 전체 퍼텐셜 $E=\sum_{ij} E_{ij}$ ($i<j$; 전하 번호)

전하의 퍼텐셜 에너지 $E_p=\dfrac{\text{실제전하개수}}{\text{실제전하개수}+\text{이미지전하개수}}\times(\text{전체}E_p)$

05 다음 그림과 같이 안쪽 반지름이 a이고, 바깥쪽 반지름이 b인 도체 구껍질이 Q로 대전된 상태에 있다. 중심 O로부터 $2b$만큼 떨어진 위치에 전하 q가 고정된 상태로 놓여 있다.

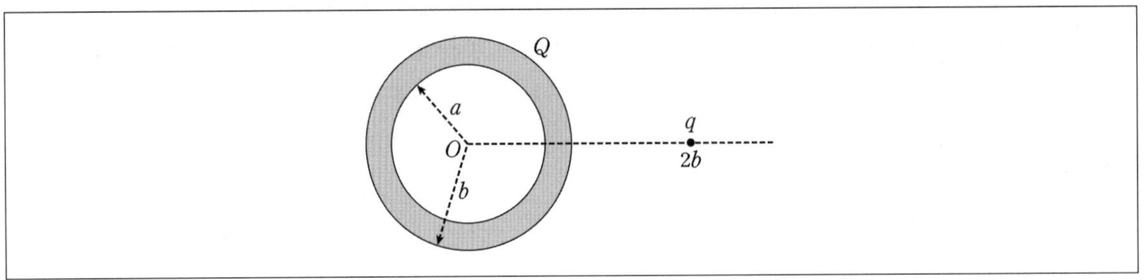

이때 q가 받는 힘의 크기가 0이 될 때 Q를 구하시오. 또한 이때, $r=a$ 지점에서의 전위 $V(r=a)$를 구하시오. (단, 공간의 유전율은 ϵ_0이다.)

06 다음 그림과 같이 안쪽 반지름이 a이고, 바깥쪽 반지름이 b인 도체 구껍질이 Q로 대전된 상태에 있다. 중심 O로부터 $d(<a)$만큼 떨어진 위치에 전하 q가 고정된 상태로 놓여 있다.

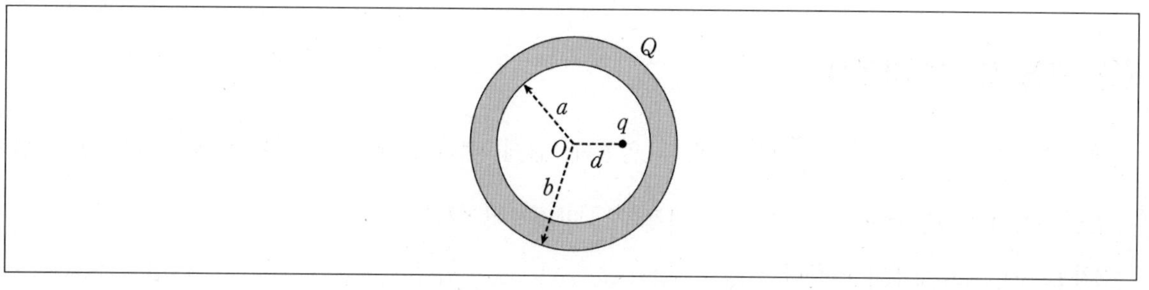

이때 q가 받는 힘의 크기를 구하시오. 또한 $r=a$ 지점에서의 전위 $V(r=a)$를 구하시오. (단, 공간의 유전율은 ϵ_0이다.)

Chapter 03 전기장 경계조건 대칭성과 특수함수 활용

01 구형 좌표계 퍼텐셜

맥스웰 방정식 $\nabla \cdot E = \dfrac{\rho}{\epsilon_0}$에서 관심 영역에 실제 전하가 없는 경우에는 $\nabla \cdot E = 0$을 만족하며 $E = -\nabla V$을 대입하면 $\nabla^2 V = 0$로 라플라스 방정식이 된다.

3차원 구면좌표계에서 라플라스 방정식은

$$\frac{1}{r^2}\frac{\partial}{\partial r}\left(r^2\frac{\partial \phi}{\partial r}\right)+\frac{1}{r^2\sin\theta}\frac{\partial}{\partial \theta}\left(\sin\theta\frac{\partial \phi}{\partial \theta}\right)+\frac{1}{r^2\sin^2\theta}\frac{\partial^2\phi}{\partial \phi^2}=0$$

변수분리해서 $V(r,\ \theta,\ \phi) = R(r)\Theta(\theta)\Phi(\phi)$

$$\frac{1}{r^2 R}\frac{\partial}{\partial r}\left(r^2\frac{\partial R}{\partial r}\right)+\frac{1}{r^2\sin\theta}\frac{1}{\Theta}\frac{\partial}{\partial \theta}\left(\sin\theta\frac{\partial \Theta}{\partial \theta}\right)+\frac{1}{r^2\sin^2\theta}\frac{1}{\Phi}\frac{\partial^2\Phi}{\partial \phi^2}=0$$

일반적으로 전자기에서는 $V(r,\ \theta,\ \phi) = R(r)\Theta(\theta)\Phi(\phi)$가 ϕ에 대해서 대칭성을 갖는 데 관심이 있다.

따라서 $V(r,\theta) = R(r)\Theta(\theta)$로 대부분 나타내어진다.

$\dfrac{\partial^2\phi}{\partial \phi^2} = 0$ 이므로 라플라스 방정식은

$$\frac{1}{R}\frac{\partial}{\partial r}\left(r^2\frac{\partial R}{\partial r}\right)+\frac{1}{\sin\theta}\frac{1}{\Theta}\frac{\partial}{\partial \theta}\left(\sin\theta\frac{\partial \Theta}{\partial \theta}\right)=0$$ ($r^2 \neq 0$ 이므로 양변에 곱하여 없애버림)

$$\frac{1}{R}\frac{\partial}{\partial r}\left(r^2\frac{\partial R}{\partial r}\right)=-\frac{1}{\sin\theta}\frac{1}{\Theta}\frac{\partial}{\partial \theta}\left(\sin\theta\frac{\partial \Theta}{\partial \theta}\right) \quad \cdots\cdots \text{①}$$

식 ①의 좌항과 우항이 각각 r과 θ에 대한 독립변수인데 서로 같으므로 만족하기 위해서는 좌항과 우항이 서로 같은 상수 값일 수 밖에 없다. 즉,

$$\frac{1}{R}\frac{\partial}{\partial r}\left(r^2\frac{\partial R}{\partial r}\right)=-\frac{1}{\sin\theta}\frac{1}{\Theta}\frac{\partial}{\partial \theta}\left(\sin\theta\frac{\partial \Theta}{\partial \theta}\right)=c= \text{일정}$$

$\dfrac{1}{R}\dfrac{\partial}{\partial r}\left(r^2\dfrac{\partial R}{\partial r}\right)= c$ 에서 만약 $R = \alpha r^l$ 이라 하면

$$\frac{\partial}{\partial r}\left(r^2\frac{\partial R}{\partial r}\right)= cR \Rightarrow \frac{d}{dr}\left(r^2\frac{dr^l}{dr}\right)= cr^l \Rightarrow \frac{d}{dr}(lr^{l+1}) = l(l+1)r^l = cr^l$$

$\therefore\ c = l(l+1)$

$$-\frac{1}{\sin\theta}\frac{1}{\Theta}\frac{\partial}{\partial \theta}\left(\sin\theta\frac{\partial \Theta}{\partial \theta}\right)=c=l(l+1) \quad \cdots\cdots \text{②}$$

식 ②를 만족하는 $\Theta(\theta)$는 수열이 나오는데 이것이 Legendre polynomials $P_l(x)$이다.

즉, $\Theta_l(\theta) = P_l(\cos\theta)$

일반화하면 $V(r,\theta) = \sum_{l=0}^{\infty} R_l(r) P_l(\cos\theta)$이다.

$R_l = \alpha_l r^n$ 이라 하면 $\frac{\partial}{\partial r}\left(r^2 \frac{\partial R_l}{\partial r}\right) = l(l+1)R_l$에서

$n(n+1) = l(l+1)$

$n = \frac{-1 \pm \sqrt{1+4l(l+1)}}{2} = \frac{-1 \pm (2l+1)}{2}$

$\therefore\ n = l \text{ or } -(l+1)$

해가 두 개다.

$R_l(r) = A_l r^l + \frac{B_l}{r^{l+1}}$

따라서 일반적인 퍼텐셜의 형태는 아래와 같다.

$$V(r,\theta) = \sum_{l=0}^{\infty}\left(A_l r^l + \frac{B_l}{r^{l+1}}\right)P_l(\cos\theta)$$: 구형 좌표계에서 퍼텐셜 함수의 일반화 표현

$P_0(\cos\theta) = 1,\ P_1(\cos\theta) = \cos\theta,\ P_2(\cos\theta) = \frac{3}{2}\cos^2\theta - \frac{1}{2}\ \cdots$

그리고 르장드르 수열은 직교조건이 있는데

$\int_0^{\pi} P_l(\cos\theta) P_m(\cos\theta) \sin\theta\, d\theta = \frac{2}{2l+1}\delta_{lm}$ (이것은 주어지므로 받아들이자. 안 써도 경계조건 활용만으로 가능)

우리는 이미지 전하법을 통해서도 퍼텐셜을 일단 구하기만 하면 전기장 및 다른 정보를 알아낼 수 있었다. 그리고 그 과정에서 경계조건을 잘 활용하여야 한다. 아래 몇 가지 예를 통해 위에서 배운 구형 좌표계에서 일반화 퍼텐셜 형태를 활용하는 법을 알아보자.

➡ 경계 조건

1. $V(r,\theta)$의 연속 및 정의

① 도체 표면 $V(R,\theta) =$ 일정

② 유전체 내부 $V(r=0,\theta) =$ 일정

③ 유전체 표면에서 전위는 연속 $V_{in}(r=R,\theta) = V_{out}(r=R,\theta)$

※ 균일한 전기장 존재 시 $V(r=\infty)$에서는 정의될 필요는 없다.

2. 외부 $\vec{E}$ 존재 시 $\lim_{r\to\infty}\vec{E}_{out} = \vec{E}$

3. D_n의 연속 $D_{in,r}(r=R,\theta) = D_{out,r}(r=R,\theta)$ ➡ $D_{in,r}(r=R,\theta) = D_{out,r}(r=R,\theta)$

예제 1 접지된 도체구에 균일한 전기장 $\vec{E}_{외부} = E_0 \hat{z}$ 이 존재한다.

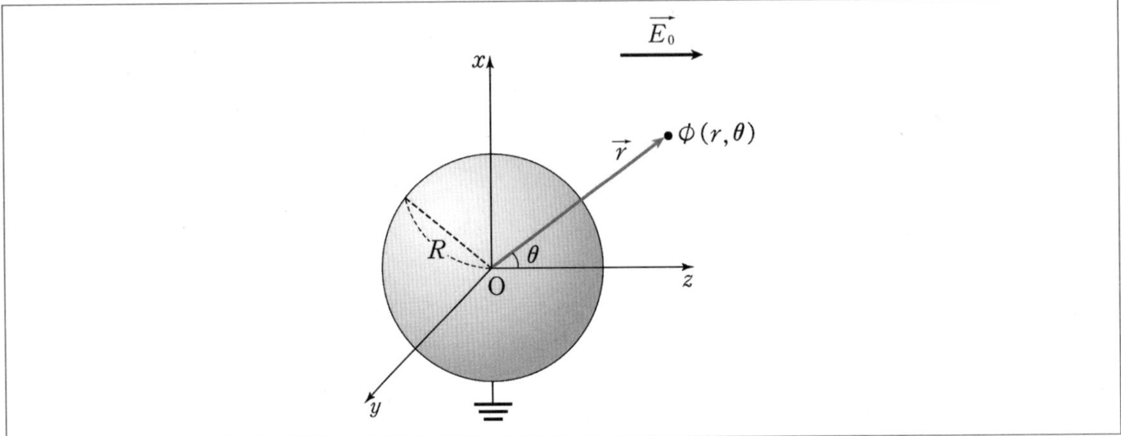

1) 도체구의 반경은 R일 때 임의의 $P(r > R,\ \theta)$위치에서 퍼텐셜 $\phi(r,\ \theta)$를 구하시오.
2) 임의의 $P(r > R,\ \theta)$에서 변화된 전기장 $\vec{E}(r,\ \theta) = E_r\hat{r} + E_\theta\hat{\theta}$ 를 구하시오.
3) 도체구에 대전된 표면전하밀도 σ_f를 구하시오.
4) 도체구의 대전에 의한 자기쌍극자 모멘트 $\vec{p}$를 구하시오.

$$\phi(r,\theta) = \sum_{l=0}^{\infty}\left(A_l r^l + \frac{B_l}{r^{l+1}}\right)P_l(\cos\theta) \ \text{: 구형 좌표계에서 퍼텐셜 함수의 일반화 표현}$$

$$P_0(\cos\theta) = 1\ ,\ P_1(\cos\theta) = \cos\theta\ ,\ P_2(\cos\theta) = \frac{3}{2}\cos^2\theta - \frac{1}{2}\quad \cdots$$

풀이

1) 퍼텐셜의 경계조건 ①: $\phi(R,\ \theta) = 0$ (접지 조건)

전기장 조건 ②: $\lim_{r\to\infty} E(r,\theta) = E_0\hat{z} = E_0(\cos\theta\,\hat{r} - \sin\theta\hat{\theta})$

경계조건 ①에서

$$\phi(R,\ \theta) = \sum_{l=0}^{\infty}\left(A_l R^l + \frac{B_l}{R^{l+1}}\right)P_l(\cos\theta) = 0$$

$$B_l = -A_l R^{2l+1}$$

$$\phi(r,\ \theta) = \sum_{l=0}^{\infty} A_l\left(r^l - \frac{R^{2l+1}}{r^{l+1}}\right)P_l(\cos\theta)$$

경계 조건 ②에서

$$E = -\nabla\phi$$

$$\lim_{r\to\infty}(-\nabla\phi) = E_0(\cos\theta\,\hat{r} - \sin\theta\hat{\theta}) \quad ;\ r\text{성분만 보면}$$

$$\lim_{r\to\infty}\frac{\partial}{\partial r}\sum_{l=0}^{\infty}\left(r^l - \frac{R^{2l+1}}{r^{l+1}}\right)A_l P_l(\cos\theta) = \lim_{r\to\infty}\left(\sum_{l=0}^{\infty} l r^{l-1} + \frac{(l+1)R^{2l+1}}{r^{l+2}}\right)A_l P_l(\cos\theta) = -E_0\cos\theta$$

만족할 조건은 발산하지 않기 위해서 오직 $l = 1$ 인 경우 밖에 없다.

즉, $A_1 = -E_0$

따라서 $\phi(r,\ \theta) = A_1\left(r - \frac{R^3}{r^2}\right)P_1(\cos\theta) = -E_0 r\cos\theta + \frac{R^3}{r^2}E_0\cos\theta$

2) $E_r = -\frac{\partial\phi}{\partial r} = -\left(-E_0\cos\theta - \frac{2R^3}{r^3}E_0\cos\theta\right)$

$\therefore\ E_r = \left(1 + \frac{2R^3}{r^3}\right)E_0\cos\theta$

$E_\theta = -\frac{1}{r}\frac{\partial\phi}{\partial\theta} = -\frac{1}{r}\left(E_0 r\sin\theta - \frac{R^3}{r^2}E_0\sin\theta\right)$

$\therefore\ E_\theta = \left(\frac{R^3}{r^3} - 1\right)E_0\sin\theta$

3) 도체구 표면의 경계조건에 의해서 $D_n(R,\ \theta) = \sigma_f$

$\epsilon_0 E_r(R,\ \theta) = 3\epsilon_0 E_0\cos\theta$

$\therefore\ \sigma_f = 3\epsilon_0 E_0\cos\theta$

4) 대전에 의한 전기쌍극자 모멘트 $\vec{p}$를 구할 때는 발상의 전환이 필요하다. 즉, 도체구에 자유전자가 외부 전기장에 의해서 끌려야 표면전하밀도 σ_f가 형성되었는데 이 분포가 쌍극자모멘트를 발생시키는 것이다. 도체구 내부에서 전기장이 0이므로

$D = \epsilon_0 E + P$

$D_n = P_n = \sigma_f$

$P_n = \vec{P}\cdot\hat{r} = 3\epsilon_0 E_0\cos\theta$

$\vec{P} = 3\epsilon_0 E_0\hat{z}\ (\hat{z}\cdot\hat{r} = \cos\theta)$

편극 $\vec{P}$가 정의되면

$\vec{p} = \int \vec{P}dV = 4\pi\epsilon_0 R^3 E_0\hat{z}$

> 접지된 도체구에 균일한 전기장 $\vec{E}_{외부} = E_0\hat{z}$ 이 존재할 때
>
> ① $\phi(r,\theta) = -E_0 r\cos\theta + \frac{R^3}{r^2}E_0\cos\theta$
>
> ② $\vec{E}(r,\theta) = E_r\hat{r} + E_\theta\hat{\theta} = \left(1 + \frac{2R^3}{r^3}\right)E_0\cos\theta\,\hat{r} + \left(\frac{R^3}{r^3} - 1\right)E_0\sin\theta\,\hat{\theta}$
>
> ③ $\sigma_f = 3\epsilon_0 E_0\cos\theta$
>
> ④ $\vec{p} = 4\pi\epsilon_0 R^3 E_0\hat{z}$

Part 02

예제 2 반경이 R이고 유전율이 ϵ인 대전되지 않은 유전체에 균일한 전기장 $\vec{E}_{외부}=E_0\hat{z}$ 이 존재한다.

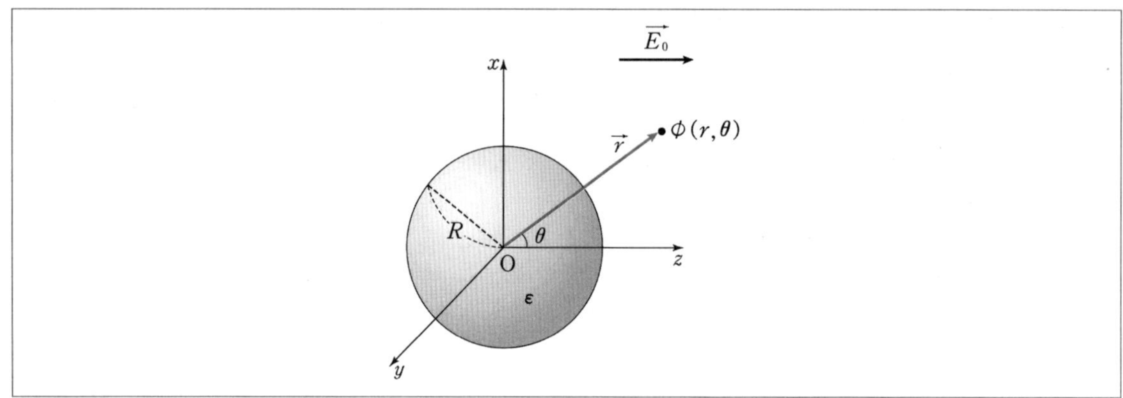

1) 임의의 $P(r,\ \theta)$ 위치에서 퍼텐셜 $\phi(r,\theta)$를 구하시오. (단, $\phi_{in}(r,\ \theta)$, $\phi_{out}(r,\ \theta)$를 구분하여 표현하시오.)

2) 임의의 $P(r,\ \theta)$에서 변화된 전기장 $\vec{E}(r,\ \theta)=E_r\hat{r}+E_\theta\hat{\theta}$ 를 구하시오.

3) 유전체 내부 편극 $\vec{P}$(polarization)를 구하시오.

4) $r=R$에서 유전체 편극 전하 밀도 σ_b를 구하시오.

$$\phi(r,\theta)=\sum_{l=0}^{\infty}\left(A_l r^l+\frac{B_l}{r^{l+1}}\right)P_l(\cos\theta)$$: 구형 좌표계에서 퍼텐셜 함수의 일반화 표현

$$P_0(\cos\theta)=1,\ P_1(\cos\theta)=\cos\theta,\ P_2(\cos\theta)=\frac{3}{2}\cos^2\theta-\frac{1}{2}\ \cdots$$

풀이

내부와 외부에서 각각의 퍼텐셜이 구형표면 경계 사이로 각각 존재하므로

$$\phi_{in}(r\le R,\ \theta)=\sum_{l=0}^{\infty}\left(A_l r^l+\frac{B_l}{r^{l+1}}\right)P_l(\cos\theta)$$

$$\phi_{out}(r\ge R,\ \theta)=\sum_{l=0}^{\infty}\left(C_l r^l+\frac{D_l}{r^{l+1}}\right)P_l(\cos\theta)$$

이라 하면

1) 퍼텐셜 내부 조건 내부에 점전하가 존재하지 않으므로 유전체 내부에서 퍼텐셜은 유한한 값을 가져야 한다.

① $\phi_{in}(r=0,\ \theta)=$ 유한

퍼텐셜의 경계조건, 퍼텐셜은 연속을 만족해야 하므로 ② $\phi_{in}(R,\ \theta)=\phi_{out}(R,\ \theta)$

전기장 조건 ③ $\lim_{r\to\infty}E(r,\theta)=E_0\hat{z}=E_0(\cos\theta\,\hat{r}-\sin\theta\,\hat{\theta})$

경계조건 $r=R$에서 ④ $\vec{\nabla}\cdot\vec{D}=0$ ➡ $\epsilon E_{in,r}=\epsilon_0 E_{out,r}$ ➡ $\epsilon\left(-\frac{\partial\phi_{in}}{\partial r}\right)_{r=R}=\epsilon_0\left(-\frac{\partial\phi_{out}}{\partial r}\right)_{r=R}$

조건 ①에서

$$\phi_{in}(r=0,\ \theta)=\sum_{l=0}^{\infty}\left(A_l r^l+\frac{B_l}{r^{l+1}}\right)P_l(\cos\theta)=\text{유한} \Rightarrow B_l=0 \text{ 이다.}$$

퍼텐셜의 경계조건 ② $\phi_{in}(R,\ \theta)=\phi_{out}(R,\ \theta)$ 에서

$$\sum_{l=0}^{\infty}\left(A_l R^l\right)P_l(\cos\theta)=\sum_{l=0}^{\infty}\left(C_l R^l+\frac{D_l}{R^{l+1}}\right)P_l(\cos\theta)$$

$$A_l=C_l+\frac{D_l}{R^{2l+1}} \text{ ······ 조건 (2)}$$

전기장 조건 ③ $\lim_{r\to\infty}E(r,\theta)=E_0\hat{z}=E_0(\cos\theta\,\hat{r}-\sin\theta\,\hat{\theta})$ 에서

$$E=-\nabla\phi$$

$$\lim_{r\to\infty}(-\nabla\phi_{out})=E_0(\cos\theta\,\hat{r}-\sin\theta\hat{\theta})$$

r성분만 보면

$$\lim_{r\to\infty}\frac{\partial}{\partial r}\sum_{l=0}^{\infty}\left(C_l r^l+\frac{D_l}{r^{l+1}}\right)P_l(\cos\theta)=\lim_{r\to\infty}\left(\sum_{l=0}^{\infty}\left(C_l l r^{l-1}-\frac{(l+1)D_l}{r^{l+2}}\right)\right)P_l(\cos\theta)=-E_0\cos\theta$$

만족하는 경우는 $l=1$일 때 $C_1=-E_0$ 이다. ($l\neq 1$인 경우에는 $C_l=0$ 이다.)

$$\phi_{out}(r\geq R,\ \theta)=\left(-E_0 r+\frac{D_1}{r^2}\right)\cos\theta$$

조건 (2)를 활용하면

$$\phi_{in}(r\leq R,\ \theta)=(A_1)r\cos\theta=\left(-E_0+\frac{D_1}{R^3}\right)r\cos\theta$$

경계조건 ④에서

$$\epsilon E_{in,r}=\epsilon_0 E_{out,r} \Rightarrow \epsilon\left(-\frac{\partial\phi_{in}}{\partial r}\right)_{r=R}=\epsilon_0\left(-\frac{\partial\phi_{out}}{\partial r}\right)_{r=R}$$

$$\epsilon\left(-E_0+\frac{D_1}{R^3}\right)\cos\theta=\epsilon_0\left(-E_0-2\frac{D_1}{R^3}\right)\cos\theta$$

$$-\epsilon E_0+\frac{\epsilon}{R^3}D_1=-\epsilon_0 E_0-2\frac{\epsilon_0}{R^3}D_1$$

$$\frac{\epsilon+2\epsilon_0}{R^3}D_1=(\epsilon-\epsilon_0)E_0$$

$$\therefore D_1=\frac{\epsilon-\epsilon_0}{\epsilon+2\epsilon_0}R^3E_0$$

따라서 우리는 퍼텐셜을 모든 영역에서 구할 수 있다.

$$\phi_{in}(r\leq R,\ \theta)=\left(-E_0+\frac{\epsilon-\epsilon_0}{\epsilon+2\epsilon_0}E_0\right)r\cos\theta=-\frac{3\epsilon_0}{\epsilon+2\epsilon_0}E_0 r\cos\theta$$

$$\therefore \phi_{in}(r,\ \theta)=-\frac{3\epsilon_0}{\epsilon+2\epsilon_0}E_0 r\cos\theta$$

$$\therefore \phi_{out}(r,\ \theta)=-E_0 rcos\theta+\left(\frac{\epsilon-\epsilon_0}{\epsilon+2\epsilon_0}\right)\frac{R^3E_0\cos\theta}{r^2}$$

2) 임의의 $P(r,\ \theta)$에서 변화된 전기장 $\vec{E}(r,\ \theta)=E_r\hat{r}+E_\theta\hat{\theta}$ 를 구하면

$$\phi_{in}(r,\ \theta)=-\frac{3\epsilon_0}{\epsilon+2\epsilon_0}E_0 r\cos\theta$$

$$\phi_{in}(z)=-\frac{3\epsilon_0}{\epsilon+2\epsilon_0}E_0 z$$

$$E_{in,r}=-\frac{\partial\phi_{in}}{\partial r}=\frac{3\epsilon_0}{\epsilon+2\epsilon_0}E_0\cos\theta$$

$$E_{in,\theta}=-\frac{1}{r}\frac{\partial\phi_{in}}{\partial\theta}=-\frac{3\epsilon_0}{\epsilon+2\epsilon_0}E_0\sin\theta$$

$$\therefore\ \vec{E}_{in}(r,\ \theta)=\frac{3\epsilon_0}{\epsilon+2\epsilon_0}E_0\left(\cos\theta\,\hat{r}-\sin\theta\,\hat{\theta}\right)=\frac{3\epsilon_0}{\epsilon+2\epsilon_0}E_0\hat{z}\ \left(=-\frac{\partial\phi_{in}}{\partial z}\right)$$

$$\phi_{out}(r,\ \theta)=-E_0 r\cos\theta+\left(\frac{\epsilon-\epsilon_0}{\epsilon+2\epsilon_0}\right)\frac{R^3E_0\cos\theta}{r^2}$$

$$E_{out,r}=-\frac{\partial\phi_{out}}{\partial r}=E_0\cos\theta+\left(\frac{\epsilon-\epsilon_0}{\epsilon+2\epsilon_0}\right)\frac{2R^3E_0\cos\theta}{r^3}$$

$$E_{out,\theta}=-\frac{1}{r}\frac{\partial\phi_{out}}{\partial\theta}=-E_0\sin\theta+\left(\frac{\epsilon-\epsilon_0}{\epsilon+2\epsilon_0}\right)\frac{R^3E_0\sin\theta}{r^3}$$

3) 선형 유전체이므로

$$D=\epsilon_0E_{in}+P=\epsilon E_{in}$$

$$P=(\epsilon-\epsilon_0)E_{in}$$

$$\vec{P}=\left(\frac{\epsilon-\epsilon_0}{\epsilon+2\epsilon_0}\right)3\epsilon_0E_0\hat{z}$$

4) $\vec{P}\cdot\hat{n}'=\sigma_b$ ($\hat{n}$: 유전체 내부를 향하는 법선 벡터)

$$\hat{n}'=\hat{r}$$

$$\vec{P}\cdot\hat{n}'=\vec{P}\cdot\hat{r}=\sigma_b=\left(\frac{\epsilon-\epsilon_0}{\epsilon+2\epsilon_0}\right)3\epsilon_0E_0\cos\theta$$

유전율이 ϵ인 대전되지 않은 유전체에 균일한 전기장 $\vec{E}_{외부}=E_0\hat{z}$ 이 존재할 때

① $\phi_{in}(r,\theta)=-\dfrac{3\epsilon_0}{\epsilon+2\epsilon_0}E_0 r\cos\theta$, $\phi_{out}(r,\theta)=-E_0 rcos\theta+\left(\dfrac{\epsilon-\epsilon_0}{\epsilon+2\epsilon_0}\right)\dfrac{R^3E_0\cos\theta}{r^2}$

② $\vec{E}_{in}(r,\theta)=\dfrac{3\epsilon_0}{\epsilon+2\epsilon_0}E_0\left(\cos\theta\,\hat{r}-\sin\theta\,\hat{\theta}\right)=\dfrac{3\epsilon_0}{\epsilon+2\epsilon_0}E_0\hat{z}$

$$\vec{E}_{out}=\left(E_0\cos\theta+\left(\frac{\epsilon-\epsilon_0}{\epsilon+2\epsilon_0}\right)\frac{2R^3E_0\cos\theta}{r^3}\right)\hat{r}+\left(-E_0\sin\theta+\left(\frac{\epsilon-\epsilon_0}{\epsilon+2\epsilon_0}\right)\frac{R^3E_0\sin\theta}{r^3}\right)\hat{\theta}$$

③ $\vec{P}=\left(\dfrac{\epsilon-\epsilon_0}{\epsilon+2\epsilon_0}\right)3\epsilon_0E_0\hat{z}$

④ $\sigma_b=\left(\dfrac{\epsilon-\epsilon_0}{\epsilon+2\epsilon_0}\right)3\epsilon_0E_0\cos\theta$

예제 3 z축 방향으로 균일하게 영구적으로 $\vec{P}=P_0\hat{z}$ 으로 편극된 반지름 R인 물질이 있다. 오직 편극에 의한 효과만 고려할 때 다음을 구하시오.

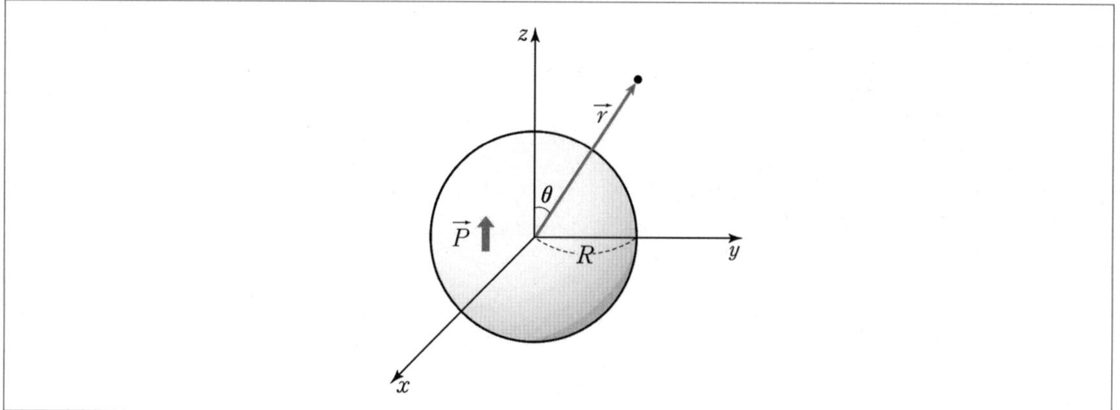

1) 임의의 $P(r,\ \theta)$ 위치에서 퍼텐셜 $\phi(r,\ \theta)$를 구하시오. (단, $\phi_{in}(r,\ \theta)$, $\phi_{out}(r,\ \theta)$를 구분하여 표현하시오.)

2) 임의의 $P(r,\ \theta)$에서 변화된 전기장 $\vec{E}(r,\ \theta)=E_r\hat{r}+E_\theta\hat{\theta}$ 를 구하시오.

> $\phi(r,\theta)=\sum_{l=0}^{\infty}\left(A_l r^l+\frac{B_l}{r^{l+1}}\right)P_l(\cos\theta)$: 구형좌표계에서 퍼텐셜함수
>
> $P_0(\cos\theta)=1$, $P_1(\cos\theta)=\cos\theta$, $P_2(\cos\theta)=\frac{3}{2}\cos^2\theta-\frac{1}{2}$ ...

풀이

내부와 외부에서 각각의 퍼텐셜이 구형경계 사이로 각각 존재하므로

$$\phi_{in}(r\le R,\ \theta)=\sum_{l=0}^{\infty}\left(A_l r^l+\frac{B_l}{r^{l+1}}\right)P_l(\cos\theta)$$

$$\phi_{out}(r\ge R,\theta)=\sum_{l=0}^{\infty}\left(C_l r^l+\frac{D_l}{r^{l+1}}\right)P_l(\cos\theta)$$

이라 하면

1) 퍼텐셜 내부 조건 내부에 점전하가 존재하지 않으므로 유전체 내부에서 퍼텐셜은 유한한 값을 가져야 한다.

① $\phi_{in}(r=0,\ \theta)=$ 유한

퍼텐셜 외부 조건 무한히 멀리서 바라보면 쌍극자의 경우에는 전하가 0으로 보이기 때문에 전기장 및 퍼텐셜이 0으로 수렴한다.

② $\phi_{out}(r=\infty,\ \theta)=0$

퍼텐셜의 경계조건, 퍼텐셜은 연속을 만족해야 하므로 ③ $\phi_{in}(R,\ \theta)=\phi_{out}(R,\ \theta)$

편극 조건에서 $D=\epsilon_0 E+P$; 외부에서는 편극이 존재하지 않으므로

경계조건 $r=R$에서 ④ $\vec{\nabla}\cdot\vec{D}=0$ ➡ $\epsilon_0 E_{in,r}+P_r=\epsilon_0 E_{out,r}$ ➡ $\epsilon_0\left(-\frac{\partial\phi_{in}}{\partial r}\right)_{r=R}+P_0\cos\theta=\epsilon_0\left(-\frac{\partial\phi_{out}}{\partial r}\right)_{r=R}$

조건 ①에서

$$\phi_{in}(r=0,\ \theta)=\sum_{l=0}^{\infty}\left(A_l r^l+\frac{B_l}{r^{l+1}}\right)P_l(\cos\theta)=\text{유한} \Rightarrow B_l=0 \text{ 이다.}$$

조건 ②에서

$$\phi_{out}(r=\infty,\ \theta)=\sum_{l=0}^{\infty}\left(C_l r^l+\frac{D_l}{r^{l+1}}\right)P_l(\cos\theta)=0 \Rightarrow C_l=0$$

퍼텐셜의 경계조건 ③ $\phi_{in}(R,\ \theta)=\phi_{out}(R,\ \theta)$에서

$$\sum_{l=0}^{\infty}\left(A_l R^l\right)P_l(\cos\theta)=\sum_{l=0}^{\infty}\left(\frac{D_l}{R^{l+1}}\right)P_l(\cos\theta)$$

$A_l=\dfrac{D_l}{R^{2l+1}}$ …… 조건 (2)

$$\phi_{in}(r\le R,\ \theta)=\sum_{l=0}^{\infty}\left(A_l r^l\right)P_l(\cos\theta)$$

$$\phi_{out}(r\ge R,\theta)=\sum_{l=0}^{\infty}\left(A_l\frac{R^{2l+1}}{r^{l+1}}\right)P_l(\cos\theta)$$

$$\vec{E}_{in}=E_r\hat{r}+E_\theta\hat{\theta}$$

$$E_{in,r}=-\frac{\partial}{\partial r}\phi_{in}=-\frac{\partial}{\partial r}\sum_{l=0}^{\infty}A_l r^l P_l(\cos\theta)=-\sum_{l=0}^{\infty}A_l l r^{l-1}P_l(\cos\theta)$$

경계조건 $r=R$에서 ④ $\vec{\nabla}\cdot\vec{D}=0 \Rightarrow \epsilon_0 E_{in,r}+P_r=\epsilon_0 E_{out,r} \Rightarrow \epsilon_0\left(-\dfrac{\partial\phi_{in}}{\partial r}\right)_{r=R}+P_0\cos\theta=\epsilon_0\left(-\dfrac{\partial\phi_{out}}{\partial r}\right)_{r=R}$

$$-\epsilon_0 A_1\cos\theta+P_0\cos\theta=2\epsilon_0 A_1\cos\theta$$

$$A_1=\frac{P_0}{3\epsilon_0}$$

$$\therefore\ \phi_{in}(r\le R,\ \theta)=\frac{P_0}{3\epsilon_0}r\cos\theta\ ,\ \phi_{out}(r\ge R,\theta)=\frac{P_0}{3\epsilon_0}\frac{R^3}{r^2}\cos\theta$$

2) 임의의 $P(r,\ \theta)$에서 변화된 전기장 $\vec{E}(r,\ \theta)=E_r\hat{r}+E_\theta\hat{\theta}$ 를 구해보면

$$\vec{E}_{in}=E_r\hat{r}+E_\theta\hat{\theta}$$

$$E_{in,r}=-\frac{\partial}{\partial r}\phi_{in}=-\frac{P_0}{3\epsilon_0}\cos\theta,\ E_{in,\theta}=-\frac{1}{r}\frac{\partial}{\partial\theta}\phi_{in}=\frac{P_0}{3\epsilon_0}\sin\theta$$

$$\vec{E_{in}}=-\frac{P_0}{3\epsilon_0}(\hat{r}\cos\theta-\hat{\theta}\sin\theta)=-\frac{P_0}{3\epsilon_0}\hat{z},\ \vec{E}_{out}=\frac{2P_0R^3\cos\theta}{3\epsilon_0 r^3}\hat{r}+\frac{P_0R^3\sin\theta}{3\epsilon_0 r^3}\hat{\theta}$$

영구적으로 $\vec{P}=P_0\hat{z}$ 으로 편극된 반지름 R인 물질이 존재할 때

① $\phi_{in}(r\le R,\theta)=\dfrac{P_0}{3\epsilon_0}r\cos\theta\ ,\ \phi_{out}(r\ge R,\theta)=\dfrac{P_0}{3\epsilon_0}\dfrac{R^3}{r^2}\cos\theta$

② $\vec{E}_{in}=E_r\hat{r}+E_\theta\hat{\theta}=-\dfrac{P_0}{3\epsilon_0}(\hat{r}\cos\theta-\hat{\theta}\sin\theta)=-\dfrac{P_0}{3\epsilon_0}\hat{z}$

$$\vec{E}_{out}=\frac{2P_0R^3\cos\theta}{3\epsilon_0 r^3}\hat{r}+\frac{P_0R^3\sin\theta}{3\epsilon_0 r^3}\hat{\theta}$$

02 원통형 좌표계 퍼텐셜

원통형 대칭 함수는 베셀함수가 된다. 이는 자세히 다루지 않고 해의 형태를 제시한 후 경계조건을 활용해서 푸는 방법을 알아보자.

21-A8

예제 4 다음 그림과 같이 전기장이 E_0으로 균일하게 분포되어 있던 유전체 매질 내부에 반지름이 R 이고, 길이가 무한히 긴 원통 모양의 공동을 만들었다. 공동 안은 진공이며 공동 밖과 안의 전기 퍼텐셜은 각각

$$V_1(\rho,\ \phi) = A_1\rho\cos\phi + \frac{B_1}{\rho}\cos\phi,\quad \rho > R$$

$$V_2(\rho,\ \phi) = A_2\rho\cos\phi,\qquad \rho \le R$$

이다. 유전체와 진공의 유전율은 각각 ϵ, ϵ_0이다.

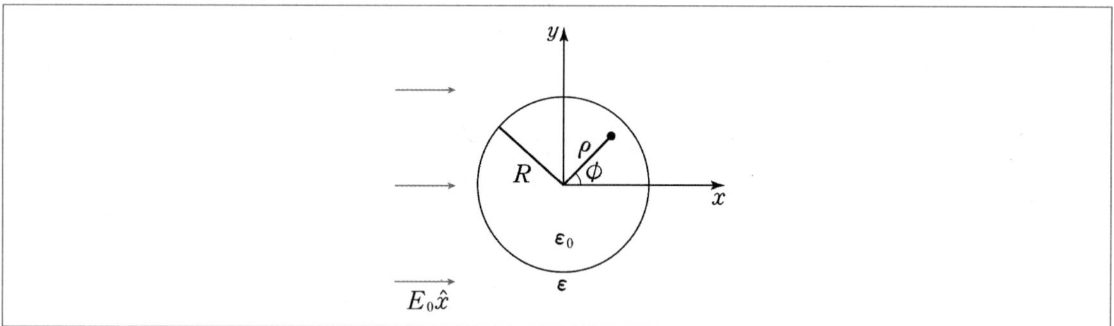

이때 A_1을 쓰고, A_2를 풀이 과정과 함께 구하시오. 또한 공동 안에서 전기장의 크기를 구하시오. (단, 유전체는 알짜 전하가 없고, 선형이고, 균일하며, 등방이다.)

Part 02

연습문제

정답_ 274p

01 다음 그림과 같이 균일한 전기장 $\overrightarrow{E_0} = E_0 \hat{z}$ 이 있는 유전율 ϵ 인 유전체 내부에 반지름이 R인 전하량 Q로 대전된 도체구를 두었다. 도체구의 중심을 구면좌표계의 원점으로 잡으면 도체구 외부의 전위는 $\phi(r, \theta) = \dfrac{Q}{4\pi\epsilon r} + A\,r\cos\theta + \dfrac{B}{r^2}\cos\theta$, $(r \geq R)$이다.

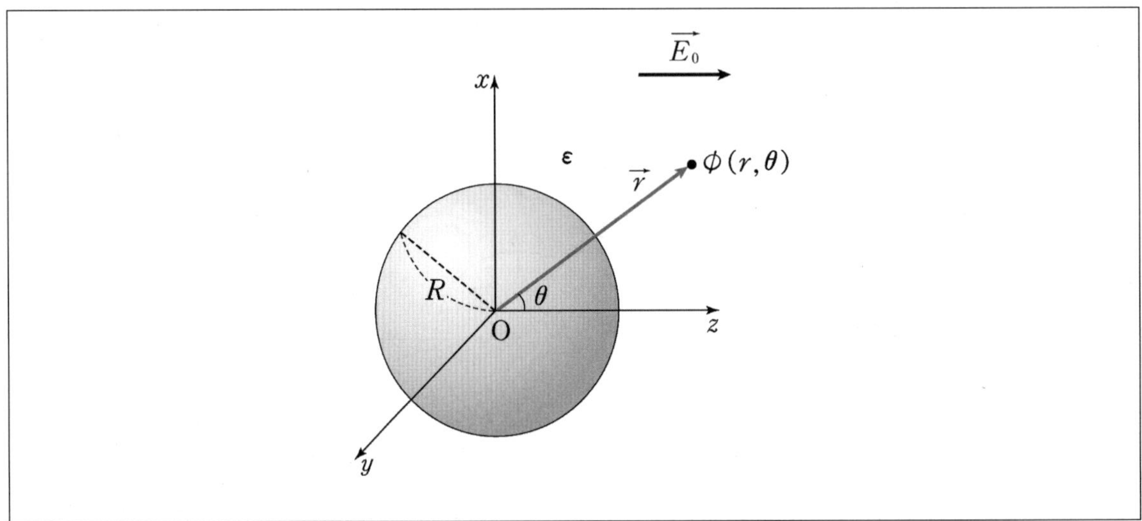

A와 B를 각각 구하시오. 또한 $r = R$에서 편극에 의한 전하량 Q_b를 풀이 과정과 함께 구하시오. (단, $\overrightarrow{\nabla}\psi = \hat{r}\dfrac{\partial\psi}{\partial r} + \hat{\theta}\dfrac{1}{r}\dfrac{\partial\psi}{\partial\theta} + \hat{\varphi}\dfrac{1}{r\sin\theta}\dfrac{\partial\psi}{\partial\varphi}$이고, 진공의 유전율은 ϵ_0이다. 그리고 유전체는 선형이고 등방적이며 균일하다.)

02 다음 그림과 같이 알짜 전하가 없고 반지름이 R, 유전율 ϵ인 유전체 구가 자유 공간에서 균일한 전기장 $\vec{E_0} = E_0 \hat{z}$ 속에 있다. 임의의 위치에서 전기 퍼텐셜은 다음과 같이 주어진다.

$$\phi(r, \theta) = \begin{cases} A r \cos\theta & ; r \leq R \\ -E_0 r \cos\theta + \dfrac{B\cos\theta}{r^2} & ; r > R \end{cases}$$

여기서 A와 B는 임의의 상수이다.

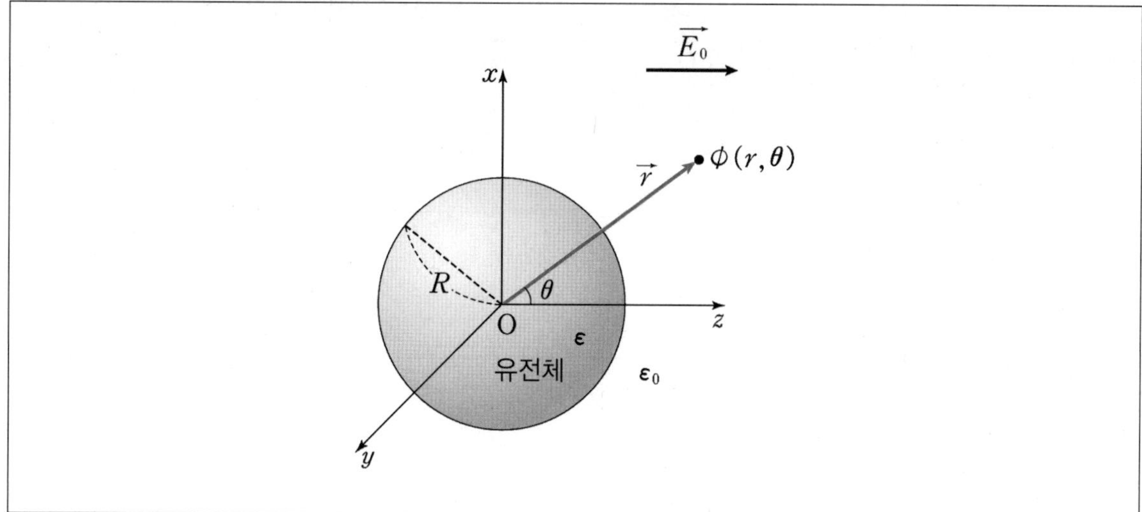

A와 B를 각각 구하시오. 또한 유전체 내부 편극 $\vec{P}$(polarization)를 풀이 과정과 함께 구하시오. (단, 공간의 유전율은 ϵ_0이다. 유전체는 균일하고 등방적이며 선형적이다.)

자료

- $\vec{\nabla} f(r,\theta,\phi) = \dfrac{\partial f}{\partial r}\hat{r} + \dfrac{1}{r}\dfrac{\partial f}{\partial \theta}\hat{\theta} + \dfrac{1}{r\sin\theta}\dfrac{\partial f}{\partial \phi}\hat{\phi}$
- 단위 벡터 관계식 $\hat{z} = \cos\theta\,\hat{r} - \sin\theta\,\hat{\theta}$

03 다음 그림은 z축 방향으로 균일하게 $\vec{P}=P_0\hat{z}$로 편극(polarization)된 반지름 R인 구의 중심이 좌표계의 원점에 놓여 있는 것을 나타낸 것이다. 여기서 P_0는 양의 상수이다.

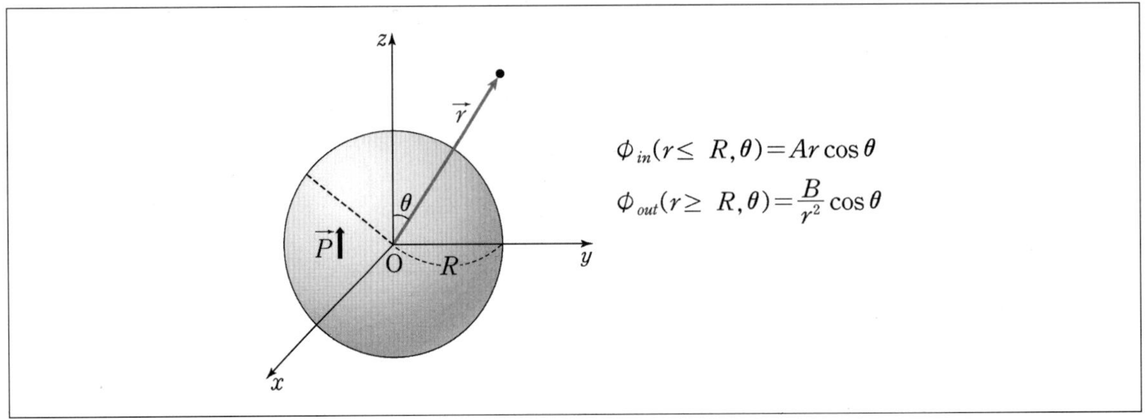

A와 B를 각각 구하시오. 또한 구 내부 $r\leq R$에서의 전기장 $\vec{E}_{in}$을 구하시오. (단, 공간의 유전율은 ϵ_0이다.)

자료

- $\vec{\nabla}f(r,\theta,\phi)=\frac{\partial f}{\partial r}\hat{r}+\frac{1}{r}\frac{\partial f}{\partial\theta}\hat{\theta}+\frac{1}{r\sin\theta}\frac{\partial f}{\partial\phi}\hat{\phi}$
- 단위 벡터 관계식 $\hat{z}=\cos\theta\,\hat{r}-\sin\theta\,\hat{\theta}$

자기장과 로렌츠 힘

01 맥스웰 방정식 설명

1. 쿨롱의 법칙

$$F=\frac{kQq}{r^2}=qE \Rightarrow \nabla \cdot E=\frac{\rho}{\epsilon}$$

2. 패러데이 법칙

$$V=-N\frac{d\phi_B}{dt} \Rightarrow \nabla \times E=-\frac{\partial B}{\partial t}$$

3. 비오-사바르법칙

$$B=\int \frac{\mu I d\vec{l} \times \hat{r}}{4\pi r^2} \Rightarrow \nabla \cdot B=0$$

4. 앙페르 법칙

$$\int B dl=\mu I \Rightarrow \nabla \times B=\mu_0 J+\mu_0\epsilon_0\frac{\partial E}{\partial t}$$

02 자기장 영역의 흐름

① 정적인 상태 $\frac{\partial B}{\partial t} = \frac{\partial E}{\partial t} = 0$일 때

↓

② 동적인 상태 $\frac{\partial B}{\partial t}$, $\frac{\partial E}{\partial t} \neq 0$

↓

③ 매질이 존재할 때

↓

④ 에너지 및 전자기파

03 정적 상태 자기장

정적인 상태 $\frac{\partial B}{\partial t} = \frac{\partial E}{\partial t} = 0$일 때

↓

비오–사바르법칙 : $B = \int \frac{\mu I d\vec{l} \times \hat{r}}{4\pi r^2}$ ➡ $\nabla \cdot B = 0$

앙페르 법칙 : $\int B dl = \mu I$ ➡ $\nabla \times B = \mu_0 J_f$

자기력에 대한 로렌츠 힘은 $\vec{F} = I\vec{L} \times \vec{B} = q\vec{v} \times \vec{B}$로 표현된다. 힘이 정의되면 맥스웰 방정식으로부터 일반적인 상황에서 자기장을 정의하여 구할 수 있다. 자기장을 구할 때는 일반적인 상황에서는 비오–사바르 법칙을 이용하고 무한직선이나 근사적 솔레노이드 같은 경우에는 앙페르 법칙의 활용이 유용하다.

1. 균일한 전류 I가 흐르는 유한 직선도선에서의 자기장

직선도선이 z축에 있을 때 수직한 ρ방향으로 d만큼 떨어진 위치 P에서 자기장의 세기와 방향을 구해보자.

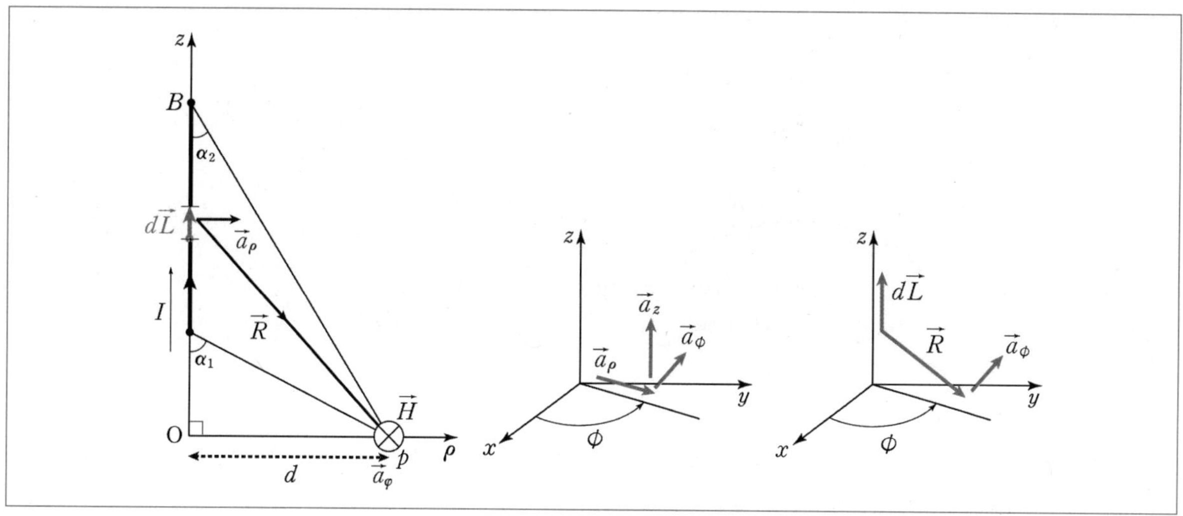

$$\vec{B}=\int \frac{\mu_0 I d\vec{l}\times\hat{r}}{4\pi r^2}=\int \frac{\mu_0 I dl\sin\theta}{4\pi r^2}\hat{\phi}\ \left(dl=dz,\ r=\frac{d}{\sin\theta},\ z=d\cot\theta\right)$$

$$B=\int \frac{\mu_0 I dz\sin\theta}{4\pi r^2}=\frac{\mu_0 I}{4\pi}\int_{\alpha_1}^{\alpha_2}\frac{-d\times\mathrm{cosec}^2\theta d\theta}{(d/\sin\theta)^2}\sin\theta=\frac{\mu_0 I}{4\pi d}\int_{\alpha_1}^{\alpha_2}-\sin\theta d\theta$$

$$\therefore B=\frac{\mu_0 I}{4\pi d}(\cos\alpha_2-\cos\alpha_1)$$

$$B_{\text{직선}}=\frac{\mu_0 I}{4\pi d}(\cos\alpha_2-\cos\alpha_1)$$

※ 참고

α가 예각인지 둔각인지 잘 고려해야 한다. (도선 위에 있으면 코사인 부호가 동일하고, 벗어나면 부호 반대)

2. 균일한 전류 I가 흐르는 원형 도선에서의 자기장

반경이 ρ인 원형도선에 전류가 I가 흐를 때 z축 상의 높이 h인 지점에서의 자기장

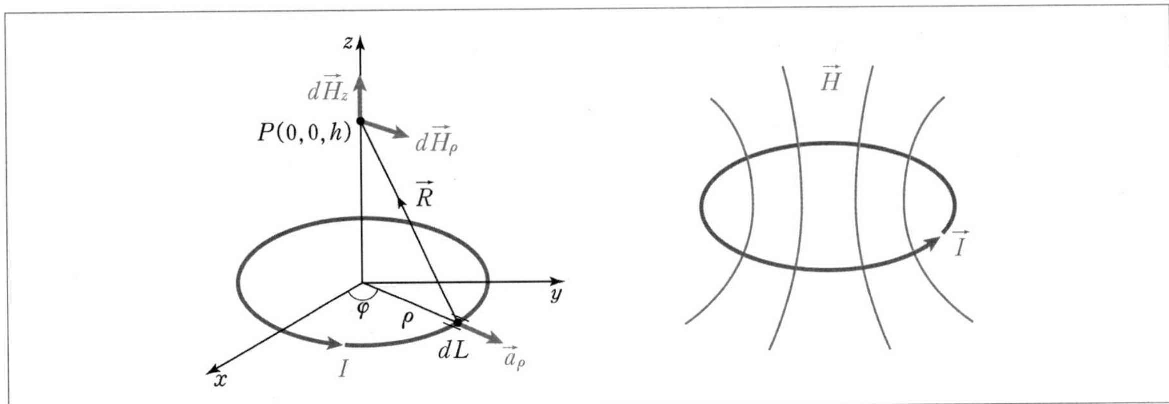

자기장은 일단 $\hat{\rho}$방향 성분은 적분에 의해서 대칭성 때문에 날아가게 된다. $\hat{z}$축 성분만 구해보자.

R과 z축이 이루는 각을 θ라 하면 $B_z = B\sin\theta$ 이다.

$$B_z = \int \frac{\mu_0 I dl}{4\pi R^2}\sin\theta = \frac{\mu_0 I}{4\pi R^2}\sin\theta \int_0^{2\pi} \rho d\phi = \frac{\mu_0 I \rho}{2R^2}\sin\theta$$

$$\therefore\ B_z = \frac{\mu_0 I \rho^2}{2(\rho^2 + h^2)^{3/2}}$$

$$B_{원형} = \frac{\mu_0 I \rho^2}{2(\rho^2 + h^2)^{3/2}}$$

원형 도선 중심에서 자기장은 $B_{중심} = \dfrac{\mu_0 I}{2\rho}$

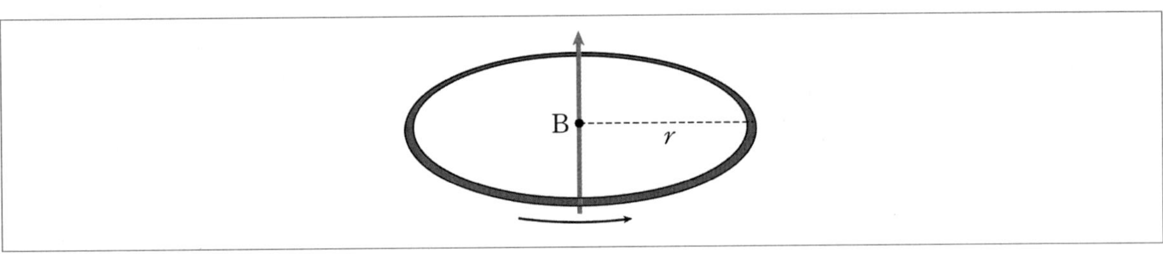

3. 균일한 전류 I가 흐르는 길이 L이고 반경이 a인 솔레노이드 내부 중심 P에서의 자기장

감은 밀도가 $n=\dfrac{N}{L}$ 이면

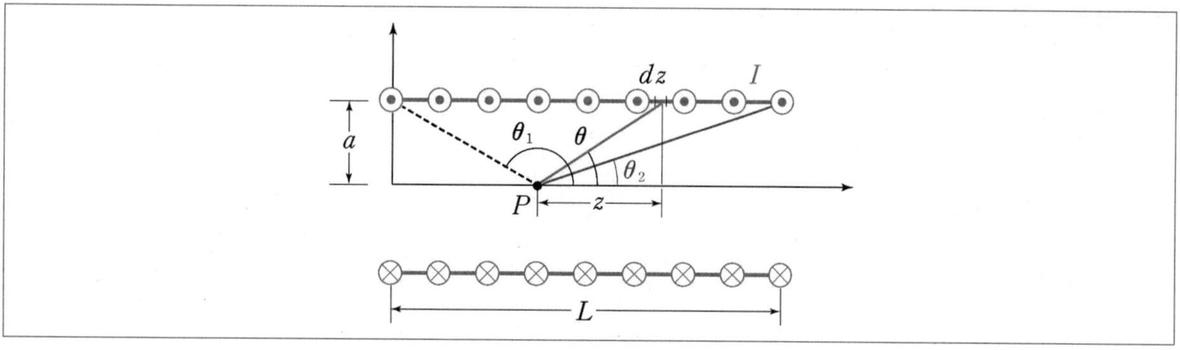

앞에서 구한 원형도선에서의 자기장을 이용하면

$$B_z=\frac{\mu_0 I\rho^2}{2(\rho^2+h^2)^{3/2}} \Rightarrow dB=\frac{\mu_0 a^2 dI}{2(a^2+z^2)^{3/2}}=\frac{\mu_0 a^2 nIdz}{2r^3}$$

$$(z=a\cot\theta \Rightarrow dz=-a\,\mathrm{cosec}^2\theta d\theta=\frac{-a\,d\theta}{\sin^2\theta})$$

$$dB=-\frac{\mu_0 a^3 nI}{2r^3\sin^2\theta}d\theta=-\frac{\mu_0 anI}{2r}d\theta=-\frac{\mu_0 nI}{2}\sin\theta d\theta$$

$$B=\frac{\mu_0 nI}{2}\int_{\theta_1}^{\theta_2}-\sin\theta d\theta=\frac{\mu_0 nI}{2}(\cos\theta_2-\cos\theta_1)$$

$$B_{솔레}=\frac{\mu_0 nI}{2}(\cos\theta_2-\cos\theta_1)$$

※ 참고

만약 솔레노이드의 길이 L이 a에 비해 매우 크다고 하면 $\theta_1\simeq\pi$, $\theta_2\simeq 0$이 되므로 우리가 일반적으로 근사식으로 사용하는 솔레노이드 $B=\mu_0 nI$가 된다.

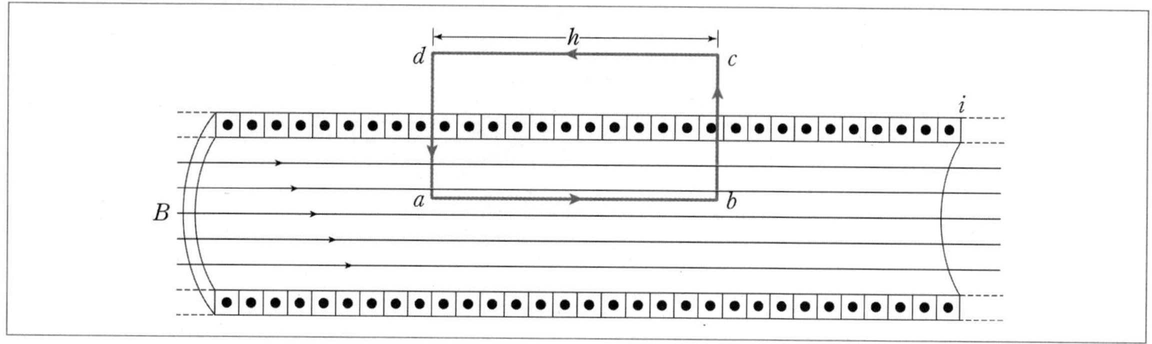

4. 대칭성이 존재하는 무한 직선도선

앙페르 법칙을 활용하는 것이 편리하다.

(1) 균일한 전류 I가 흐르는 도선의 외부 $\rho > R$에서 자기장 $\overrightarrow{B}$

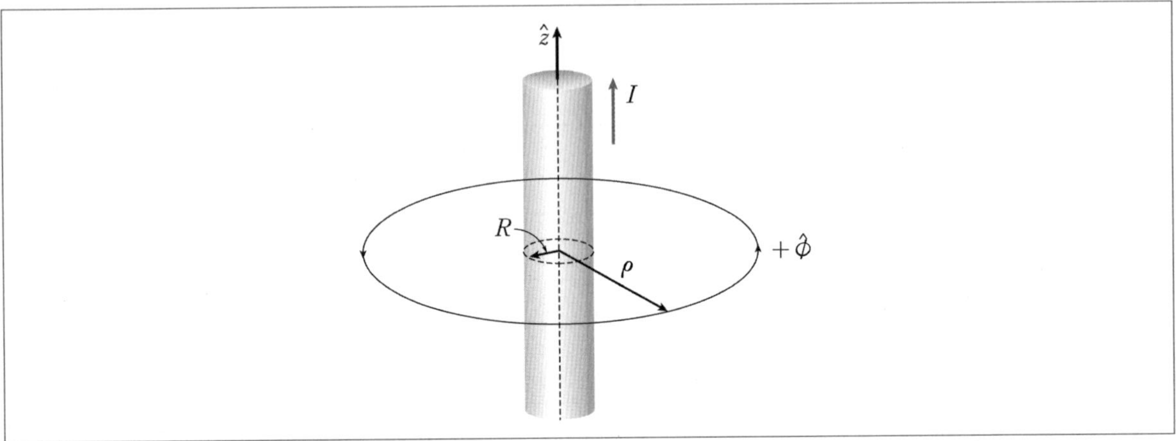

앙페르 법칙

$$\int \overrightarrow{B} \cdot d\vec{l} = \mu_0 I$$

$$\therefore \overrightarrow{B} = \frac{\mu_0 I}{2\pi r}\hat{\phi}$$

회전 성분의 자기장을 가진다. 즉, 전류가 $+z$축 방향으로 흐르면 자기장의 방향은 $+\hat{\phi}$이다.

(2) 도선의 내부 $\rho \leq R$에서 자기장 $\overrightarrow{B}$

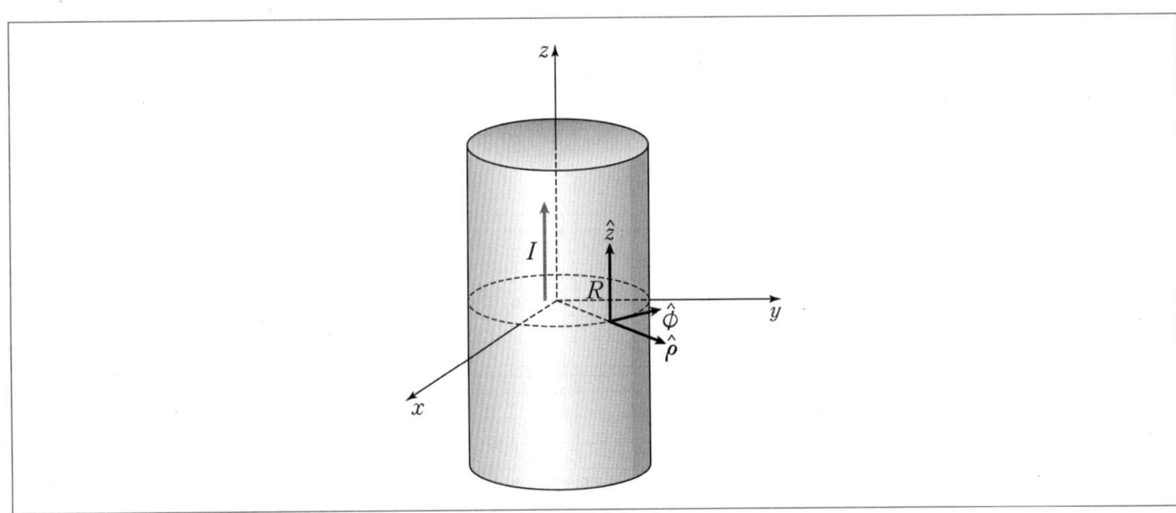

앙페르 법칙

$$\int \vec{B} \cdot d\vec{l} = \mu_0 \int \frac{I}{\pi R^2} dS = \mu_0 \frac{\rho^2}{R^2} I$$

$$\therefore \vec{B} = \frac{\mu_0 I}{2\pi R^2} \rho \hat{\phi}$$

5. 대칭성이 존재하는 무한 평면도선

표면전류밀도 $\vec{K} = K_0 \hat{y}$ 로 흐를 때

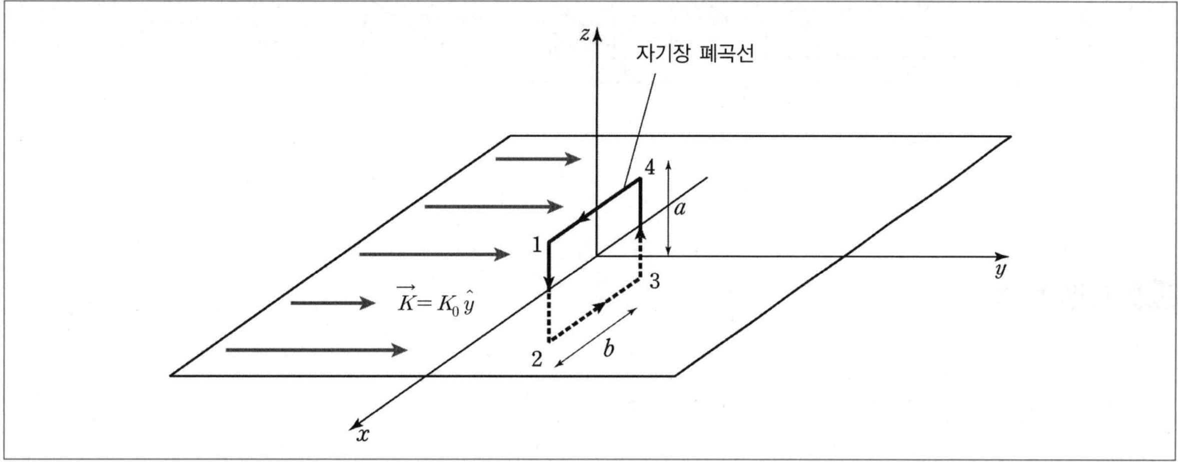

전류밀도는 $J = \frac{I}{S}$, $K = \frac{I}{L}$ ➡ $I = JS = KL$

여기서 L은 K와 연직을 이룬다. 균일한 밀도 K_0일 때 앙페르 법칙을 이용하면

$$\nabla \times B = \mu_0 J_f$$

$$\int B dl = \mu_0 \int K dL$$

$$B(2b) = \mu_0 K_0 b$$

$$\therefore B = \frac{\mu_0 K_0}{2}$$

$$\vec{B} = \begin{cases} \frac{\mu_0 K_0}{2} \hat{x} & ; z > 0 \\ -\frac{\mu_0 K_0}{2} \hat{x} & ; z < 0 \end{cases}$$

알아두자.

$$\vec{H}=\frac{1}{2}\vec{K}\times\hat{n}$$

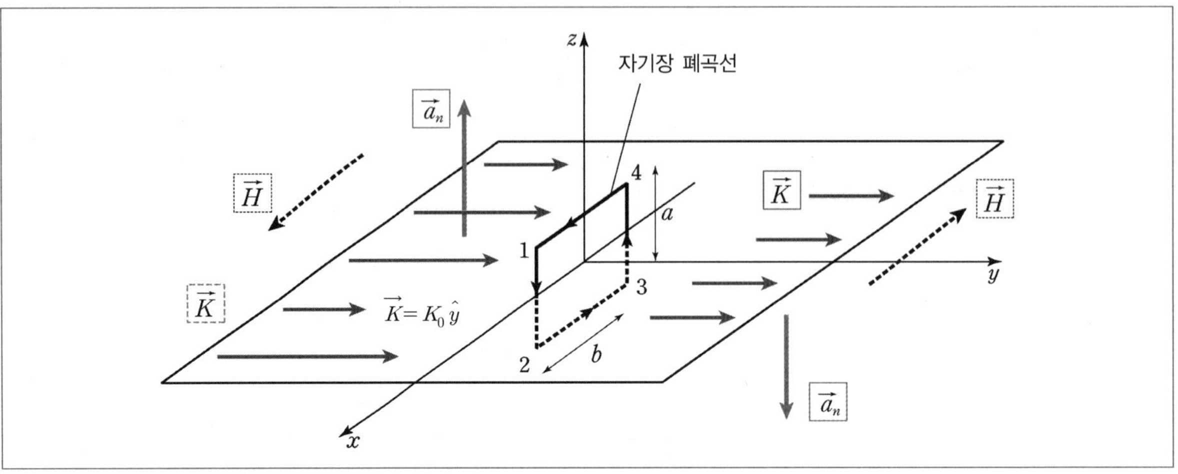

04 로렌츠 힘

1. 일반적인 상황에서 로렌츠 힘

(1) 거시적인 상황

① 전하의 흐름을 전류로 보는 시각

$$\vec{F}=L\vec{I}\times\vec{B}$$

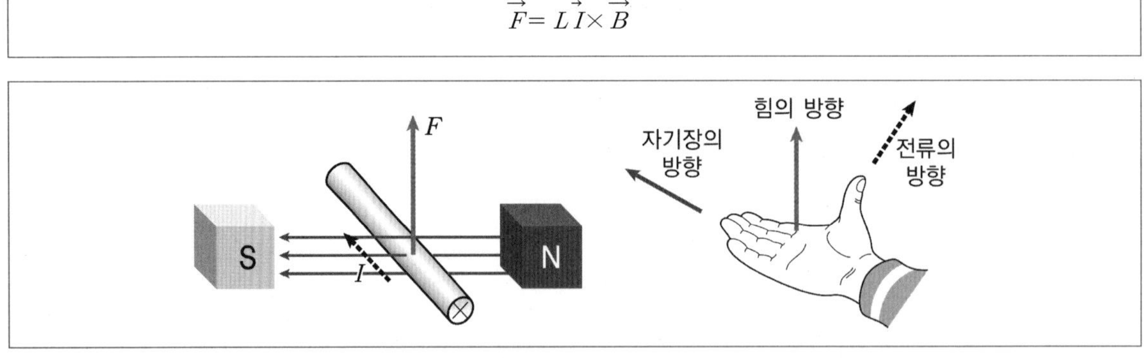

Part 02

② 자기장과 전류가 비스듬한 경우

자기력의 크기는 $F = BIl\sin\theta$ 이다.

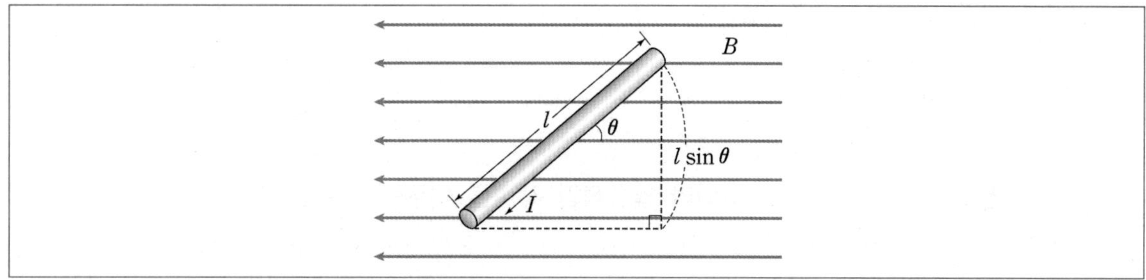

③ 나란한 두 도선이 받는 힘

전류방향이 같으면 인력, 다르면 척력이다.

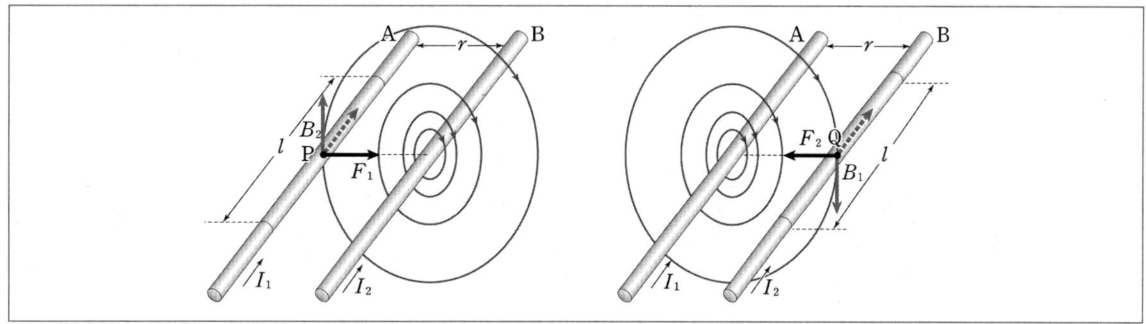

단위 길이당 자기력의 크기는 $\dfrac{F}{l} = \dfrac{\mu_0 I_1 I_2}{2\pi r}$ 이다.

(2) 미시적인 상황

① 전하의 이동으로 보는 시각

$\vec{F} = q\vec{v} \times \vec{B}$ ➡ 로렌츠 힘은 구심력으로 작용한다.

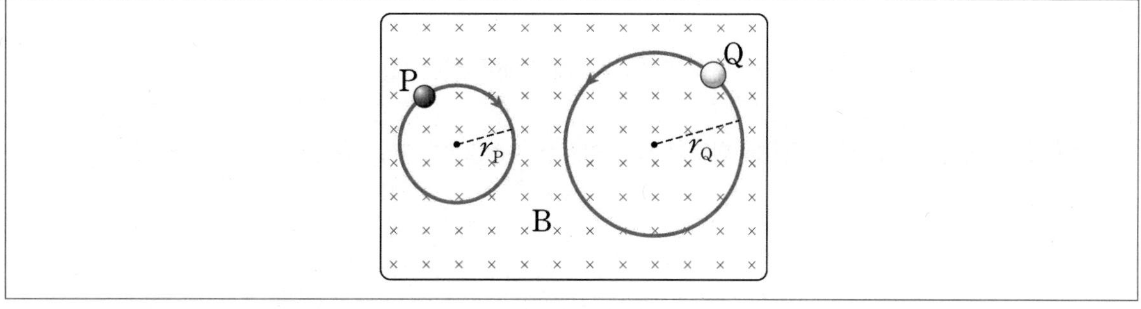

구심력은 일을 하지 않으므로 전하의 속력은 일정하다. 따라서 등속 원운동을 하게 된다.

전하의 부호에 따라 원운동의 방향이 변하게 된다. 이로써 부호를 확인할 수 있다. 위에서 P는 음(−)의 전하를 Q는 양(+)의 전하를 띄게 된다.

② 반경과 주기

$$F = qvB = \frac{mv^2}{R} \Rightarrow R = \frac{mv}{qB}$$

$$T = \frac{2\pi}{w} = \frac{2\pi m}{qB}$$

2. 자기장과 전하의 속도가 수직이 아니라 일반적인 각 θ를 이루는 상황일 때

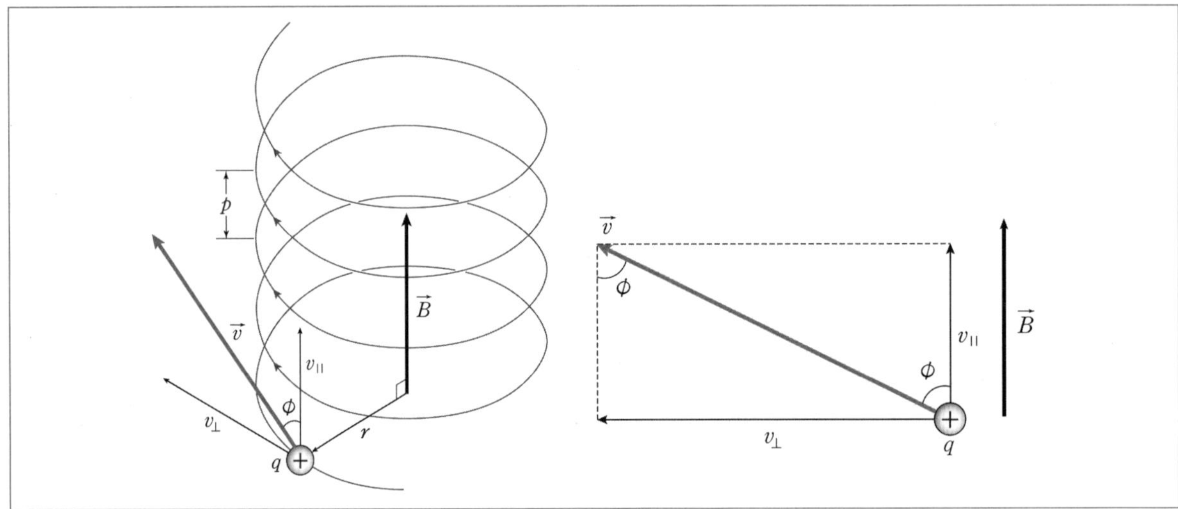

나란한 성분 $v_{\parallel} = v\cos\phi$ 으로 등속 직선 운동을 한다.

연직 성분 $v_{\perp} = v\sin\phi$ 으로 등속 원운동을 한다.

$$qv_{\perp}B = \frac{mv_{\perp}^2}{r}$$

$$qB = \frac{mv_{\perp}}{r} = \frac{mv\sin\phi}{r}$$

3차원일 경우 수평성분과 수직성분을 구분해서 계산해야 함을 명심하자.

예제 1 위와 같은 상황에서 원운동 한주기 동안 자기장 수평방향으로 날아간 거리 s를 구하시오.

풀이

$s = v_{\parallel}T = v\cos\phi\, T$

$T = \frac{2\pi r}{v\sin\phi} = \frac{2\pi m}{qB}$

$\therefore s = \frac{2\pi mv}{qB}\cos\phi$

3. 전기장과 자기장이 존재하는 경우

$\vec{F} = q\vec{E} + q\vec{v} \times \vec{B} = m\vec{a}$

전기장과 자기장 벡터를 대입하고 임의의 시간에 속도 $\vec{v} = (v_x, v_y, v_z)$ 와 가속도 $\vec{a} = (a_x, a_y, a_z)$ 를 로렌츠 힘 식에 대입하여 운동방정식을 풀어 해결한다.

예제 2 균일한 전기장과 자기장이 각각 $\vec{E} = E\hat{y}$, $\vec{B} = B\hat{z}$로 주어지는 공간에서 전하량이 q, 질량이 m인 입자가 운동하고 있다. 시간 $t=0$일 때, 입자의 속도 $\vec{v} = v_0\hat{z}$이다. 입자의 운동방정식을 x, y 성분별로 쓰고, 〈자료〉를 참고하여 속도의 x성분 $v_x(t)$를 풀이 과정과 함께 구하시오. (단, E와 B는 상수이다.)

자료
G와 H가 상수인 경우 미분 방정식 $\dfrac{d^2f}{dx^2} + Gf = H$의 특수해는 $f(x) = \dfrac{H}{G}$이고, $G > 0$인 경우에 $\dfrac{d^2f}{dx^2} + Gf = 0$의 일반해는 $f(x) = M\sin(\sqrt{G}x) + N\cos(\sqrt{G}x)$이다. 여기서 M과 N은 임의의 상수이다.

정답 1) $a_x = \dot{v}_x = \dfrac{qB}{m}v_y$, $a_y = \dot{v}_y = \dfrac{qE}{m} - \dfrac{qB}{m}v_x$, 2) $v_x(t) = -\left(\dfrac{E}{B}\right)\cos\dfrac{qB}{m}t + \dfrac{E}{B}$

풀이

로렌츠 힘을 써서 구해보면

$\vec{F} = q\vec{E} + q\vec{v} \times \vec{B} = m\vec{a}$

$\vec{E} = (0, E, 0)$

$$\vec{v} \times \vec{B} = \begin{vmatrix} \hat{x} & \hat{y} & \hat{z} \\ v_x & v_y & v_z \\ 0 & 0 & B \end{vmatrix} = (Bv_y, -Bv_x, 0)$$

$(a_x, a_y, a_z) = \dfrac{q}{m}(Bv_y, E - Bv_x, 0)$

운동방정식은 아래와 같다.

$a_x = \dot{v}_x = \dfrac{qB}{m}v_y$, $a_y = \dot{v}_y = \dfrac{qE}{m} - \dfrac{qB}{m}v_x$

x축 운동방정식을 각각 양변에 시간에 대해 미분해서 정리하면

$\ddot{v}_x = \dfrac{qB}{m}\dot{v}_y$ …… ①

①식에 y축 운동방정식을 대입하여 정리하면

$\ddot{v}_x + \left(\dfrac{qB}{m}\right)^2 v_x = \left(\dfrac{q}{m}\right)^2 BE$

$\dfrac{qB}{m} = \omega$라 정의하자.

일반해 : $v_{xc} = M\sin\omega t + N\cos\omega t$

특수해 : $v_{xp} = \dfrac{E}{B}$

전체 해 : $v_x(t) = v_{xc} + v_{xp} = M\sin\omega t + N\cos\omega t + \dfrac{E}{B}$가 된다.

초기 조건 $v_x(0)=0$이므로 $N=-\frac{E}{B}$이다.

x축 운동방정식 $a_x=\dot{v_x}=\frac{qB}{m}v_y$에 대입하여 정리하면

$v_y(t)=M\cos\omega t+\frac{E}{B}\sin\omega t$ 인데 $v_y(0)=0$ 이므로 $M=0$ 이다.

$\therefore v_x(t)=-\left(\frac{E}{B}\right)\cos\omega t+\frac{E}{B} \quad where\ \omega=\frac{qB}{m}$

4. 벡터 퍼텐셜 $\vec{A}$

$\vec{\nabla}\cdot\vec{B}=0$ 으로 부터 자기장은 발산하지 않으므로 어떤 벡터의 회전 성분으로만 표현됨을 자연스럽게 생각할 수 있다. 즉, $\vec{B}=\vec{\nabla}\times\vec{A}$ 라 정의하면 $\vec{\nabla}\cdot(\vec{\nabla}\times\vec{A})=0$ 을 무조건 만족하게 된다.

비오-사바르 법칙으로부터 유도해보면 여기서 구분해야 하는 것은 전류의 위치 성분 dl'과 임의의 위치 r은 변수가 다름을 알아야 한다.

$$\vec{B}=\int\frac{\mu I d\vec{l}'\times\hat{r}}{4\pi r^2}$$

$$\Rightarrow \frac{d\vec{l}'\times\hat{r}}{r^2}=-d\vec{l}'\times\vec{\nabla}\left(\frac{1}{r}\right)=\vec{\nabla}\times\left(\frac{d\vec{l}'}{r}\right)-\frac{\vec{\nabla}\times d\vec{l}'}{r}\ (where\ \vec{\nabla}\times d\vec{l}'=0)$$

$$\vec{B}=\int\frac{\mu I}{4\pi}\vec{\nabla}\times\left(\frac{d\vec{l}'}{r}\right)=\vec{\nabla}\times\int\frac{\mu I d\vec{l}'}{4\pi r}$$

$$\therefore\ \vec{A}=\int\frac{\mu I d\vec{l}'}{4\pi r}$$

벡터 퍼텐셜의 방향은 전류 요소의 방향과 일치한다.

(1) 전류 요소가 정의될 때 벡터 퍼텐셜 구하기

$I,\ J=\frac{I}{S},\ K=\frac{I}{L}$

$$\vec{A}=\int_L\frac{\mu_0 I d\vec{l}}{4\pi r}\ :\ \text{선 전류}$$

$$\vec{A}=\int_S\frac{\mu_0\vec{K}dS}{4\pi r}\ :\ \text{표면 전류}$$

$$\vec{A}=\int_S\frac{\mu_0\vec{J}dV}{4\pi r}\ :\ \text{면 전류}$$

벡터 퍼텐셜은 연속성을 만족해야 한다. 일반적으로 전류요소와 방향이 동일하므로 이를 유의해야 한다.

(2) 자기장 $\vec{B}$가 정의될 때 벡터퍼텐셜 구하기

$\vec{B}$이 공간에 대해 정의된다면 $\vec{B}=\vec{\nabla}\times\vec{A}$을 스토크스 법칙을 활용해 $\int A\,dl=\int B\,da$로 구할 수 있다.

자기장은 불연속이더라도 벡터퍼텐셜은 연속성을 만족해야 하므로 조심해야 한다.

예를 들어, 반경이 R이고 충분히 긴 솔레노이드에서 벡터 퍼텐셜 구하는 것은 다음과 같다.

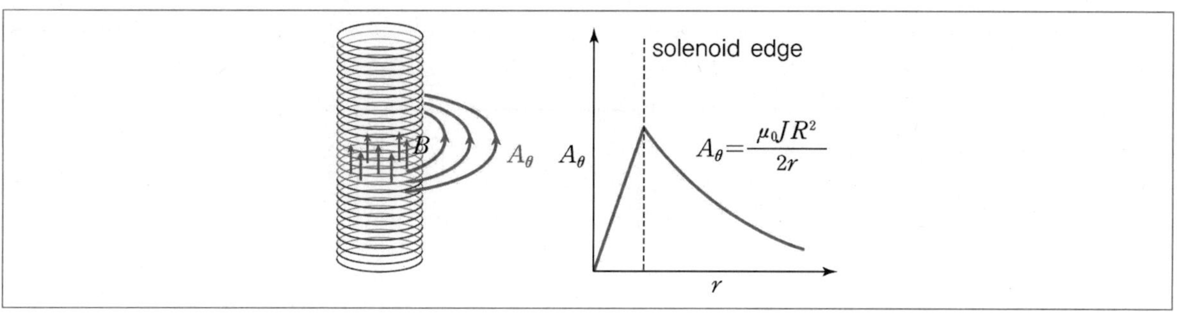

솔레노이드는 자기장이 정의가 되므로

$$\vec{B}=\begin{cases}\mu_0 nI & ;r<R\\ 0 & ;r\geq R\end{cases}$$

일단 전류가 $\hat{\theta}$방향을 향하므로 벡터퍼텐셜 역시 $\hat{\theta}$이다.

$$\int A\,dl=\int B\,da$$

$$A(2\pi r)=\begin{cases}\mu_0 nI\pi r^2 & ;r<R\\ \mu_0 nI\pi R^2 & ;r\geq R\end{cases}$$

$$\therefore\ \vec{A}=\begin{cases}\dfrac{\mu_0 nIr}{2}\hat{\theta} & ;r<R\\ \dfrac{\mu_0 nIR^2}{2r}\hat{\theta} & ;r\geq R\end{cases}$$

연습문제

정답_ 274p

01 다음과 같은 모양의 도선 고리에 전류가 흐르고 있다. 전류의 방향은 그림에 나타나 있고, 크기는 I이다. 자료를 참고하여 O 지점에서 자기장의 세기를 구하시오. (단, 진공에서 투자율은 μ_0이다.)

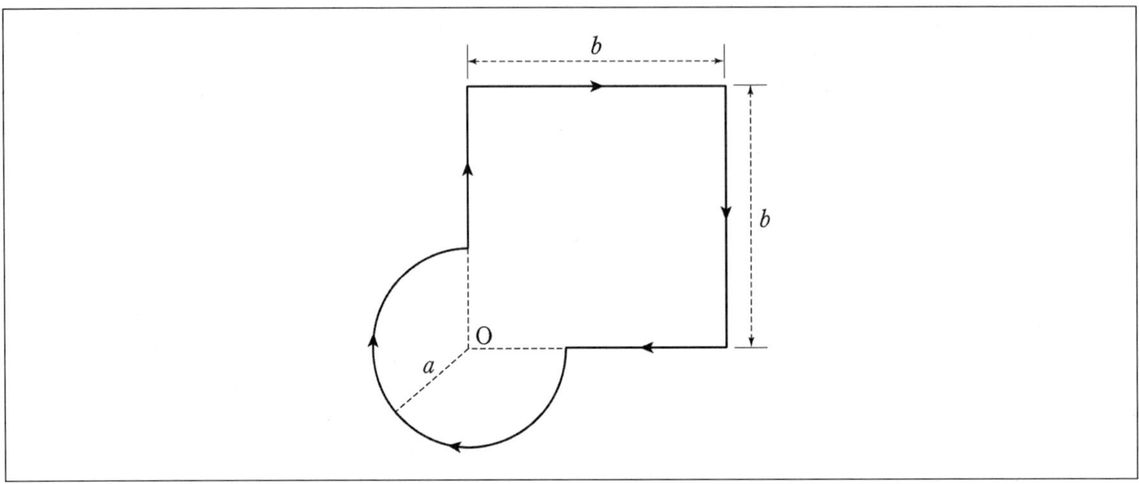

┤ 자료 ├

구하고자 하는 지점에서 $\vec{r}$인 위치에 크기 I인 전류가 $d\vec{l}$ 성분으로 흐르고 있을 때 전류 $d\vec{l}$의 성분에서 자기장의 세기는 비오-사바르 법칙에 의해서 아래와 같다.

$$d\vec{B} = \frac{\mu_0}{4\pi} I \frac{d\vec{l} \times \hat{r}}{r^2}$$

02 다음 그림과 같이 3차원 직교 좌표계 공간에 정삼각형 도선에 전류가 I가 흐르고 있다. 정삼각형의 꼭지점은 x, y, z축에 있고 중심 O로부터 거리는 a로 동일하다.

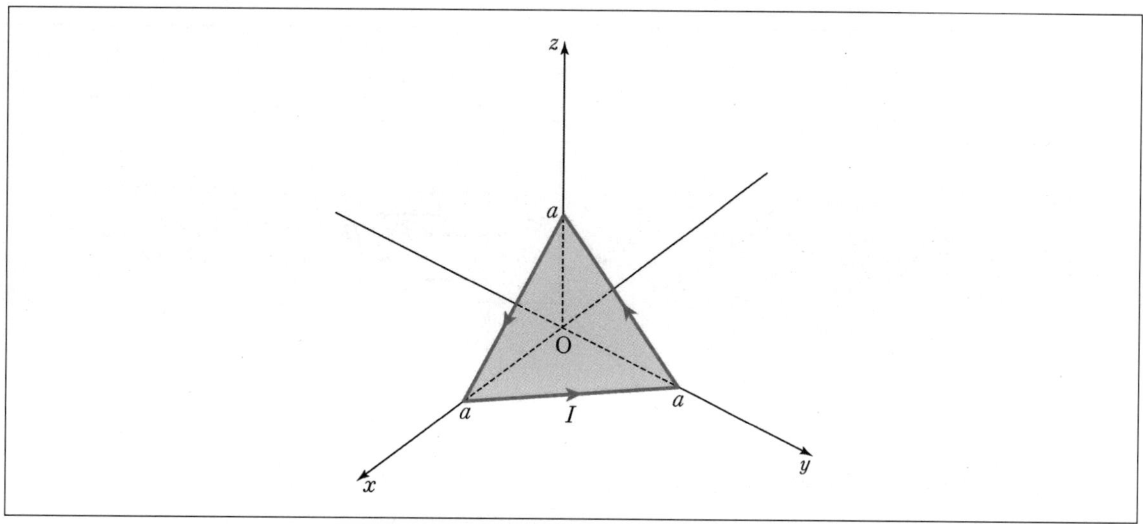

이때 xy평면에 나란한 도선에 의한 중심 O에서의 자기장의 세기와 방향을 각각 구하시오. 또한 정삼각형 도선에 의해 중심 O에 발생되는 자기장의 세기를 구하시오. (단, 공간의 자기 투자율은 μ_0이다.)

03 다음 그림과 같이 전하량이 q이고 질량이 m인 입자가 초기 속도 $\vec{v}(t=0)=(v_0,\ 0,\ 0)$, 초기 위치 $\vec{S}(t=0)=(0,\ 0,\ z_0)$에서 전기장 $\vec{E}=E_0\hat{y}$, 자기장 $\vec{B}=B_0\hat{y}$인 영역에 입사되었다.

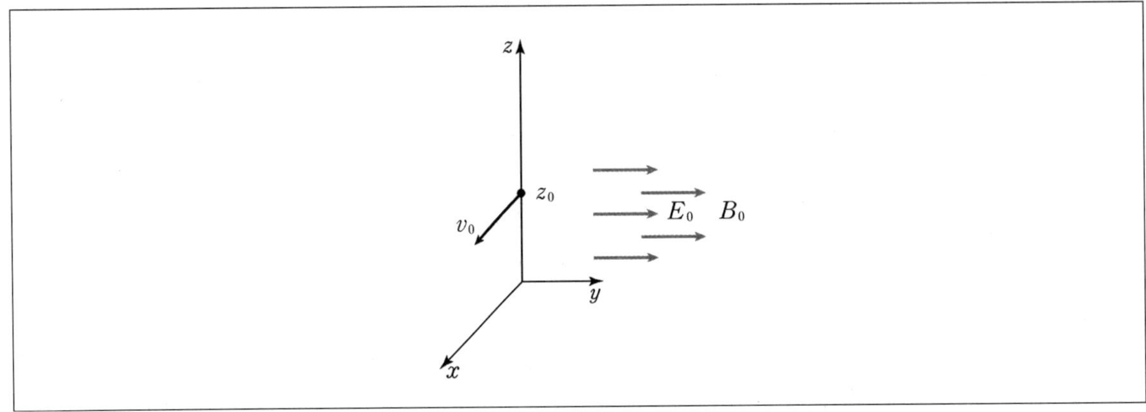

이때 시간에 따른 전하의 속도 $\vec{v}(t)$와 위치 $\vec{S}(t)$를 구하시오.

24-B08

04 다음 그림은 질량 m, 전하량 q인 입자를 균일한 전기장 $\vec{E}=E\hat{z}$과 균일한 자기장 $\vec{B}=B\hat{x}$ 영역의 원점에 가만히 두었을 때, 각진동수 $\omega=\dfrac{qB}{m}$인 사이클로이드 운동하는 것을 나타낸 것이다. 입자의 위치는 $y(t)=\left(\dfrac{E}{B}\right)t-C\sin\omega t$, $z(t)=C(1-\cos\omega t)$이다.

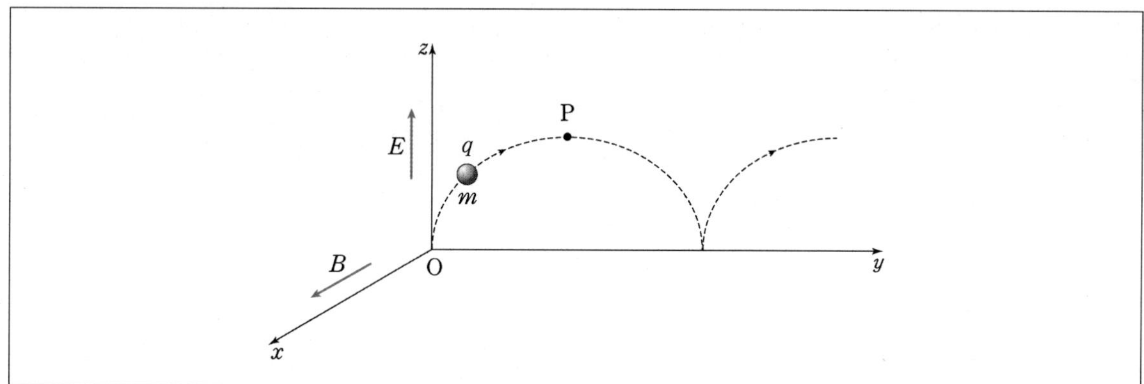

이때 $t=0$에서 원점에 놓인 입자의 속력이 0이 되기 위한 상수 C를 구하고, 입자가 사이클로이드 곡선의 최고점 P에 도달하는 시간을 구하시오. P에서 입자가 받는 전기력의 크기를 F_{E}, 자기력의 크기를 F_{M}이라 할 때, $\dfrac{F_{\mathrm{E}}}{F_{\mathrm{M}}}$를 풀이 과정과 함께 구하시오. (단, 입자의 크기와 중력은 무시한다.)

05 질량 10g이고 전하량 +1C인 입자가 초기속도 $\vec{v_0} = 4\,\hat{i}\,\mathrm{m/s}$ 로 xy평면에 수직방향으로 형성된 자기장 영역에 입사한다. 자기장 영역은 $0 \le x \le L$인 공간에 형성되어 있으며 입자가 입사된 후 자기장 영역을 10^{-2}s 시간 이후에 $\vec{v} = 2(\sqrt{3}\,\hat{i} + \hat{j})\,\mathrm{m/s}$ 속도로 빠져나왔다. 이때 자기장의 세기와 방향을 구하시오. 또한 자기장 영역의 길이 L을 구하시오. (단, $\hat{i}$, $\hat{j}$, $\hat{k}$는 각각 x, y, z축 단위벡터이고, 전하의 가속에 의한 전자기적 효과는 무시한다.)

06 다음 그림과 같이 중심에 $\vec{I} = -I_0 \hat{z}$로 일정한 전류가 흐르고 있다. 직선전류를 둘러싼 반경이 각각 a, b인 원통형 표면에 표면전류밀도 K_a, K_b를 가지고 전류가 원통형 표면에 흐르고 있는데 이때 $r > b$인 지점에서 자기장 $B(r > b) = 0$을 만족한다.

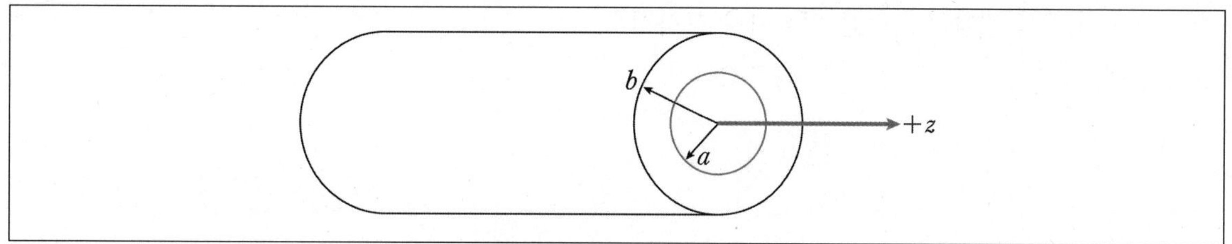

$K_b = 2K_a$일 때, 모든 영역에서 자기장 $\vec{B}$를 구하시오.

07 질량 m과 전하량 $+q$를 갖고 정지해 있는 입자 1이 전위차 ΔV에 의해 가속된 후, 균일한 자기장에 의해 반지름이 R인 반원을 따라 이동한다. 그리고 질량 m'과 전하량 $+2q$를 갖고 정지해 있는 또 다른 입자 2가 같은 전위차에 의해 가속된 후, 같은 자기장에 의해 반지름이 $4R$인 반원을 따라 이동한다. 두 입자 1, 2의 질량비 $\frac{m'}{m}$이 얼마인지 구하시오.

08 다음 그림과 같이 무한히 긴 솔레노이드가 있다. 솔레노이드의 단위 길이당 감은 수, 즉 감은 밀도는 n이고 반경은 R이다. 솔레노이드에는 일정한 전류 I가 흐르고 있다.

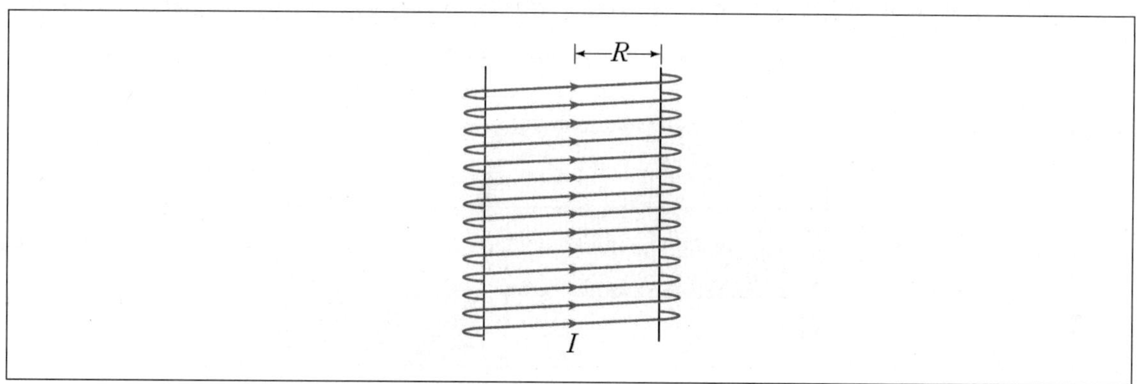

이때 솔레노이드 내부와 외부에서 자기장 $\vec{B}$와 벡터 퍼텐셜 $\vec{A}$를 구하시오. 또한 단위 길이당 인덕턴스(자기유도계수) L을 구하시오. (단, μ_0는 진공에서 자기 투자율이다.)

09 다음 그림은 길이 L, 반지름 R인 원형 솔레노이드에 일정한 전류 I가 흐르는 것을 나타낸 것이다. 솔레노이드는 가는 코일로 균일하게 감겨 있으며, 단위 길이당 코일의 감은 횟수는 n이다. 원점 O는 솔레노이드의 왼쪽 끝의 중심축상에 있고, 점 P는 O로부터 오른쪽으로 $z = 2L$인 중심축상의 지점이다.

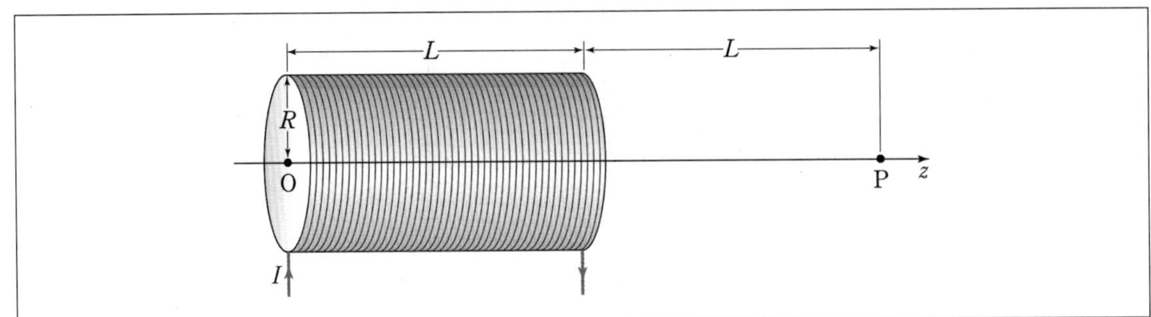

이때 P에서 자기장의 크기를 구하시오. (단, xy평면에 놓인 반지름 R인 원형 고리에 전류 I가 흐를 때, 고리의 중심축인 z축을 따라 고리의 중심에서 거리 z_0인 점에서 자기장의 크기는 $\dfrac{\mu_0 I R^2}{2(z_0^2+R^2)^{3/2}}$이다. μ_0은 진공의 투자율이며, $\displaystyle\int \frac{dx}{(x^2+R^2)^{3/2}} = \frac{x}{R^2\sqrt{x^2+R^2}}$이다.)

10 다음 그림과 같이 $-\frac{d}{2} \leq z \leq \frac{d}{2}$인 영역에 균일한 전류 밀도 $\vec{j} = J_0 \hat{x}$가 흐르고 있다.

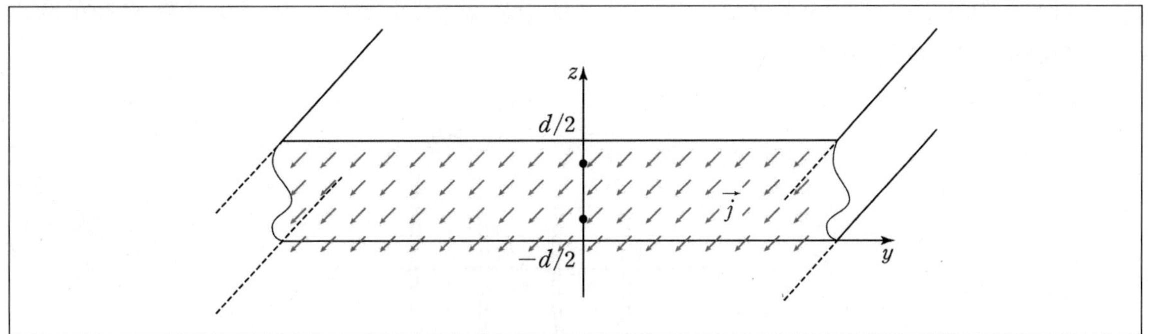

이때 내부영역($-\frac{d}{2} \leq z \leq \frac{d}{2}$)과 외부영역($|z| > \frac{d}{2}$)에서 자기장 $\vec{B}$를 모두 구하시오. (단, 모든 공간의 자기 투자율은 μ_0이다.)

21-B10

11 다음 그림과 같이 반지름이 a이고 전류 I가 서로 같은 방향으로 흐르는 두 개의 원형 코일이 거리 a만큼 떨어져 z축상에 놓여 있다.

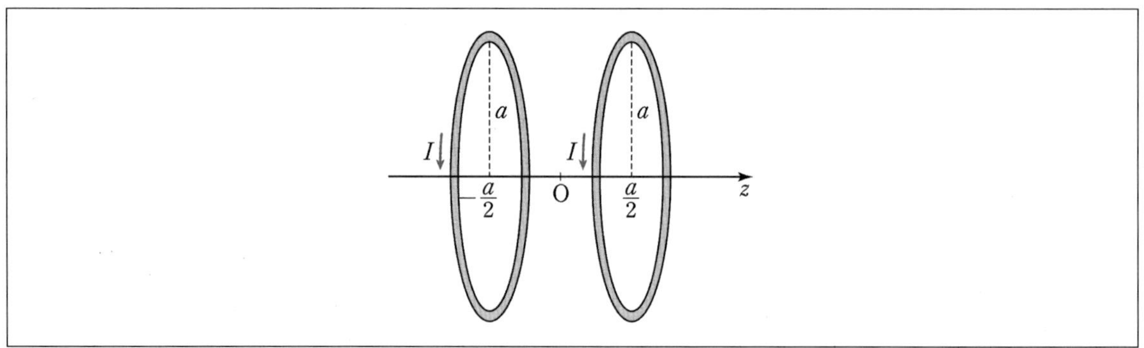

이때 z축상의 원점 O에서 자기장의 크기를 풀이 과정과 함께 구하시오. (단, 공간의 투자율은 μ_0이고, 코일의 굵기는 무시하며, 코일 면은 z축과 수직이다.)

자료

전류 I가 흐르는 도선의 일부분 $\vec{dl}$로부터 $r\hat{r}$만큼 떨어진 위치에서 $Id\hat{l}$에 의한 자기장은 $\vec{dB}=\frac{\mu_0}{4\pi}\frac{Id\hat{l}\times\hat{r}}{r^2}$ 이다.

Chapter 05 시간변화 맥스웰 방정식

01 시간 의존 상태 맥스웰 방정식

$$\text{동적인 상태}: \frac{\partial B}{\partial t},\ \frac{\partial E}{\partial t} \neq 0$$

$$\text{패러데이 법칙}: V = -N\frac{d\phi_B}{dt} \Rightarrow \nabla \times E = -\frac{\partial B}{\partial t}$$

패러데이 법칙은 일반물리 수준에서도 다룬다. 하지만 맥스웰 방정식을 토대로 의미를 자세히 분석해보자.

1. 정적상태 $\frac{\partial B}{\partial t} = 0$일 때 패러데이 법칙의 의미

$\nabla \times E = -\frac{\partial B}{\partial t} = 0$이면서 자기장이 시간에 대해 불변하면 '공간영역에 좌표에 의존하는 회전성분이 없다'라는 의미이다. 그런데 '회전성분이 없다'라는 의미는 무조건적으로 전기장 $E=0$ 이라는 의미는 아니다. 전기장이 공간 영역에 양적으로 'ρ, ϕ, z 변수로 표현이 안 된다'라는 의미이다. 조심해야하는 것은 패러데이 법칙이 원래는 적분식에 뿌리를 두고 있다는 것이다. 즉, 공간 성분이 변하지 않을 때를 가정한 상태에서 다루는데 만약 공간 영역이 변하게 된다면 식이 바뀌게 된다. 만약 원형 도선이 있는데 공간에 대해 자기장이 통과하는 면적이 시간에 대해 변하게 되면 적분식은 다음과 같다.

$$\int \nabla \times E dS = \int E dl = -\frac{\partial}{\partial t}\int B dS = -\int \frac{\partial B}{\partial t} dS - \int B d\left(\frac{\partial S}{\partial t}\right)$$

만약 균일한 자기장 $\vec{B} = B_0 \hat{z}$ 이 작용할 때 xy평면에서 도선의 반경이 시간에 대해 $r(t) = r_0 + vt$으로 증가하는 경우를 생각해보자. 면적은 $S(t) = \pi(r_0 + vt)^2$이 된다.

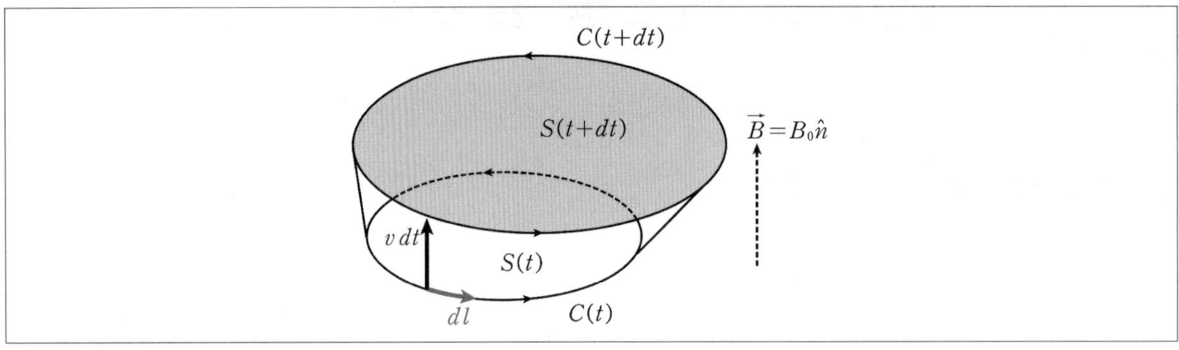

$$\int E dl = -\int B_0 d(\frac{\partial S}{\partial t}) = -B_0 \frac{\partial(S(t)-S(t_0))}{\partial t}$$

$$= -2\pi B_0 v(r_0+vt) = -2\pi B_0 vr(t)$$

$$E(2\pi r(t)) = -2\pi B_0 vr(t)$$

$$\therefore \vec{E} = -B_0 v\hat{\phi}$$

도선에 전기장이 존재하나 도선이라는 구속조건을 벗어나는 공간상에는 전기장이 존재하지 않는다. 그리고 여기서 dl은 초기 위치에서 변화하는 즉, 움직이는 도선의 길이요소이다. 전기장의 방향과 전류의 방향은 일치한다. 왜냐면 $+q$전하가 전기장 방향으로 힘을 받아 전류를 발생시키기 때문이다. 종합하면 미분식 자체도 물리적 의미를 가지고 있으나 우리가 도선에 흐르는 전류나 퍼텐셜을 구할 때는 적분식을 활용해야하고 적분식 자체가 원래의 본질적 의미를 갖는다.

일반물리에서 많이 다루는 예를 들어보자.

(1) ㄷ자형 도선에 발생하는 유도 기전력

자기장 속 ㄷ자형 도선 위에 길이가 l인 도선이 속도 v로 움직이는 경우 (자기장 B, 도선의 저항 R) 회로 PQRS에 유도되는 기전력 V와 유도 전류 I를 구해보자! (방향은 플레밍의 오른손 법칙으로 구함)

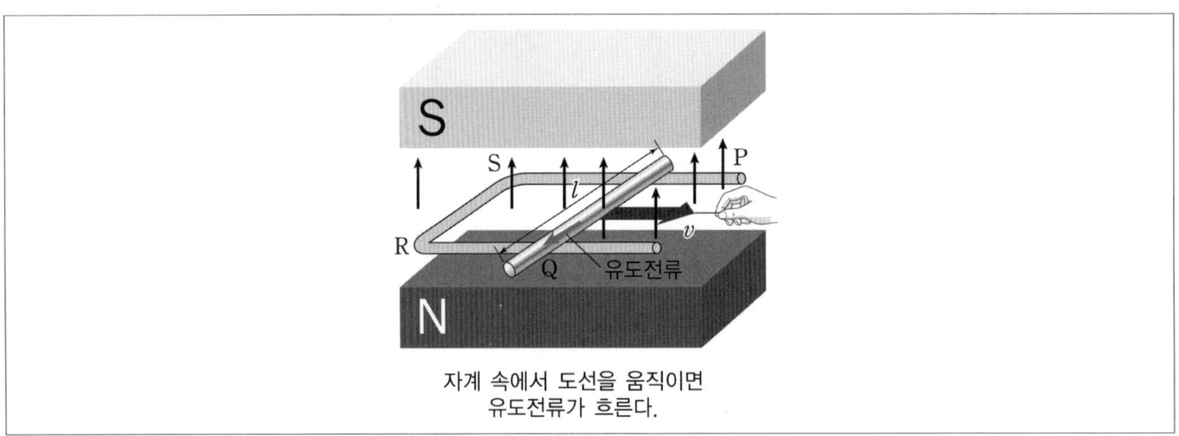

자계 속에서 도선을 움직이면
유도전류가 흐른다.

도선 안의 자기력선속 변화량 $\Delta\phi = B\Delta S$ (S는 회로의 넓이)이고 $\Delta S = (v\Delta t)l$로 구할 수 있다.

패러데이의 법칙 $V = \left| -N\dfrac{\Delta\phi}{\Delta t} \right| = \dfrac{B(v\Delta t)l}{\Delta t}$ (감은 수 N=1)

$\therefore V = Bvl$

또 옴의 법칙을 이용하면

$\therefore I = \dfrac{Bvl}{R}$

로 유도 전류의 세기를 구할 수 있다. (플레밍의 오른손 법칙을 이용하면 전류의 방향은 P ➡ Q 방향이다.)

$$\int Edl = -\int Bd\left(\frac{\partial S}{\partial t}\right) = -B\frac{\partial}{\partial t}(lvt)$$

$El = -Blv$ ➡ $E = Bv$

여기서 일반물리 수준에서 잘 나오지 않는 해석을 자세히 보면 dl성분이 의미하는 것을 알 수 있다.

앞에서 말했듯이 dl은 초기 위치에서 변화하는 즉, 움직이는 도선의 길이요소이다. 이를 통해 왜 유도 기전력을 정의하는지가 보이게 된다.

$$\int Edl = -\int Bd\left(\frac{\partial S}{\partial t}\right) = -B\frac{\partial}{\partial t}(lvt) = -Blv$$

$$V = \left|\int Edl\right| = Blv$$

유도 기전력 $V_{유도} = Blv$라는 것은 움직이는 도선이 기전력 Blv 크기의 전지 역할을 한다는 것을 의미한다.

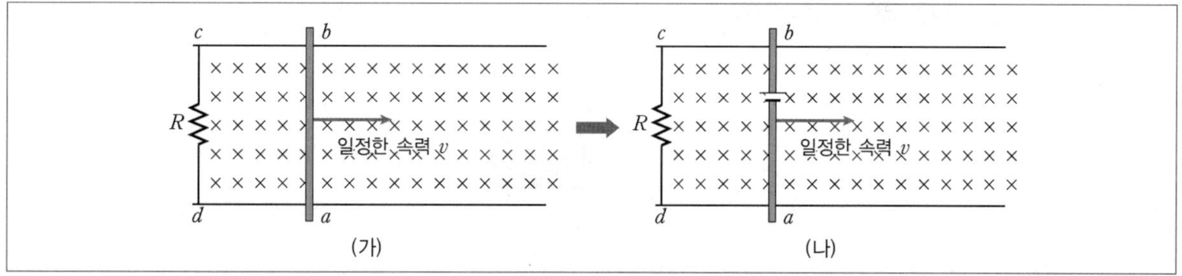

(가)에서 보면 전류가 반시계방향으로 흐른다. 각 부분의 전위를 비교해보면 $V_b = V_c$, $V_a = V_d$ ➡ $V_c > V_d$ ➡ $V_b > V_a$ 가 되는데 움직이는 도선에 저항이 없으므로 $V_a = V_b$가 되어 모순이다. (나)에서 보면 움직이는 도선이 유도 기전력을 발생시킨다는 것을 보면 모순이 해결된다. 즉 $a-b$도선 사이에 기전력이 $V = Blv$인 가상의 전지가 존재한다고 하면 $V_b > V_a$가 된다.

균일한 자기장에서 패러데이, 즉 전자기유도 법칙을 다룰 때는 움직이는 도선이 전지 역할을 한다는 사실을 명심하자. 전류 방향은 렌츠 법칙을 적용하여 움직이는 반대 방향으로 로렌츠 힘이 작용하므로 쉽게 찾을 수 있다.

(2) 일정한 속력으로 움직이기 위한 외부 공급에너지

속력이 일정하므로 외부에서 공급한 일은 모두 전기에너지로 소비가 된다.

$W = \int Fds = I^2Rt$ ➡ $P = Fv = I^2R = \dfrac{B^2l^2v^2}{R}$ (아주 짧은 시간인 경우에도 식이 만족한다.)

따라서 외부에 가한 힘의 크기는 $F = \dfrac{B^2l^2v}{R}$ 로 구할 수 있다.

(3) 회전에 의한 패러데이 법칙

① 교류발전기 원리

㉠ 발전기: 코일의 회전운동에 사용된 역학적 에너지가 전기에너지로 전환되는 장치

㉡ 원리: 자석 사이에서 코일을 외부의 힘으로 회전시키면 코일을 지나는 자속이 시간에 따라 변하면서 전자기 유도에 의해 코일에 유도 전류가 흐르는 원리

② 교류의 발생

코일의 회전에 의하여 자속의 방향과 세기가 주기적으로 변하므로, 유도 전류의 세기와 방향도 주기적으로 변하는 교류(AC)가 발생한다.

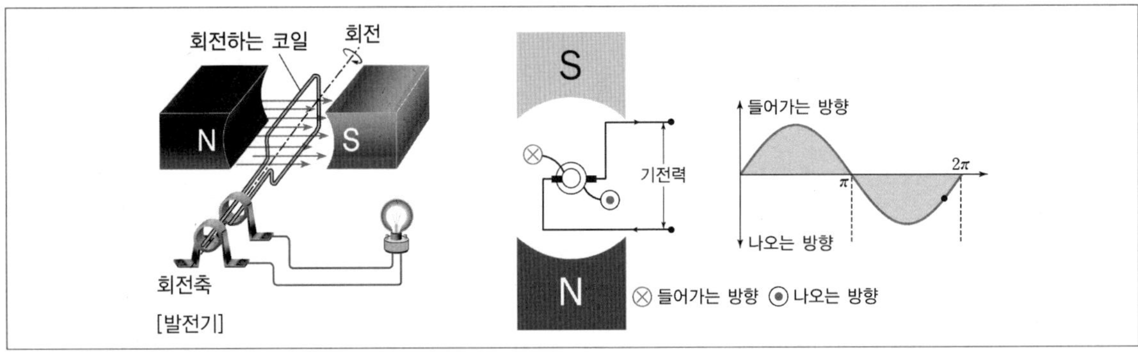

$$V = IR = -N\frac{d(BA\cos\omega t)}{dt} = NBA\omega\sin\omega t$$

예제 다음 그림은 세기가 B로 균일한 자기장 영역에 놓여 있는 반원 모양의 도체와 도체막대가 접촉하여 이루어진 회로를 나타낸 것이다. 반원의 반지름은 a이며, 저항값 R_1, R_2의 두 저항이 그림과 같이 연결되어 있다. 자기장의 방향은 종이면에 수직으로 들어가는 방향이며, 도체 막대는 반원의 지름을 이등분한 점 O를 중심으로 반시계방향으로 일정한 각속도 ω로 회전한다.

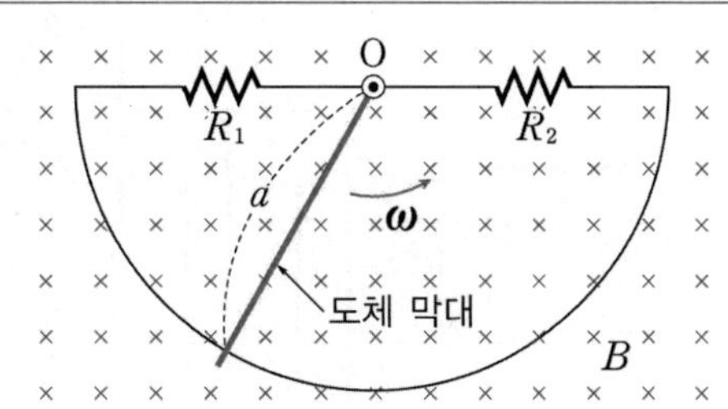

이때 도체막대에 흐르는 전류의 크기를 구하시오.

풀이

유도기전력의 크기를 구해보면 $V = B\dfrac{d}{dt}\left(\dfrac{1}{2}a^2\omega t\right) = \dfrac{1}{2}Ba^2\omega$

렌츠 법칙을 적용하면 도선이 반시계방향으로 회전하므로 도체막대는 시계방향의 힘을 받는다. 전류는 움직이는 도체막대에서 O으로 흘러 나가는 방향이다. 저항이 병렬로 연결되어 있으므로 합성저항은 $R' = \dfrac{R_1R_2}{R_1+R_2}$

$V = IR'$

따라서 전류는 $I = \dfrac{1}{2}Ba^2\omega\left(\dfrac{R_1+R_2}{R_1R_2}\right)$이다.

※ 참고

외부 공급에너지와 전기에너지의 경우 회전에너지와 전기에너지가 동일하므로

$$W = \int \tau d\theta = I^2Rt$$

➡ $\tau\omega = I^2R' = \dfrac{B^2a^4\omega^2}{4R'}$

$$\tau = \frac{B^2a^4\omega}{4R'} = \frac{B^2a^4\omega}{4}\left(\frac{R_1+R_2}{R_1R_2}\right)$$

토크 $\tau = r \times F$이므로 작용점의 위치에 따라 힘의 크기를 구할 수 있다.

2. 동적상태 $\frac{\partial B}{\partial t} \neq 0$일 때 패러데이 법칙의 의미

$\nabla \times E = -\frac{\partial B}{\partial t} \neq 0$이라는 의미는 공간영역에 전기장의 회전 성분이 존재한다는 의미이다.

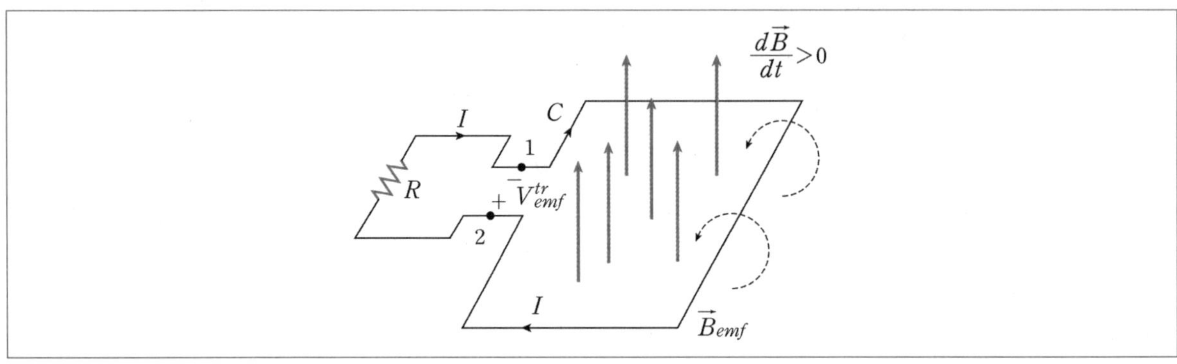

다음 그림과 같이 도선의 면적이 일정한 공간에 시간에 대해 변하는 자기장 $\frac{\partial B}{\partial t} \neq 0$이 형성이 된다면

$$\int \nabla \times E dS = \int E dl = -\frac{\partial}{\partial t}\int B dS = -\int \frac{\partial B}{\partial t} dS$$
$$\int E dl = -\frac{\partial B}{\partial t}\int dS$$

전기장은 도선의 안쪽과 바깥쪽에 회전 성분으로 존재하게 된다.

이때 dl이 의미하는 것은 전기장의 회전 성분의 길이이다. 앞서 '균일한 자기장일 때와 의미가 다르다'라는 것을 알아두자.

예를 들어 자기장이 시간에 대해 변할 때 $\frac{\partial \vec{B}}{\partial t} = \beta \hat{z} > 0$인 원형 도선 주위에 형성되는 전기장을 구해보자.

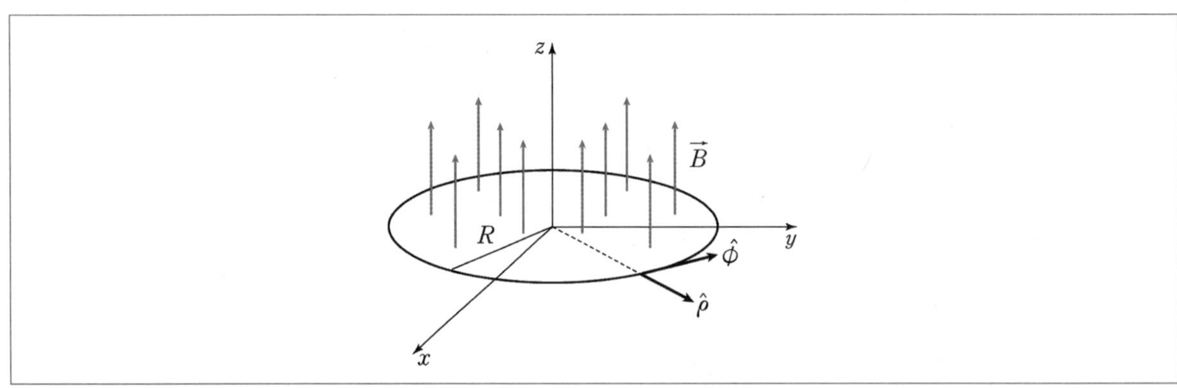

먼저 도선의 안쪽에서 전기장을 구해보면

$$\int E dl = -\beta \int dS = -\beta\pi\rho^2$$

$$E(2\pi\rho) = -\beta\pi\rho^2$$

$$\therefore \overrightarrow{E_{in}} = -\frac{\beta}{2}\rho\hat{\phi}$$

도선의 바깥쪽에서 전기장은

$$\int E dl = -\beta \int dS = -\beta\pi R^2$$

$$E(2\pi\rho) = -\beta\pi R^2$$

$$\therefore \overrightarrow{E}_{out} = -\frac{\beta R^2}{2\rho}\hat{\phi}$$

그리고 도선의 유도 기전력의 크기를 구해보자.

유도 기전력의 크기는 도선이 $\rho = R$에서 존재하므로

$$V = \left|\int E dl\right| = \beta \int dS = \beta\pi R^2$$

따라서 유도전류는 전기장의 방향을 따르므로 $-\hat{\phi}$방향이다.

02 솔레노이드 자체유도 정의

길이가 l이고 감은 수가 N일 때 감은 밀도 $n = \frac{N}{l}$인 솔레노이드가 있다. 여기서 솔레노이드 내부를 통과하는 자기장은 내부 모든 지점에서 동일하다고 하자. 만약 교류 $I(t)$가 발생하게 된다면 패러데이 법칙에 의해서 유도 기전력이 발생하게 된다. 이것은 공급 전류 $I(t)$와 구분되어 전자기 유도에서 코일 자체에서 유도전류(방해꾼) $I_{유도}(t)$가 발생한다.

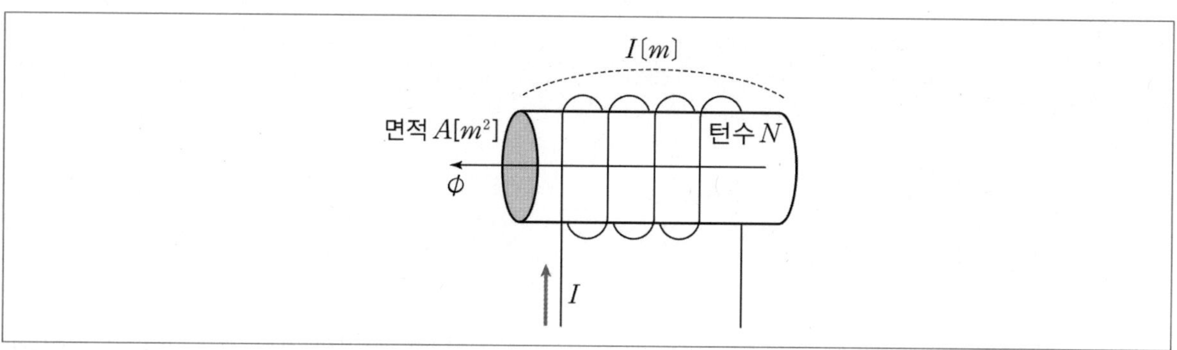

솔레노이드 내부 자기장 $B=\mu_0 nI(t)$이다.

유도 기전력의 크기를 구하면 $V_{유도}=N\frac{d\phi_B}{dt}=N\frac{d(BA)}{dt}=\mu_0 nNA\frac{dI(t)}{dt}$

앞에 상수 성분 $\mu_0 nNA=L$을 자체유도 계수로 정의하면

$V_{유도}=L\frac{dI}{dt}=N\frac{d\phi_B}{dt}$ ➡ $L=N\frac{d\phi_B}{dI}$

자체유도의 정의는 단위 전류당 총 자기장 선속을 의미한다.

또한 유도 기전력과 전기장과의 관계식도 알아두자.

$$V_{유도}=\int Edl=-\frac{\partial}{\partial t}\int BdS$$

03 변압기 원리

변압기에서 전압, 전류, 감은 수와의 관계는 다음과 같다.

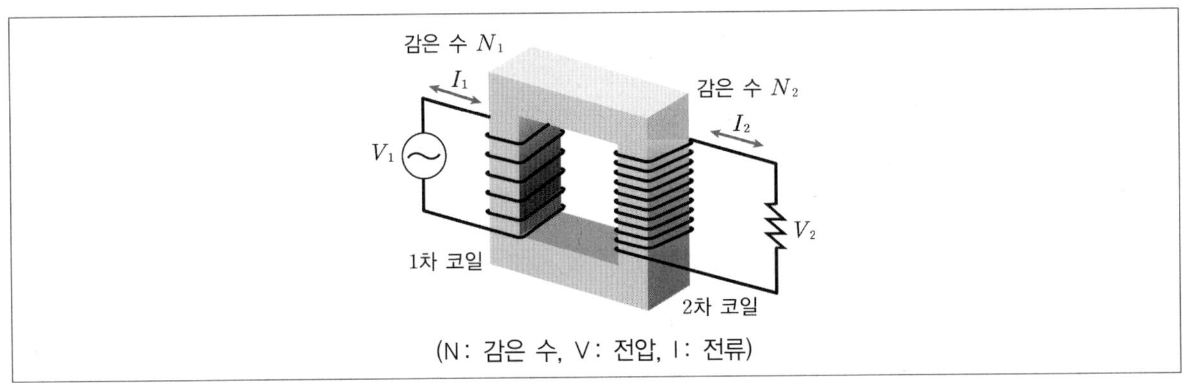

(N : 감은 수, V : 전압, I : 전류)

변압기는 1차 코일에서 발생되는 자기장 선속이 그대로 2차 코일에 전달되어 유도 기전력을 발생시킨다는 점이다.

$$V_1=L_1\frac{dI_1}{dt}=N_1\frac{d\phi_B}{dt}$$

$$V_2=L_2\frac{dI_2}{dt}=N_2\frac{d\phi_B}{dt}$$

$$\frac{d\phi_B}{dt}=\frac{V_1}{N_1}=\frac{V_2}{N_2}$$

를 만족한다. 그런데 1차 코일에서 발생되는 전력 $P_1=V_1I_1$이 2차 코일의 전력 $P_2=V_2I_2$로 넘어간다고 하면 아래와 같은 조건이 성립한다.

$$\frac{N_1}{N_2}=\frac{V_1}{V_2}=\frac{I_2}{I_1}$$

변압기는 에너지 소비를 최소화하여 멀리 전기에너지를 수송하는데 핵심적인 요소이다.

소형가전에서는 큰 에너지 소비가 없으므로 직류전원인 전지를 사용하고, 대형가전은 큰 에너지 소비가 있으므로 외부에서 에너지를 끌어와야 하므로 발전소에서 전기에너지를 받아 써야 한다. 이때 에너지 소비를 최소화하는 방법은 고전압으로 송전하여 변압을 거쳐 가정에서 저전압으로 사용하는 것이다.

동적인 상태 $\frac{\partial B}{\partial t}$, $\frac{\partial E}{\partial t}\neq 0$

04 앙페르 법칙

$$\int B dl=\mu I \Rightarrow \nabla\times B=\mu_0 J+\mu_0\epsilon_0\frac{\partial E}{\partial t}$$

우리는 교류전원이 발생하는 LC회로에서 교류전류가 흐른다는 것을 일반물리시간에 배웠다.

전기용량이 C인 축전기를 거시적인 관점을 벗어나 미시적인 내부에서 맥스웰 방정식을 통해 알아보자.

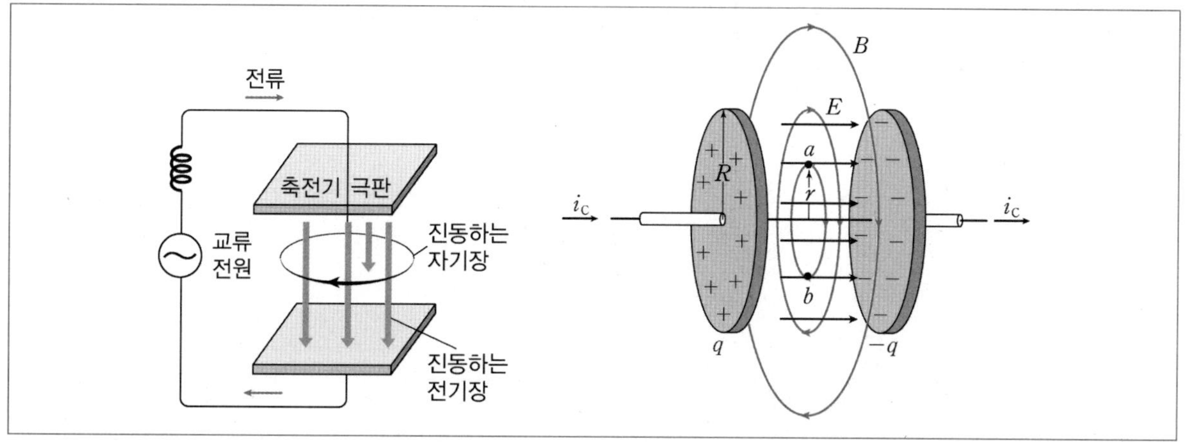

직선도선 주위에 자기장은 $\int B dl=\mu I \Rightarrow \nabla\times B=\mu_0 J_f$ 으로부터 $B=\frac{\mu_0 I}{2\pi r}$ 라는 사실을 알고 있다. 그렇다면 축전기 내부에서는 어떻게 되는지 알아보자. 축전기 내부에는 실제 전하가 이동하지 않으므로 실제 전류밀도 $J_f=0$이다. 그렇다면 맥스웰 방정식으로부터 $\nabla\times B=\mu_0\epsilon_0\frac{\partial E}{\partial t}$가 되는데, 축전기 내부 전기장은 $E=\frac{\sigma_f}{\epsilon_0}$ 이다.

교류 전류에 의해 축전기에 충전된 전하량 $Q(t)$라 하면 $\sigma_f = \dfrac{Q(t)}{S} = \dfrac{Q(t)}{\pi R^2}$ 이다.

$$\nabla \times B = \mu_0 \epsilon_0 \frac{\partial E}{\partial t} = \mu_0 \frac{\partial}{\partial t}\sigma_f \;\Rightarrow\; \int B dl = \mu_0 I_d \;\Rightarrow\; I_d = \epsilon_0 \int \frac{\partial E}{\partial t} da = \int \frac{\partial \sigma_f}{\partial t} da$$

즉, 전기장이 시간에 따라 변화할 때 우리는 실제전류가 아닌 변위 전류 I_d를 정의하여 사용한다.

축전기는 공간적으로 떨어져 있으므로 전하의 이동이 불가능하지만, 전기장이 시간에 따라 변화하여 가상의 전류가 흐르는 효과를 발생시키는 것이다. 이 변위 전류에 의해서 축전기 안에서 자기장이 발생한다.

축전기 내부와 외부에서 자기장을 구해보자.

$$\nabla \times B = \mu_0 \epsilon_0 \frac{\partial E}{\partial t} = \mu_0 \frac{\partial}{\partial t}\sigma_f \;\Rightarrow\; \int B dl = \int \mu_0 \frac{\partial}{\partial t}\sigma_f dS$$

1. 내부에서 자기장

$$B_{in}(2\pi r) = \mu_0 \frac{\partial \sigma_f}{\partial t}\pi r^2 \;\; \left(\frac{\partial \sigma_f}{\partial t} = \frac{I(t)}{\pi R^2}\right) \;\Rightarrow\; B_{in} = \frac{\mu_0 I(t)}{2\pi R^2} r$$

2. 외부에서 자기장

$$B_{out}(2\pi r) = \mu_0 \frac{\partial \sigma_f}{\partial t}\pi R^2 \;\; \left(\frac{\partial \sigma_f}{\partial t} = \frac{I(t)}{\pi R^2}\right) \;\Rightarrow\; B_{out} = \frac{\mu_0 I(t)}{2\pi r}$$

연습문제

정답_ 275p

01 다음 그림과 같이 길이가 L인 도체 막대가 일정한 속력 v로 움직이고 있다. 도체막대는 폭이 L이고 저항이 R인 ㄷ자형 회로에 연결되어 움직인다. 회로 위에 a만큼 떨어진 위치에 전류 I_0가 흐르고 있다. 직선 전류에 의해 자기장 $\vec{B}$가 형성된다.

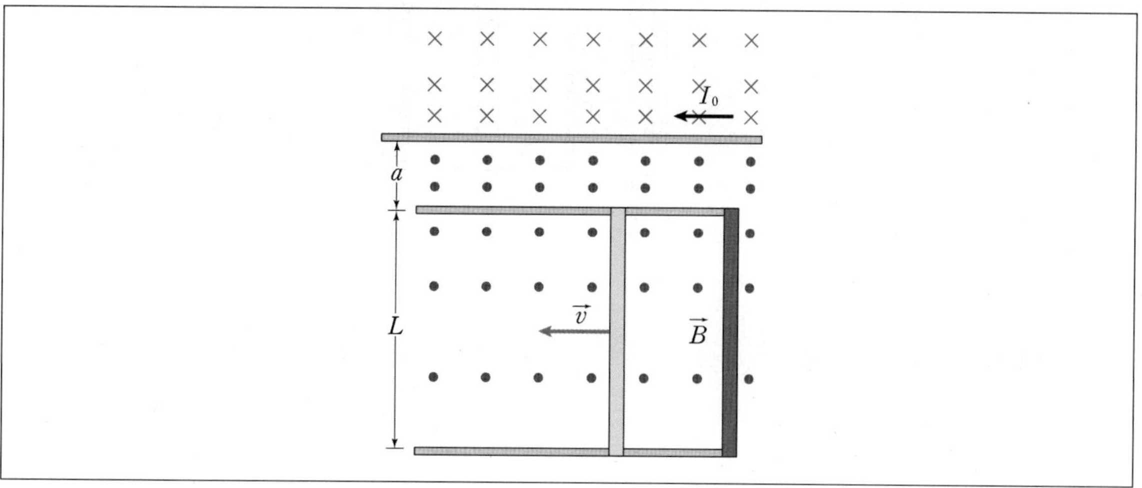

이때 회로에 발생되는 유도 전류 I를 구하시오. 또한 등속으로 움직이기 위해 외부에서 공급해야할 단위 시간당 에너지 P를 구하시오. (단, 진공의 자기투자율은 μ_0이고, 직선 전류는 무한히 길며, 모든 마찰은 무시한다.)

02 다음 그림과 같이 가늘고 무한히 긴 도선에 전류 $i = \alpha + \beta t$가 흐르고 있다. 여기서 α와 β는 양의 상수이다. 가로 $(b-a)$이고, 세로 L인 사각형 도선이 무한 직선도선으로부터 a만큼 떨어진 위치에 같은 평면상에 놓여있다.

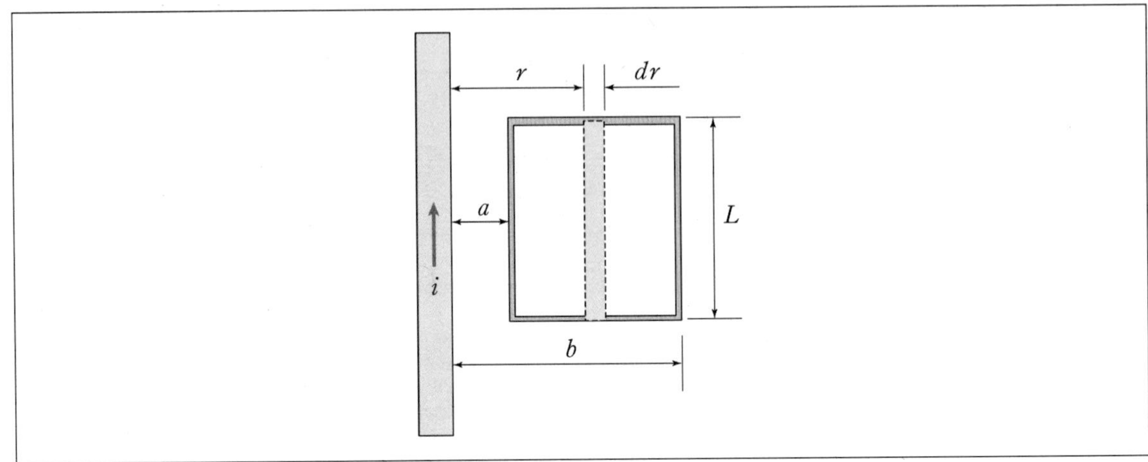

이때 사각형 도선에 발생되는 유도 기전력 ε을 구하시오. 또한 상호 인덕턴스 M을 구하시오.

16-B06

03 그림 (가)는 반지름이 각각 d, $4d$인 원통 껍질로 이루어진 무한히 긴 동축 도선을 나타낸 것이다. 원통의 축은 z축과 같으며, 내부와 외부의 껍질에는 일정한 전류 I_0이 서로 반대 방향으로 흐르고 있다. 그림 (나)는 저항 R가 연결된 길이 L이고 폭이 d인 직사각형 회로가 (가)의 두 껍질 사이 xz평면에 고정되어 있는 모습을 나타낸 것이다.

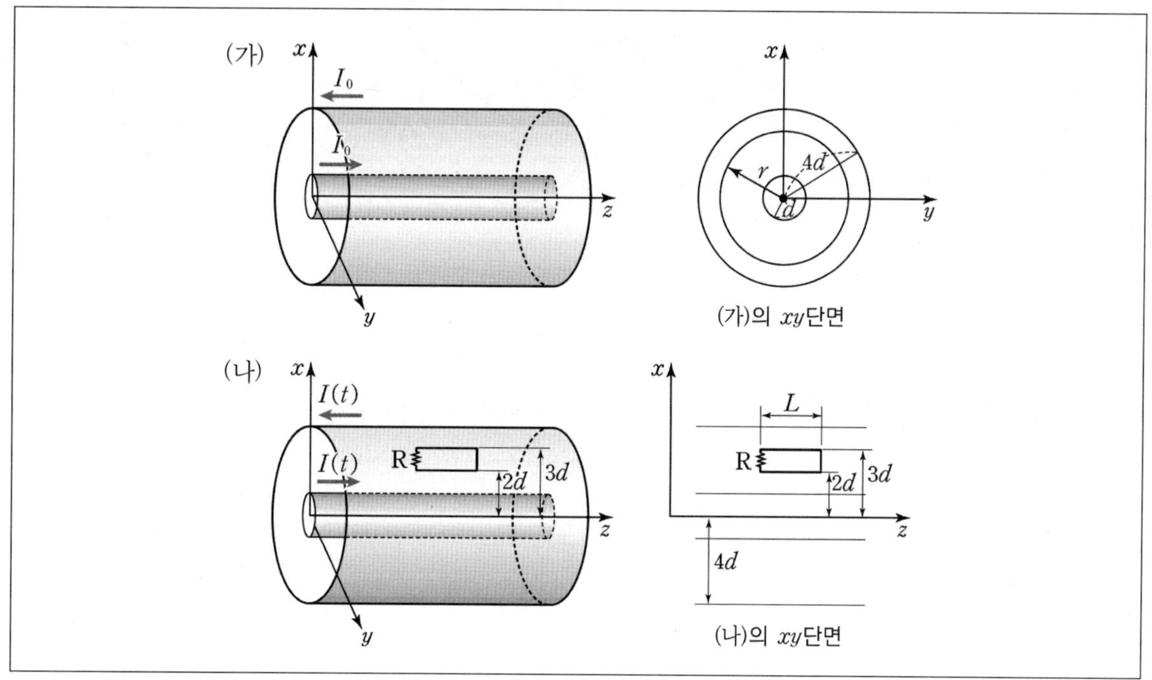

이때 (가)에서 두 껍질 사이 원통 축으로부터의 거리 $r(d < r < 4d)$에서의 자기장 세기 $B(r)$를 풀이 과정과 함께 구하시오. 또한 (나)에서 각 껍질에 흐르는 전류의 세기가 시간 t에 따라 $I(t) = I_0(1 + at)$로 변할 때 R 양단에 전위차를 풀이 과정과 함께 구하시오. (단, 껍질 사이 공간의 투자율은 μ_0이다. a는 상수이고 $I(t)$는 천천히 변하여 변위 전류는 무시한다.)

04 다음 그림은 종이면에 수직인 방향으로 들어가는 크기가 B인 균일한 자기장 속에서 종이면에 놓여 있는 반지름이 각각 l, $2l$인 두 원형도선 위를 도체막대가 O를 중심으로 일정한 각속도 ω로 회전하는 것을 나타낸 것이다. 두 원형도선은 저항 R로 연결되어 있다.

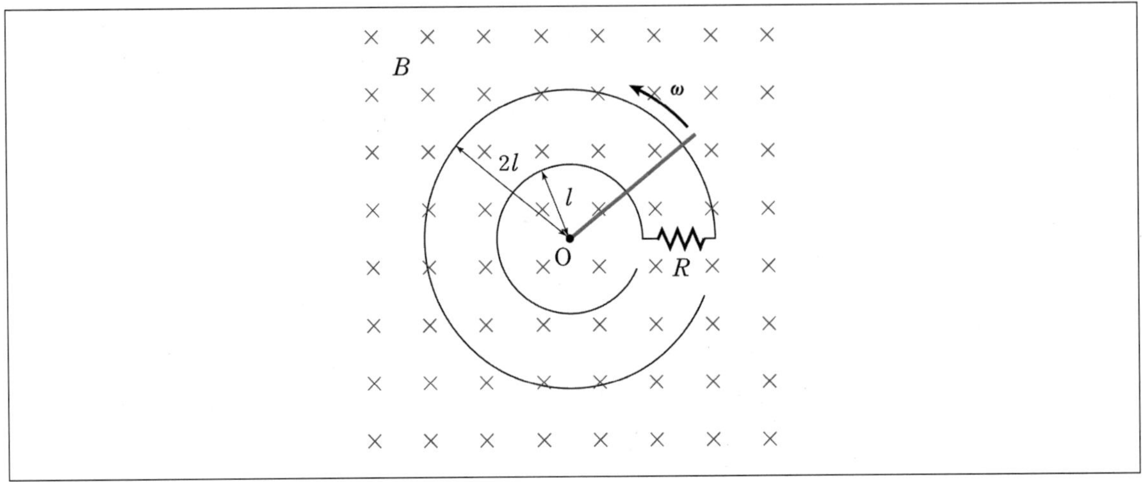

이때 도체막대가 원형도선 위에 있는 동안, 원형도선과 도체 막대 및 저항으로 이루어진 고리에 유도되는 기전력의 크기를 구하시오. 또한 도체 막대 $l < r < 2l$인 위치에서 전기장의 세기 $E(r)$을 구하시오.

18-B07

05 다음 그림과 같이 원형 금속 고리가 자기장 $\vec{B}=\frac{B_0}{2\pi a}(-\rho\hat{\rho}+2z\hat{z})$인 공간에서 속도 $\vec{v}=v\hat{z}$로 수평 운동하고 있다. 고리는 질량이 m, 반지름이 a, 전기 저항이 R이며, 고리의 중심축은 z축과 일치한다. $\hat{\rho}$, $\hat{\phi}$, $\hat{z}$는 각각 원통좌표계의 단위 벡터이다.

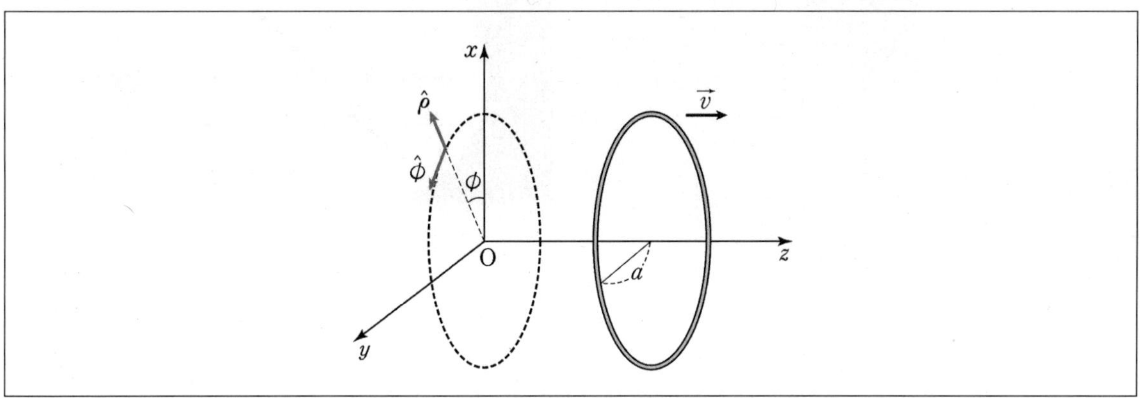

이때 고리의 속력이 v일 때 도선에 유도되는 기전력 ε, 고리에 흐르는 유도 전류 I, 고리가 받는 힘 $\vec{F}$를 구하시오. 고리의 중심이 원점 O를 지날 때 속력이 v_0이었다면 원점에서부터 고리가 정지할 때까지 이동하는 거리 L을 풀이 과정과 함께 구하시오. (단, 고리는 면이 xy평면과 나란한 상태로 운동하고, 변형되지 않으며, 고리의 두께, 공기 저항, 중력의 효과는 무시한다. B_0은 양의 상수이다.)

06 다음 그림과 같이 발전기가 일정한 각속도 ω로 회전하고 있다. 자석에 의해서 균일한 자기장 B가 형성되어 있고 발전기 회로의 감은 수는 N이고 회로의 면적은 A이다.

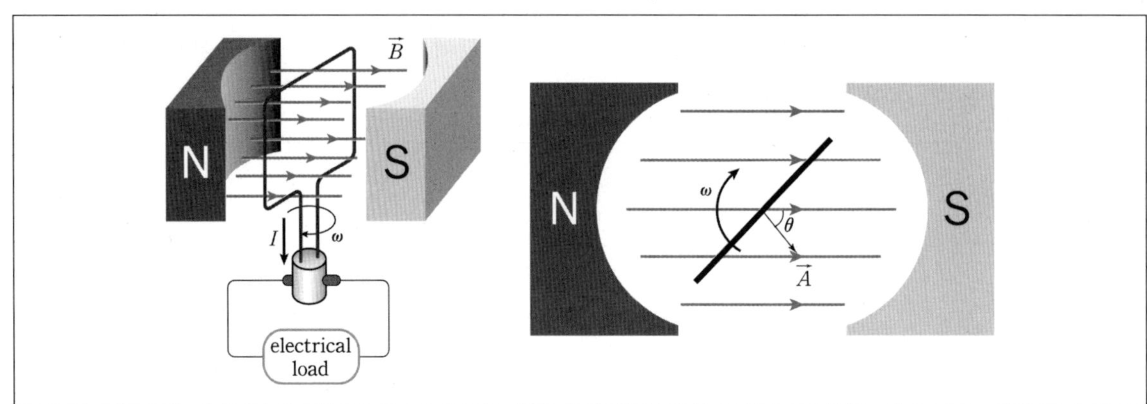

시간이 $t=0$일 때 회로의 면적 벡터 $\vec{A}$와 자기장의 방향이 나란하다고 할 때 임의의 시간 t에 대해 회로에 유도되는 유도 기전력 ϵ을 구하시오. 또한 회로에 단위 시간당 생성되는 에너지 P를 구하고, 에너지 P의 한주기 동안 시간 평균값 $\langle P \rangle_t$를 구하시오. (단, 회로의 저항은 R이고 모든 마찰과 회로 자체유도는 무시한다.)

19-B06

07 다음 그림과 같이 반지름이 R인 도체 원형 고리가 $z=0$인 xy평면에 놓여 있고, 고리 내부 영역($\rho \le R$)에서만 자기장 $\vec{B}(t)=\beta t\hat{z}$가 걸려 있다. β는 양의 상수이고, $\hat{\rho}$, $\hat{\phi}$, $\hat{z}$는 원통 좌표계의 단위 벡터이다.

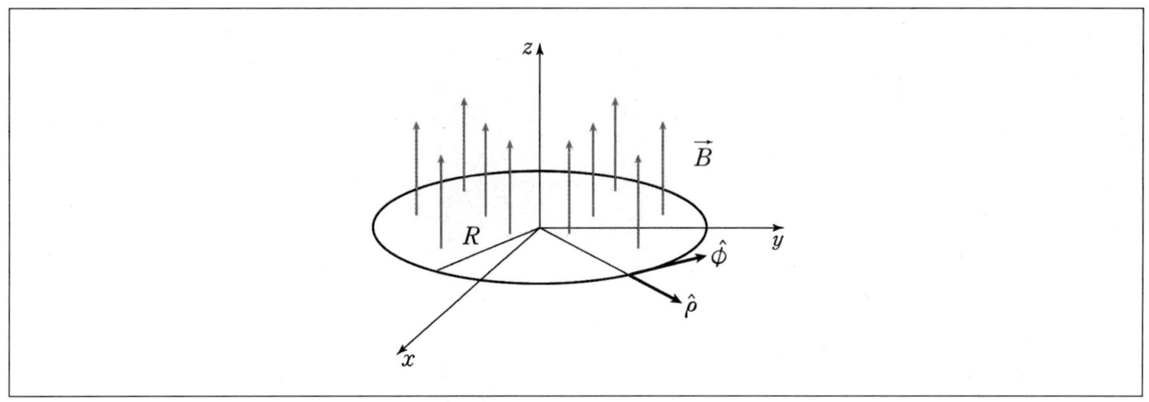

이때 고리 내부 영역($\rho \le R$)과 고리 외부 영역($\rho > R$)에서 유도 전기장의 크기를 풀이 과정과 함께 각각 구하시오. 또한 고리에 유도되는 유도 기전력의 크기와 유도 전류의 방향을 각각 구하시오. (단, 고리의 굵기는 무시하고 모양은 변형되지 않으며, 자기장은 충분히 천천히 변한다.)

08 다음 그림과 같이 반경이 R이고 무한히 긴 원통이 z에 나란하게 놓여 있는데 시간에 따라 증가하는 표면 전류밀도 $\vec{K}(t) = \beta t \hat{\phi}$ 가 흐르고 있다. 이때 β는 양의 상수이고, 원통의 중심은 z축과 일치한다.

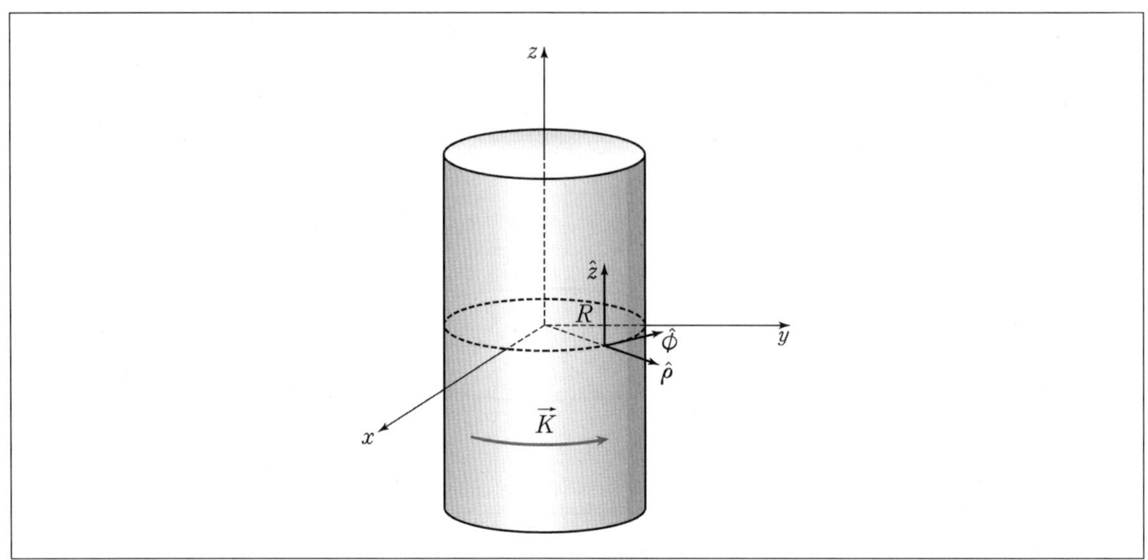

이때 원통 내부에서 발생되는 자기장의 크기와 방향을 구하시오. 또한 원통 내부($\rho < a$)와 원통 외부($\rho > a$)에서 발생되는 유도 전기장의 크기를 각각 구하시오. (단, μ_0은 진공의 투자율이고, 전자기파의 발생은 무시한다.)

09 반경이 R이고, 수직방향 길이 l, 감은 수 N인 솔레노이드에 전류가 $I = I_0 \sin\omega t$ 로 흐르고 있을 때 내부 자기장은 $\overrightarrow{B} = \mu_0 \frac{N}{l} I_0 \sin\omega t\, \hat{z}$ 이다.

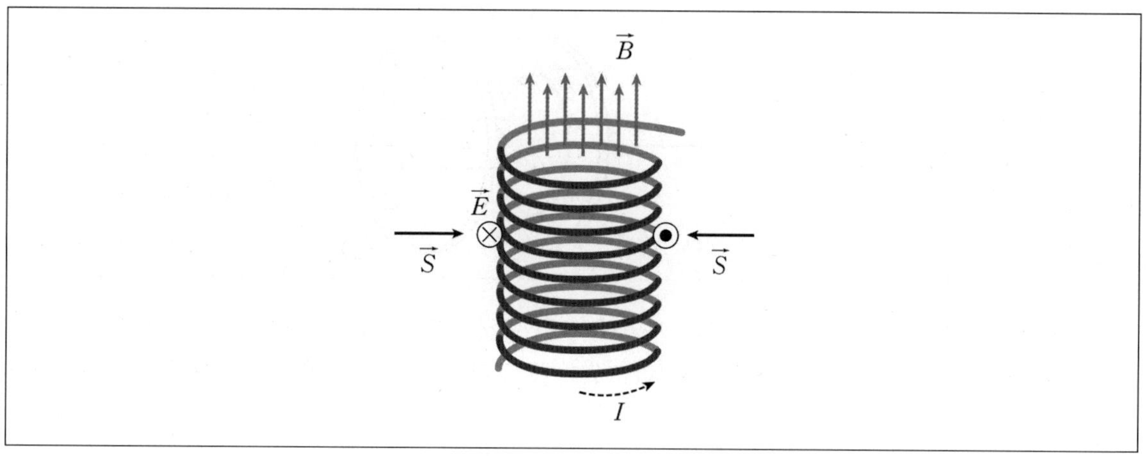

이때 솔레노이드의 유도 기전력 V_L의 크기와 내부 반경 $r < R$에서 전기장의 크기를 구하시오. (단, 투자율은 μ_0이고, 솔레노이드는 충분히 길며 외부 자기장 효과는 무시한다.)

10 다음 그림과 같이 특정 시간에 외부 전류에 의해서 축전기에 충전된 전하량은 $Q = Q_0 \sin\omega t$ 이다. 축전기의 반경은 R이고, 떨어진 거리는 h이다. $R \gg h$이고, 가장자리 효과는 무시한다.

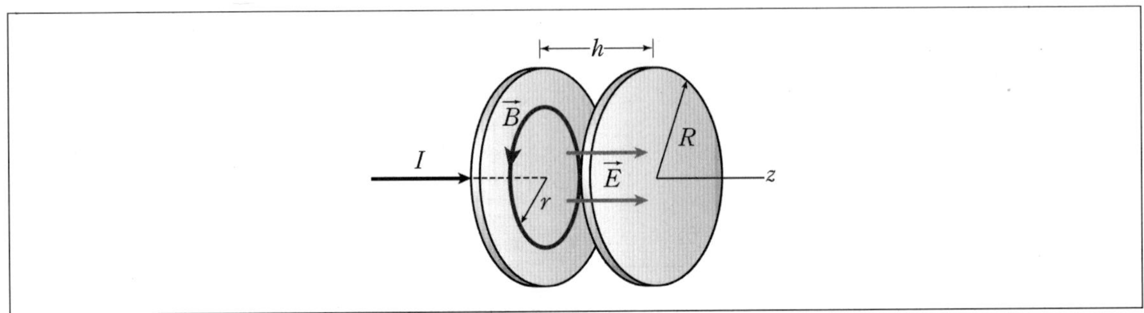

이때 축전기 내부에서 전기장 $\vec{E}$와 자기장 $\vec{B}$를 구하시오. 또한 축전기 전체에서 단위 시간당 저장된 에너지 P와 한 주기 동안 시간 평균값 $\langle P \rangle_t$를 구하시오. (단, 진공의 유전율과 투자율은 각각 ϵ_0과 μ_0이다.)

Chapter

06 매질에서의 자기장

01 자기장의 원인

물질의 자성은 강자성, 상자성, 반자성으로 분류한다.

➡ 물질 내부의 원자 하나가 자석과 같은 역할을 한다. 외부 자기장에 의한 배열이 일어난다.

➡ 자성의 원인은 물질을 구성하는 원자 내 전자의 운동이다.

➡ 원자핵 둘레를 도는 궤도(orbit) 운동과 전자 자신의 축을 기준으로 자전하는 스핀(spin)운동

➡ 궤도 운동과 스핀 때문에 자기장이 형성되므로 하나의 원자를 작은 자석으로 생각한다.

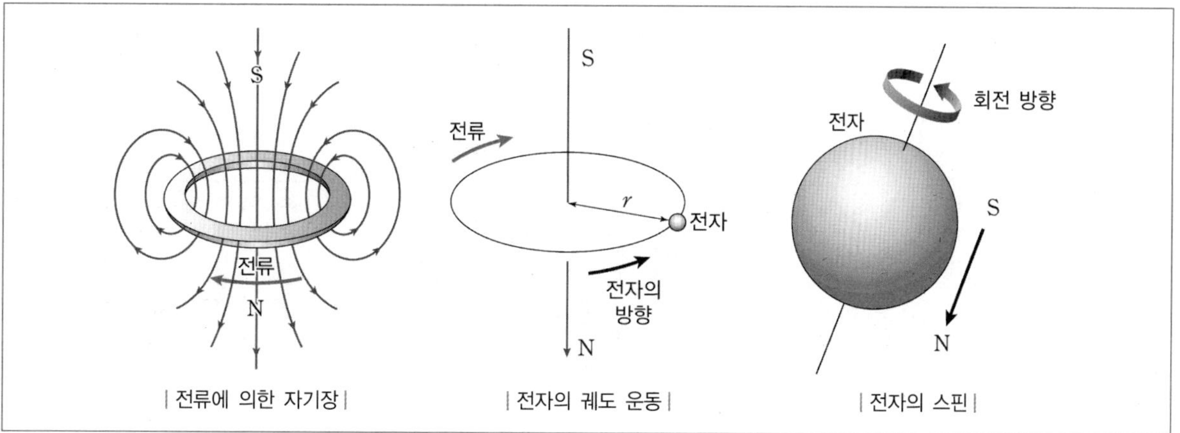

| 전류에 의한 자기장 | | 전자의 궤도 운동 | | 전자의 스핀 |

1. 강자성(ferro-magnetism)

철과 같이 자석에 붙음, 영구 자석의 재료

(1) 자기화

외부 자기장의 방향으로 원자 자석들이 정렬되는 현상(각 원자들은 개별적 원형도선으로 생각)

(2) 자기화된 강자성체는 외부 자기장을 제거해도 자석의 효과를 오래 유지한다.

예 철, 니켈, 코발트 등

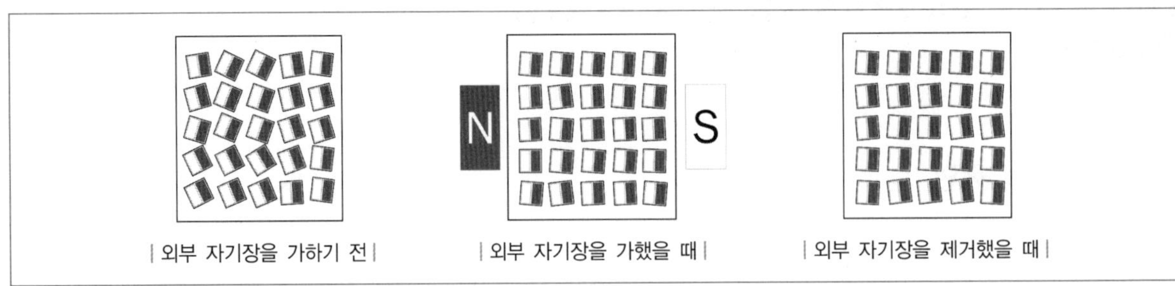

2. 상자성(para-magnetism)

(1) 물질 내 원자 자석들이 외부 자기장의 방향으로 약하게 자기화되는 성질을 말한다.

(2) 상자성체는 외부 자기장을 제거하면 자석의 효과가 바로 사라진다.

예 종이, 알루미늄, 마그네슘, 텅스텐, 산소 등

※ 강자성과 상자성의 원리
원자 내에 짝을 이루지 않는 전자들이 많을수록 외부 자기장에 따른 자기장의 성질이 강해져서 강자성이나 상자성을 나타낸다.

3. 반자성(dia-magnetism)

(1) 물질 내 원자 자석들이 외부 자기장의 반대 방향으로 자기화되는 성질을 말한다.

예 구리, 유리, 플라스틱, 금, 수소, 물 등

(2) 강한 외부 자기장에는 자석을 밀어내는 성질이 나타난다.

➡ **마이스너 효과**: 초전도체는 강한 반자성체로 자석을 그 위에 뜨게 할 수 있다.

(3) 외부 자기장을 제거하면 자석의 효과가 바로 사라진다.

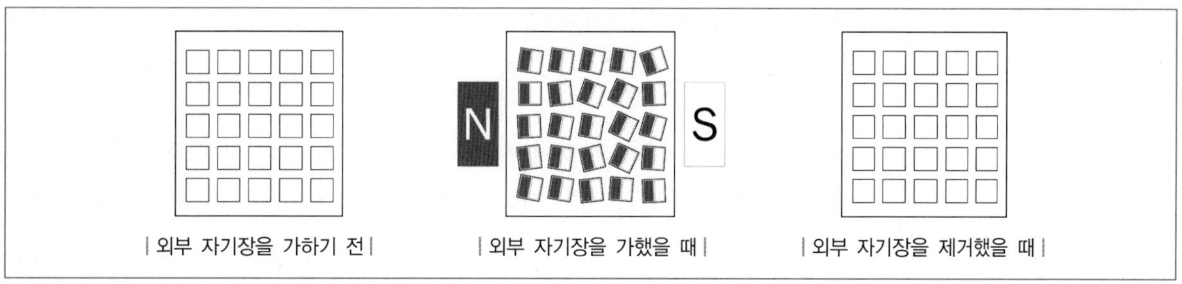

※ 반자성의 원리

원자 내에 서로 반대 방향으로 도는 전자들이 모두 짝을 이루어, 두 운동에 의한 자기장이 상쇄될 때이다.

02 자기화 및 자기쌍극자 모멘트

1. 쌍극자 모멘트와 자기화의 정의 및 퍼텐셜 에너지

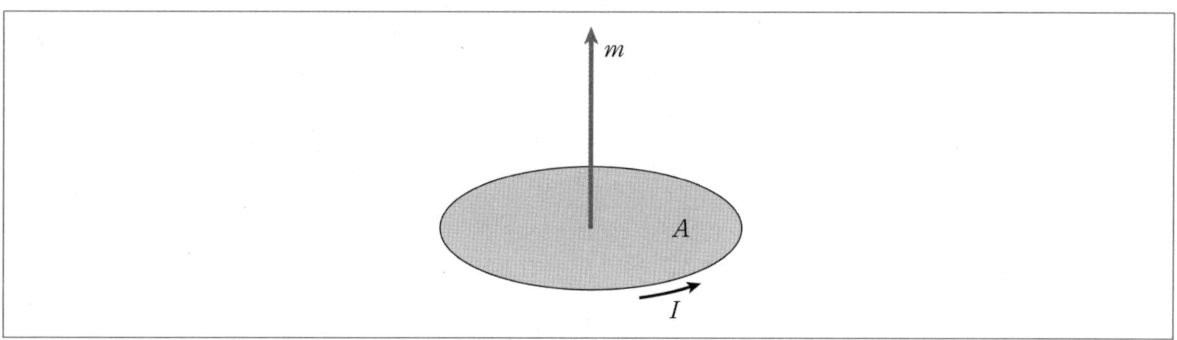

전류가 흐르는 폐회로는 자기장을 생성하고, 이 효과에 의해서 자기쌍극자 모멘트 $\vec{m}$을 발생시킨다. 외부 자기장 $\vec{B}$에 의해서 자기쌍극자 모멘트는 돌림힘을 받는다.

$$\vec{\tau} = \vec{m} \times \vec{B} \ ; \ \vec{m} = I\vec{A} = IA\hat{n} \ ; \ (A\text{는 폐회로의 면적})$$

그리고 이때의 퍼텐셜 에너지는 아래와 같다.

$$U = -\vec{m} \cdot \vec{B}$$

단위 부피당 퍼텐셜 에너지는

$$u = \frac{U}{V} = -\frac{\vec{m}}{V} \cdot \vec{B}$$

이때 단위부피당 자기쌍극자 모멘트를 자기화(Magnetization)라 한다.

$\vec{M} = \dfrac{\vec{m}}{V}$

자기화를 정의하는 이유는 물질 내부에서는 수많은 자기쌍극자 모멘트가 존재하므로 단위 부피당 자기쌍극자 모멘트를 사용한다. 추후에 수식적으로 보이겠지만 전류가 흐르는 솔레노이드는 물질이 존재할 때 저장된 단위 부피당 자기에너지의 단위는 $u = \dfrac{B^2}{2\mu}$ 이다. 즉, 자세히 보면 자기화 M ➡ $\dfrac{B}{\mu}$의 단위를 가지고 있다.

2. 자기에너지 관계 및 물질이 받는 힘

자기에너지로 저장된다는 개념으로 이해하면 된다. 그림과 같이 길이가 L이고 감은 밀도가 n이며 단면적이 A인 솔레노이드에 전류 I가 흐르고 있다. 솔레노이드는 길이 x만큼 자기투자율 μ인 물질로 채워져 있고, 나머지는 진공이다.

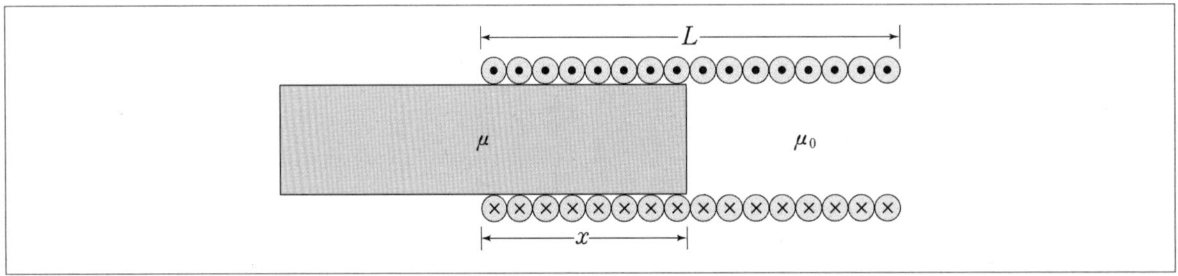

일반물리에서 직류 솔레노이드에 저장된 자기에너지는 $U_{자기} = \dfrac{1}{2}LI^2$ 으로 배웠다. 여기서 L은 솔레노이드 자체유도계수 $L = N\dfrac{\phi_B}{I}$ 이다.

단위부피당 자기에너지 $u = \dfrac{B^2}{2\mu}$ 를 활용하여 자체유도계수 L을 구해보자.

진공에서 솔레노이드 내부 자기장은 $B_{진공} = \mu_0 nI$이고, 자기투자율 물질 내부에서는 $B_{물질} = \mu nI$이다.

$$\begin{aligned} U_{자기} &= \int u\, dV = \int_0^x \frac{\mu^2 n^2 I^2}{2\mu} A\, dx + \int_x^L \frac{\mu_0^2 n^2 I^2}{2\mu_0} A\, dx \\ &= \frac{\mu n^2 I^2 A}{2} x + \frac{\mu_0 n^2 I^2 A}{2}(L-x) = \frac{n^2 I^2 A}{2}(\mu x + \mu_0 (L-x)) \end{aligned}$$

$U_{자기} = \dfrac{1}{2}LI^2 = \dfrac{n^2 I^2 A}{2}(\mu x + \mu_0(L-x))$ 이므로 $L = n^2 A(\mu x + \mu_0(L-x))$ 이다.

다른 방법으로는 솔레노이드가 물질로 채워진 L_1과 진공인 L_2의 직렬로 간주하여 구할 수 있다.

$$L = L_1 + L_2 = \frac{N}{I}\frac{x}{L}(\mu nIA) + \frac{N}{I}\frac{(L-x)}{L}(\mu_0 nIA) = n^2 A(\mu x + \mu_0(L-x))$$

$$U_{자기}=\frac{1}{2}LI^2=\frac{n^2I^2A}{2}(\mu x+\mu_0(L-x))$$

$$F=\nabla U_{자기}$$

유의해야 할 것은 저장된 에너지이지 퍼텐셜 에너지가 아니다. (외부 전류가 공급 시 $U_{자기}=-U_{퍼텐셜}$을 만족한다.)

퍼텐셜 에너지로 표현하면 $U_P=-\frac{1}{2}LI^2$ 이 돼야 한다. 부호에 유의하자. 거의 대부분 자기에너지를 물어본다.

$$\vec{F}=\frac{d}{dx}U_{자기}=\frac{n^2I^2A}{2}(\mu-\mu_0)\hat{x}$$

안으로 끌어당기는 힘, 즉 $+x$방향으로 힘을 받게 된다.

03 속박전류밀도

속박전류밀도는 물질에 자기장을 걸어주게 되면 물질의 원자핵 주변에 전자가 정렬하게 되어 각운동량의 방향이 자기장과 나란한 성분으로 가지게 된다. 그럼 각 원자의 전자에 의한 자기모멘트가 발생하게 되는데 이것의 합이 총 자기 모멘트가 된다. 그리고 물질 단위 부피당 자기화는 $M=\frac{m}{V}$ 인데 물질이 존재하면 M

➡ $\frac{B}{\mu}$의 단위를 가지는 자기화가 생성된다.

1. 균일한 물질이 공간상에 분포하여 존재할 때

보조장 H를 도입한다.

2. 맥스웰 방정식(시간 비 의존 $\frac{\partial E}{\partial t}=0$일 때)

$\nabla\times B=\mu_0 J_f$ ➡ M ➡ $\frac{B}{\mu}$의 단위를 가지는 자기화가 생성

$\nabla\times B=\mu_0(J_f+J_m)$ ➡ $J_m=\nabla\times M$

$$\nabla\times\left(\frac{B}{\mu_0}-M\right)=J_f$$

$H=\frac{B}{\mu_0}-M$ 은 보조장을 정의해서 사용한다.

$$J_m=\nabla\times M$$

$$\int\nabla\times M\,da=\int M dl=\int J_m da=\int K dh$$

3. 속박 전류밀도와 속박 표면 전류밀도

일단 전류밀도는 전류방향에 나란하다. $\hat{n}'$은 전류 표면 연직벡터이다.

$$J_m = \nabla \times M$$
$$K_m = \overrightarrow{M} \times \hat{n}'$$

매질내부에서 H의 정의에 의해서

$$H = \frac{B}{\mu_0} - M = \frac{B}{\mu} \Rightarrow M = \frac{B}{\mu_0} - \frac{B}{\mu}$$

$$\overrightarrow{M} = \left(\frac{1}{\mu_0} - \frac{1}{\mu}\right)\overrightarrow{B}$$

04 인위적 전류밀도 생성

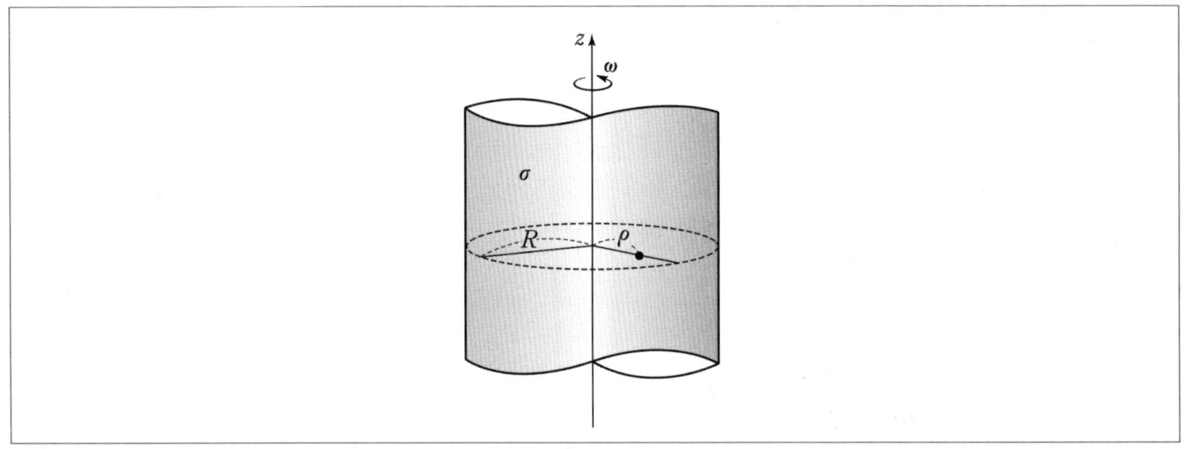

만약 표면 전하밀도 σ이고 반경이 R인 원통형 물체를 일정한 각속도 ω로 회전시켰을 때 표면전하밀도 K와 내부에서 발생되는 자기장 B를 구해보자. 이는 솔레노이드 효과가 발생하므로 앞에서 배웠던 $B_{솔레노이드} = \mu_0 K$를 기억하면 쉽게 해결이 가능하다.

1. 전류밀도의 정의로 출발하는 경우

$$K=\frac{I}{L},\ q=\sigma 2\pi RL$$

$$K=\frac{q}{t}\frac{1}{L}=\frac{\sigma 2\pi R}{\frac{2\pi}{w}}=\sigma Rw\ ;\ K=\sigma v$$ 의 관계식을 갖는다.

$$\vec{K}=\sigma\vec{v}$$

자기장의 경우는 솔레노이드 외부에는 자기장이 존재하지 않으므로

$$\int Bdl=\mu_0\int Kdl$$

$$\therefore B=\mu_0 K$$

2. 자기모멘트 $m=IA$ 로 출발하는 경우

$$m=\frac{q}{t}\pi R^2=\frac{\sigma 2\pi RL}{\frac{2\pi}{w}}\pi R^2=\sigma\pi R^3 Lw$$

$$M=\frac{m}{V}=\frac{\sigma\pi R^3 Lw}{\pi R^2 L}=\sigma Rw$$

$\vec{K}=\vec{M}\times\hat{n}'$ 이므로 크기만 보면 $K=\sigma Rw$

$\int Bdl=\mu_0\int Kdl$ ➡ $B=\mu_0 K$

혼동되는 경우 전류밀도의 정의로 해결하는 것을 추천한다.

05 쌍극자 모멘트 $\vec{m}$이나 자화 $\vec{M}$이 존재하는 공간에서 자기장 $\vec{B}$와 벡터퍼텐셜 $\vec{A}$

1. 균일한 자화 $\vec{M}$이 무한 원통의 공간에 분포할 때(균일한 분포 형성)

균일한 자화가 형성되어 있으면 선형자화체로 간주할 수 있으므로 $\nabla\times(\frac{B}{\mu_0}-M)=J_f$를 활용할 수 있다.

즉, 문제풀이 순서는 '$\vec{B}$ 정의 ➡ $\vec{A}$ 정의'이고 앞서 자기장 $\vec{B}$가 정의되면 벡터퍼텐셜 $\vec{A}$는 스토크스 법칙을 활용해서 구할 수 있다고 언급한 바가 있다.

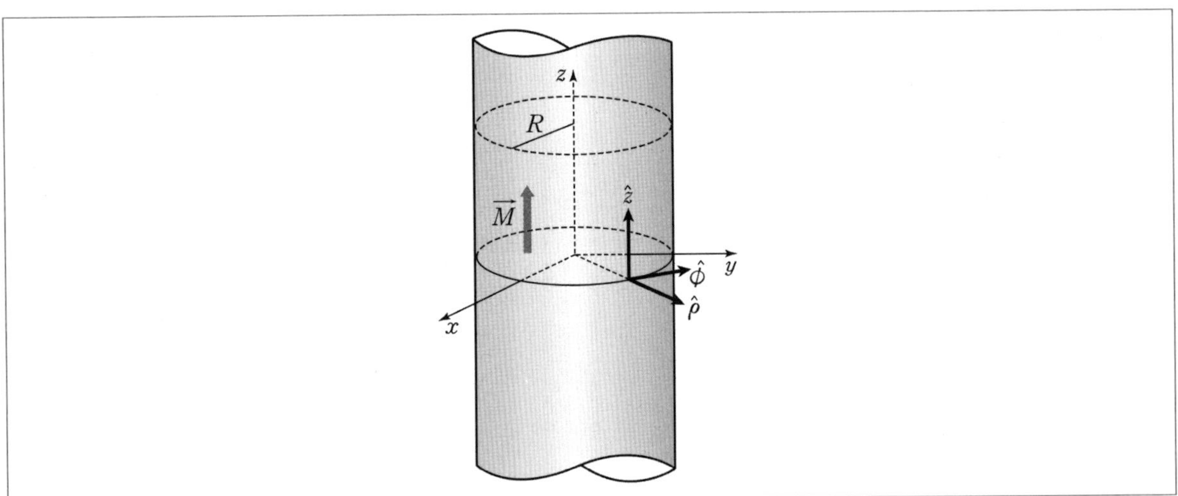

$\nabla\times(\frac{B}{\mu_0}-M)=J_f$으로 실제전류가 없으므로 $\vec{B}=\mu_0\vec{M}$과 같다. 내부와 외부에서 자기장을 구해보자. 자화는 $\rho<R$ 내부에서만 정의되므로 $\vec{B}_{내부}=\mu_0\vec{M}$이다. 외부에서 자화는 존재하지 않으므로 $\vec{B}_{외부}=0$이다. 자기장이 공간상에 정의되면 벡터퍼텐셜은 쉽게 구할 수 있다. $\nabla\times A=B$이므로

$$\int Adl=\int Bda$$

$$A_{내부}(2\pi\rho)=\mu_0 M\pi\rho^2$$

$$\vec{A}_{내부}=\frac{\mu_0 M}{2}\rho\,\hat{\phi}$$

$$A_{외부}(2\pi\rho)=\mu_0 M\pi R^2$$

$$\vec{A}_{외부}=\frac{\mu_0 MR^2}{2\rho}\hat{\phi}$$

여기서 꼭 확인해야 할 것은 벡터퍼텐셜은 경계면에서 연속이어야 한다.

즉, $\vec{A}_{내부}(\rho=R)=\vec{A}_{외부}(\rho=R)$이다.

2. 원점에 쌍극자 모멘트 $\vec{m}$ 이 존재할 때(한 점으로 존재)

이때는 선형자화체로 간주할 수 없기 때문에 쌍극자 모멘트와 벡터퍼텐셜 관계로부터 출발해야 한다. 쌍극자 모멘트 $\vec{m}$ 이 존재할 때 벡터퍼텐셜은 $\vec{A}=\dfrac{\mu_0}{4\pi r^2}(\vec{m}\times\hat{r})$으로 주어진다. 이것은 자료로 주어질 것이므로 증명 없이 사용하겠다. 그림과 같이 좌표의 원점에 고정되어 z축 방향으로 놓인 자기쌍극자 모멘트 $\vec{m}=m_0\hat{z}$에 의한 임의의 점 P에서의 자기장 $\vec{B}(r)$를 나타낸 것이다. (참고로 $\hat{z}=\cos\theta\hat{r}-\sin\theta\hat{\theta}$이다.)

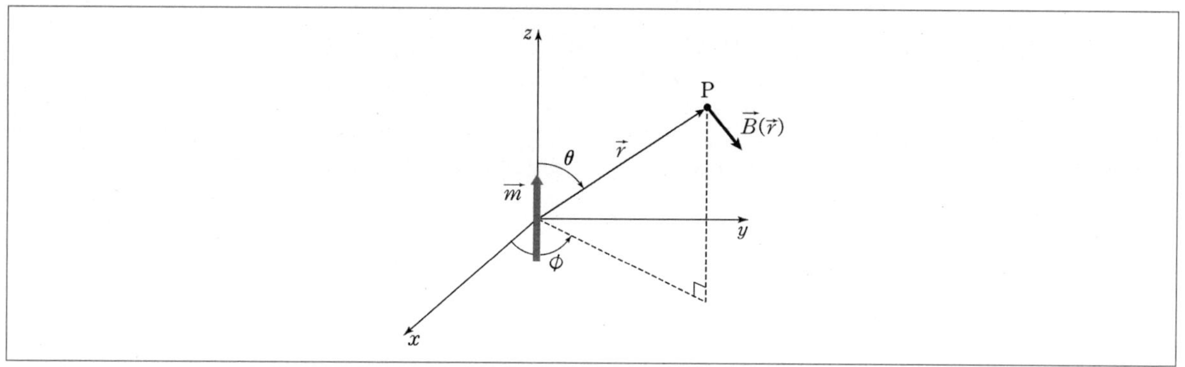

그렇다면 벡터퍼텐셜 $\vec{A}$와 자기장 $\vec{B}$를 구해보자.
먼저 벡터퍼텐셜 $\vec{A}$

$$\vec{A}=\frac{\mu_0}{4\pi r^2}(\vec{m}\times\hat{r})=\frac{\mu_0}{4\pi r^2}m\sin\theta\hat{\phi}\ \ ;\ \hat{z}\times\hat{r}=\sin\theta\hat{\phi}$$

$$\vec{B}=\vec{\nabla}\times\vec{A}=\frac{1}{r^2\sin\theta}\begin{vmatrix}\hat{r} & r\hat{\theta} & r\sin\theta\hat{\phi}\\ \frac{1}{\partial r} & \frac{1}{\partial\theta} & \frac{1}{\partial\phi}\\ 0 & 0 & r\sin\theta A_\phi\end{vmatrix}$$

$$=\frac{1}{r\sin\theta}\left[\frac{\partial}{\partial\theta}(\sin\theta A_\phi)\right]\hat{r}-\frac{1}{r}\left[\frac{\partial}{\partial r}(rA_\phi)\right]\hat{\theta}$$

$$=\frac{1}{r\sin\theta}\left(\frac{\mu_0 m}{2\pi r^2}\sin\theta\cos\theta\right)\hat{r}+\frac{1}{r}\left(\frac{\mu_0 m}{4\pi r^2}\sin\theta\right)\hat{\theta}$$

$$\vec{B}=\frac{\mu_0 m}{2\pi r^3}\cos\theta\hat{r}+\frac{\mu_0 m}{4\pi r^3}\sin\theta\,\hat{\theta}$$

$$=\frac{3\mu_0 m}{4\pi r^3}\cos\theta\hat{r}-\frac{\mu_0 m}{4\pi r^3}\cos\theta\hat{r}+\frac{\mu_0 m}{4\pi r^3}\sin\theta\,\hat{\theta}$$

$$=\frac{3\mu_0 m}{4\pi r^3}\cos\theta\hat{r}-\frac{\mu_0 m}{4\pi r^3}(\cos\theta\hat{r}-\sin\theta\,\hat{\theta})$$

$$=\frac{3\mu_0 m}{4\pi r^3}\cos\theta\hat{r}-\frac{\mu_0 m}{4\pi r^3}\hat{z}$$

$\vec{B}(r)=\dfrac{\mu_0}{4\pi}\dfrac{1}{r^3}\{3(\vec{m}\cdot\hat{r})\hat{r}-\vec{m}\}$처럼 표현하기도 한다.

06 물질 내에서의 자기장

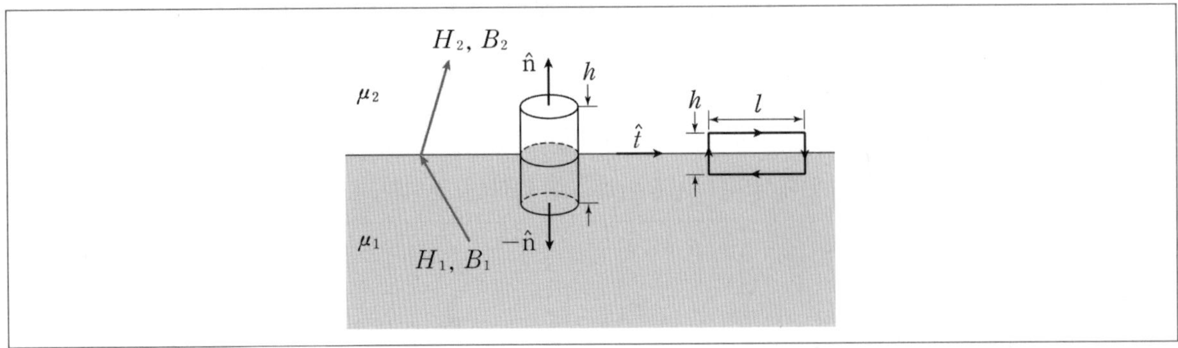

경계조건 $\nabla \cdot B = 0$, $\nabla \times H = J_f$을 만족하므로 경계면에서 대해서 다음을 만족한다.

① $B_{1n} = B_{2n}$
② $H_{2t} - H_{1t} = K_f$

1. 무한 직선 도선

다음 그림은 전류의 세기 I가 흐르는 무한 직선 도선의 단면을 나타낸 것이다. 그리고 도선 주위 위쪽과 아래쪽은 각각 투자율 μ_2, μ_1인 자화체로 채워져 있다.

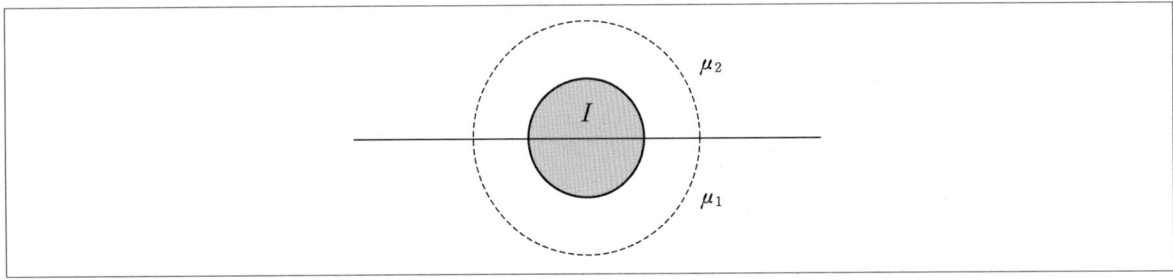

경계면에서는 자기장이 연속이므로 $B_1 = B_2 = B$ 이다.

앙페르 법칙을 활용하여 자기장을 구해보자.

$$\int H dl = I \rightarrow \frac{B}{\mu_1}\pi r + \frac{B}{\mu_2}\pi r = B\left(\frac{\mu_1 + \mu_2}{\mu_1 \mu_2}\right)\pi r = I$$

$$\therefore B = \frac{\mu_1 \mu_2}{\mu_1 + \mu_2} \frac{I}{\pi r}$$

2. 토로이드

그림 (가)는 도선이 N번 감겨 있는 토로이드(toroid)를 나타낸 것이고, 그림 (나)는 토로이드를 수직으로 잘랐을 때 보이는 직사각형 단면을 나타낸 것이다. 토로이드의 안쪽 반지름은 a, 바깥쪽 반지름은 b, 높이는 h이고, 토로이드에 흐르는 전류는 I이다. 중심축을 기준으로 회전 방향으로 토로이드의 절반의 영역에서는 투자율이 $\mu(>\mu_0)$인 매질로 채워져 있고, 나머지는 투자율이 μ_0인 진공 상태이다.

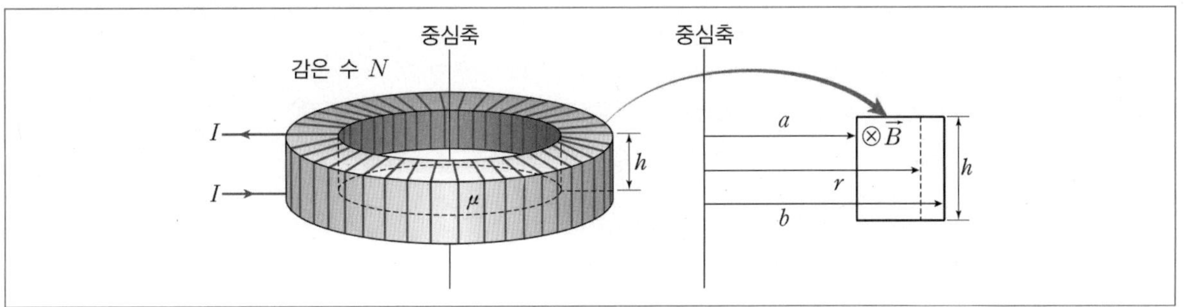

경계면에서는 자기장이 연속이므로 $B_1 = B_2 = B$ 이다. 직선도선과 유사하게 전개하면 된다.

$$H_1\pi r + H_2\pi r = NI$$

$$\frac{B}{\mu_0}\pi r + \frac{B}{\mu}\pi r = NI$$

$$\therefore B = \frac{\mu\mu_0}{\mu+\mu_0}\frac{NI}{\pi r}$$

3. 솔레노이드 패러독스

솔레노이드에서 내부 자기장이 일정하다고 가정한다. 그렇게 되면 무한 솔레노이드는 자기장이 끊기지 않은 폐곡선 형태를 만족해야 한다는 조건에 위배가 된다. 즉, 무한 솔레노이드는 이론상 존재할 뿐 가정 자체가 문제가 있는 것이다. 그리고 유한 솔레노이드는 폐곡선을 고려할 경우 가장자리 효과를 무시할 수 없게 된다. 따라서 솔레노이드의 경우에는 일반적인 경계면 조건이 적용되지 않을 수 있음을 알아야 한다.

감은 밀도가 n인 무한 솔레노이드 한쪽은 투자율이 μ_1이고, 다른 한쪽은 투자율이 μ_2인 매질로 채워진 경우를 생각해보자.

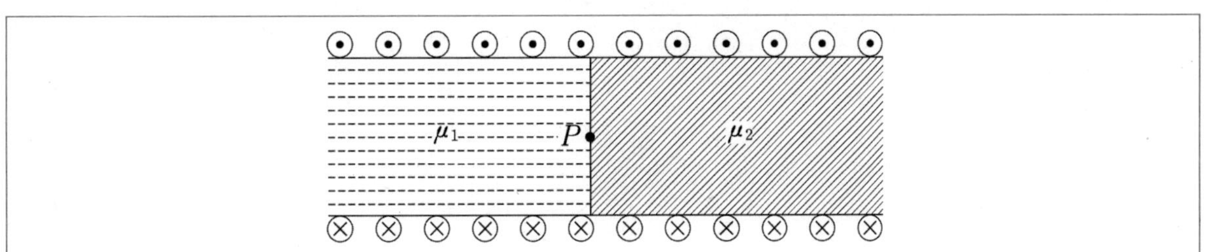

중간 부분 P지점에서 자기장의 세기를 구해보자. 왼쪽과 오른쪽의 경우에 솔레노이드 자기장 공식을 작용하면 각각 $B_1 = \frac{\mu_1}{2}nI$, $B_2 = \frac{\mu_2}{2}nI$이다. 따라서 P지점에서 자기장은 $B_P = \left(\frac{\mu_1 + \mu_2}{2}\right)nI$가 된다.

연습문제

정답_ 276p

01 두께가 h인 무한 평면판에 $0 < z < \frac{h}{2}$인 영역에는 자기투자율 μ_1인 물질로, $\frac{h}{2} < z < h$인 영역에는 μ_2인 물질로 채워져 있다. 이외의 공간은 진공이고 진공의 자기투자율은 μ_0이다. $z=0$인 평면에는 표면 전류밀도 $\vec{K}(z=0) = K\hat{x}$로 전류가 흐르고, $z=h$인 평면에는 $\vec{K}(z=h) = -K\hat{x}$의 전류가 흐른다.

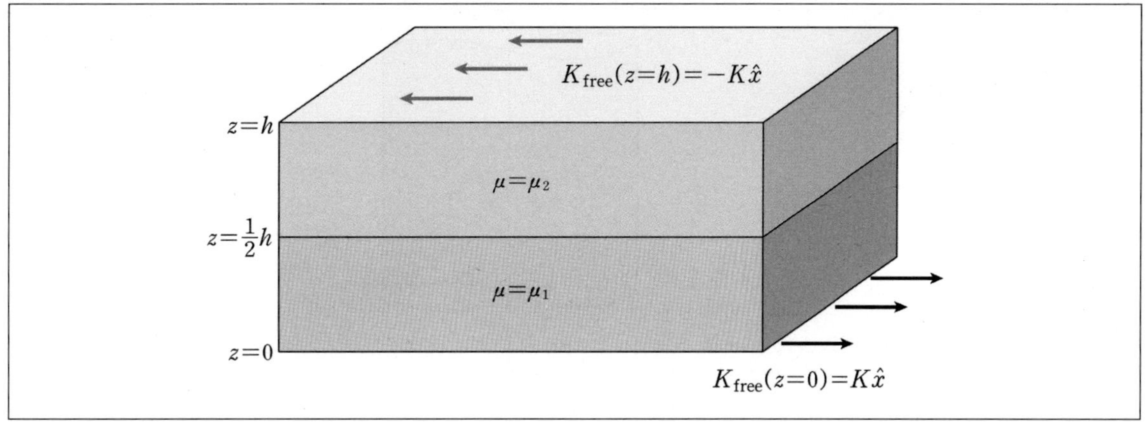

이때 물질의 내부($0 < z < h$)와 외부($z < 0$, $z > h$)에서 각각 자기장 $\vec{B}$와 자기화(자화밀도) $\vec{M}$를 구하시오.

20-B10

02 다음 그림은 전하가 표면에만 균일하게 분포되어 있는 무한히 긴 원통이 z축을 회전축으로 하여 회전하고 있는 모습을 나타낸 것이다. 표면 전하 밀도는 σ이고, 원통의 반지름은 R이며, 원통의 중심축은 z축과 일치한다. 원통의 각속력은 $\omega(t) = \beta t$(β는 상수)로 시간에 따라 변한다. 원통 내부의 투자율은 μ_0이다.

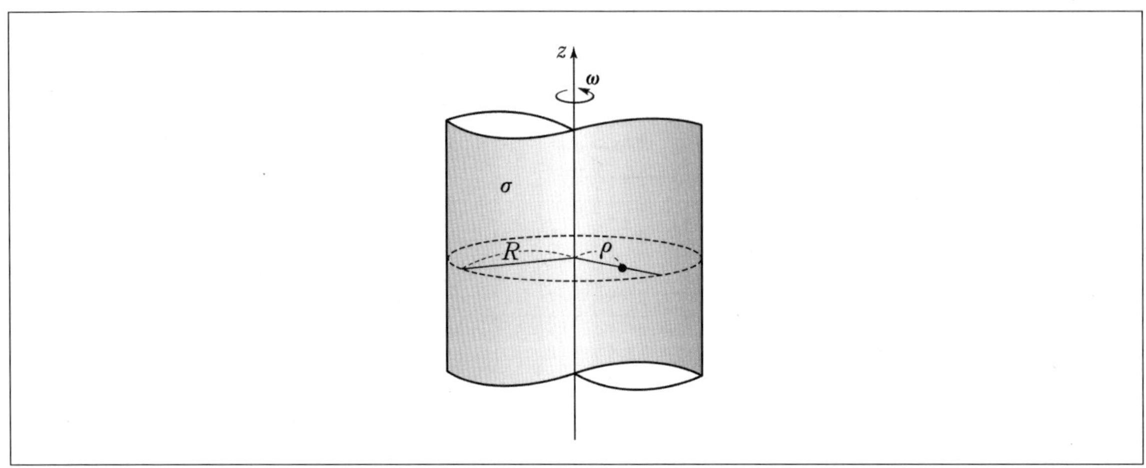

$t = t_0$일 때, 원통 표면에 생성된 표면 전류 밀도(단위 길이당 전류)의 크기와 원통 내부($\rho < R$)에서 자기장의 크기를 각각 구하시오. 또한 원통 내부에서 유도 전기장의 크기를 풀이 과정과 함께 구하시오. (단, μ_0은 진공의 투자율이고, 전자기파의 발생은 무시한다.)

03 다음 그림과 같이 두께를 무시할 수 있는 얇은 원판이 z축을 회전축으로 하여 일정한 각속도 $\vec{\omega} = \omega\hat{z}$ 로 회전하고 있는 모습을 나타낸 것이다. 표면 전하 밀도는 σ이고, 원판의 반지름은 R이며, 원판의 중심축은 z축과 일치한다.

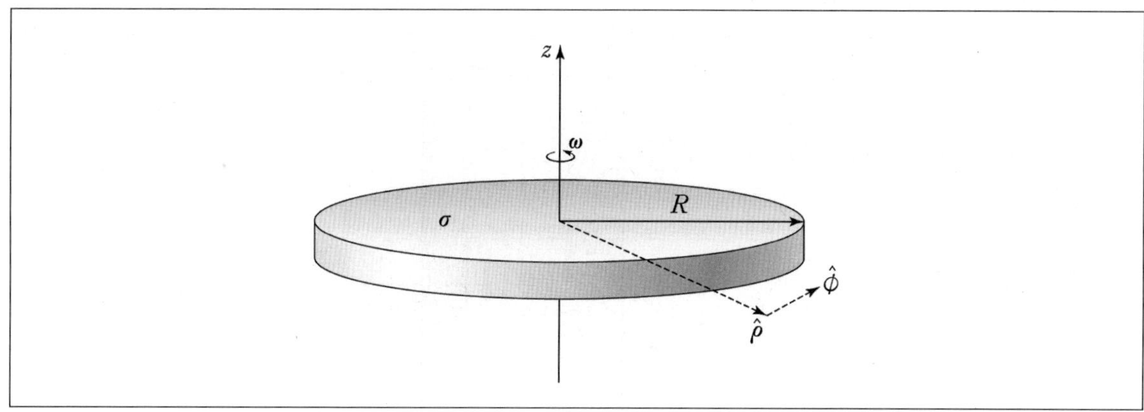

이때 z축 상의 임의의 점에서의 자기장의 세기 $B(z)$를 풀이 과정과 함께 구하시오. 또한 원판의 자기 쌍극자 모멘트 m의 크기와 방향을 각각 구하시오. (단, 진공의 자기 투자율은 μ_0이다.)

자료

- xy평면에 놓인 반지름 r인 원형 고리에 전류 I가 흐를 때, 고리의 중심축인 z축을 따라 고리의 중심에서 거리 z_0인 점에서 자기장의 크기는 $\dfrac{\mu_0 I r^2}{2(z_0^2 + r^2)^{3/2}}$ 이다.
- $\displaystyle\int \frac{x^3}{(x^2+a^2)^{3/2}}dx = \frac{x^2+2a^2}{(x^2+a^2)^{1/2}} + C$이다.

17-A13

04 다음 그림은 원통 좌표계에서 자기화(자화밀도) $\vec{M} = M_0 \hat{z}$ 로 균일하게 자기화되어 있고, 중심축이 z축과 일치하는 무한히 긴 원기둥 모양의 물체를 나타낸 것이다.

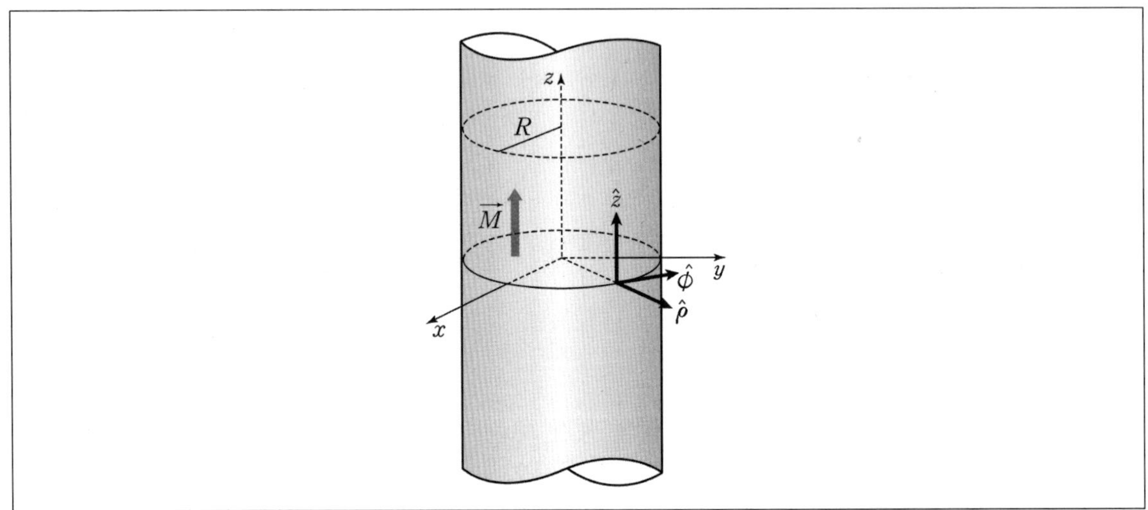

이때 이 원기둥의 반지름이 R일 때, 원기둥 내부와 외부의 자기장 $\vec{B}_{내부}$, $\vec{B}_{외부}$를 구하고, 그 결과와 스토크스 정리를 이용하여 원기둥 외부의 자기 벡터퍼텐셜 $\vec{A}_{외부}$를 풀이 과정과 함께 구하시오. (단, 그림의 $\hat{\rho}$, $\hat{\phi}$, $\hat{z}$는 원통 좌표계의 단위벡터이다. 스토크스 정리는 $\int(\vec{\nabla}\times\vec{A})\cdot d\vec{a} = \oint\vec{A}\cdot d\vec{l}$이다.)

05 그림 (가)는 좌표의 원점에 고정되어 z축 방향으로 놓인 자기쌍극자 모멘트 $\overrightarrow{M_0}= M_0\hat{z}$ 에 의한 임의의 점 P에서의 자기장 $\overrightarrow{B}(r)$를 나타낸 것이다. $\overrightarrow{M_0}$ 에 의한 자기장은 $\overrightarrow{B}(r) = \frac{\mu_0}{4\pi}\frac{1}{r^3}\left[3(\overrightarrow{M_0} \cdot \hat{r})\hat{r} - \overrightarrow{M_0}\right]$ 이고, $\hat{r}$은 지름 방향의 단위벡터이다. 그림 (나)는 이 $\overrightarrow{M_0}$이 만드는 자기장에서 질량 m, 자기쌍극자 모멘트 $\overrightarrow{M}= -M\hat{z}$ 인 입자가 xy평면상에서 $\overrightarrow{M_0}$으로부터 거리 r만큼 떨어져 운동하는 모습을 나타낸 것이다. $\overrightarrow{M_0}$으로부터 거리 r에서 $\overrightarrow{M}$의 퍼텐셜 에너지는 $V= -\overrightarrow{M} \cdot \overrightarrow{B}$이다.

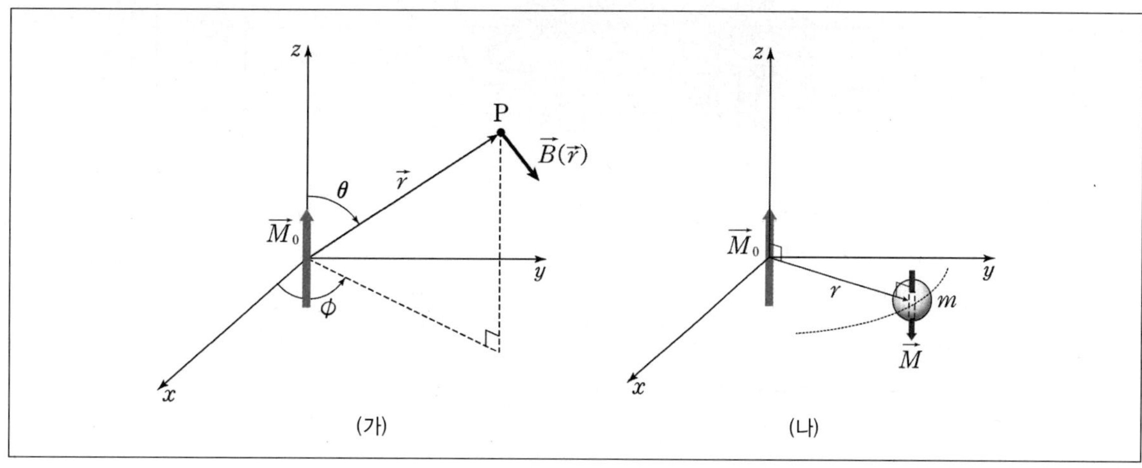

이때 입자에 작용하는 힘 $\overrightarrow{F}$의 크기와 방향을 풀이 과정과 함께 구하시오. 또한 등속 원운동하기 위한 입자의 속력 v를 구하시오.

06 그림 (가)는 도선이 N번 감겨 있는 토로이드(toroid)를 나타낸 것이고, 그림 (나)는 토로이드를 수직으로 잘랐을 때 보이는 직사각형 단면을 나타낸 것이다. 토로이드의 안쪽 반지름은 a, 바깥쪽 반지름은 b, 높이는 h이고, 토로이드에 흐르는 전류는 I이다. 중심축을 기준으로 회전 방향으로 토로이드의 절반의 영역에서는 투자율이 $\mu(>\mu_0)$인 매질로 채워져 있고, 나머지는 투자율이 μ_0인 진공 상태이다.

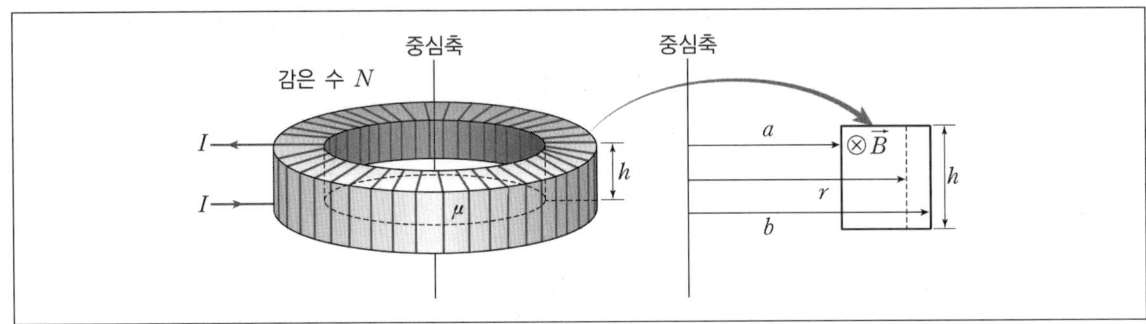

이때 매질 내부 $a<r<b$에서 자기장 B의 세기와 자화(magnetization) M의 세기를 각각 구하시오. 또한 토로이드의 자체 유도 계수 L을 풀이 과정과 함께 구하시오.

자료

전류 I가 흐르는 토로이드에 저장된 자기 에너지는 $\frac{1}{2}LI^2$이다.

07 다음 그림은 반경이 a인 도선과 반경이 b인 원통형 껍질로 이루어진 무한히 긴 동축 케이블의 단면을 나타낸 것이다. 반경이 a인 도선에는 지면을 나오는 방향으로 전류 I가 흐르고, 반경이 b인 원통형 껍질 표면에는 지면에 들어가는 방향으로 동일한 전류 I가 흐른다. 동축 케이블 사이 $0 \le \phi < \frac{\pi}{2}$ 공간에는 투자율이 μ_0인 자유 공간이고, $\frac{\pi}{2} \le \phi < 2\pi$인 공간에는 투자율이 $3\mu_0$인 선형 등방성 자화체로 채워져 있다.

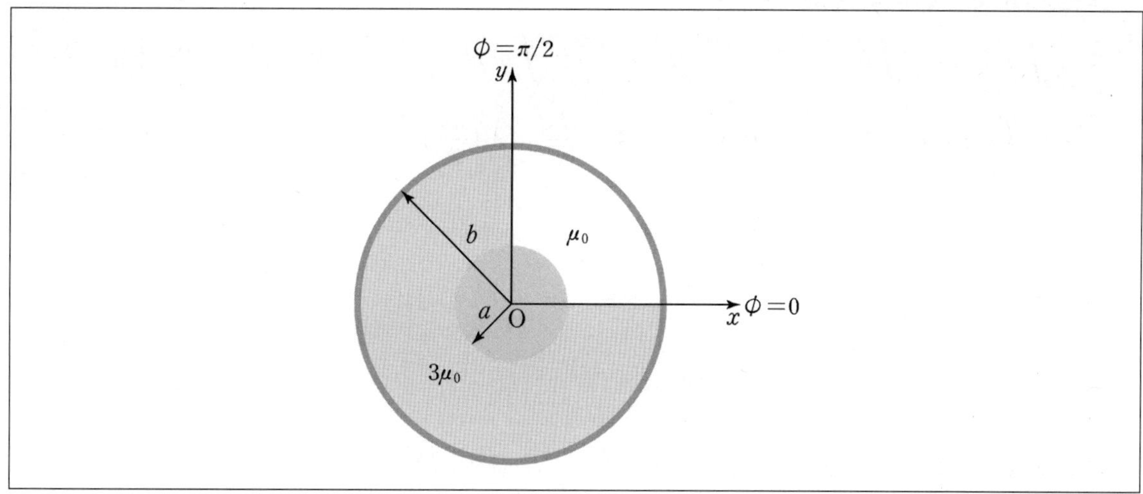

이때 동축 케이블 사이 공간 $a < \rho < b$에서 $0 \le \phi < \frac{\pi}{2}$에서의 자기장의 세기 $B_1(\rho)$와 $\frac{\pi}{2} \le \phi < 2\pi$에서의 자기장의 세기 $B_2(\rho)$를 각각 구하시오. 또한 동축 케이블의 단위 길이당 자기 인덕턴스를 풀이 과정과 함께 구하시오.

Chapter 07

전자기파와 에너지

01 포인팅 정리(Poynting's theorem)

전자기학의 일과 에너지 정리는 다음과 같다.

로렌츠 힘 $\vec{F}= q(\vec{E}+\vec{v}\times\vec{B})$

$W=\int\vec{F}\cdot d\vec{s}=\int q(\vec{E}\cdot d\vec{s}+[\vec{v}\times\vec{B}]\cdot d\vec{s})=\int q(\vec{E}\cdot d\vec{s})$ (∵ 자기력은 일을 하지 않는다.)

$$\frac{dW}{dt}=\int(\vec{E}\cdot\vec{v})\rho dV\ \ (\vec{J}=\rho\vec{v}\ \leftarrow I=JA=\frac{dQ}{dt}=\rho A\frac{ds}{dt})$$

$$=\int(\vec{E}\cdot\vec{J})dV\ \cdots\cdots\ ①$$

맥스웰 방정식 $\nabla\times B=\mu_0 J+\mu_0\epsilon_0\frac{\partial E}{\partial t}$ 로부터 $J=\frac{1}{\mu_0}(\nabla\times B)-\epsilon_0\frac{\partial E}{\partial t}$

$$E\cdot J=\frac{1}{\mu_0}E\cdot(\nabla\times B)-\epsilon_0\left(E\cdot\frac{\partial E}{\partial t}\right)$$

그런데 $\nabla\cdot(E\times B)=B\cdot(\nabla\times E)-E\cdot(\nabla\times B)$를 이용하면

$$E\cdot(\nabla\times B)=B\cdot(\nabla\times E)-\nabla\cdot(E\times B)$$

$$=B\cdot\left(-\frac{\partial B}{\partial t}\right)-\nabla\cdot(E\times B)$$

$$E\cdot J=-\frac{1}{\mu_0}B\cdot\left(\frac{\partial B}{\partial t}\right)-\epsilon_0\left(E\cdot\frac{\partial E}{\partial t}\right)-\nabla\cdot\frac{(E\times B)}{\mu_0}$$

$$=-\frac{1}{2}\frac{\partial}{\partial t}\left(\epsilon_0 E^2+\frac{B^2}{\mu_0}\right)-\nabla\cdot\frac{(E\times B)}{\mu_0}$$

원래 식 ①에 대입하면

$$\frac{dW}{dt}=\int(E\cdot J)dV=-\frac{\partial}{\partial t}\int\frac{1}{2}\left(\epsilon_0 E^2+\frac{B^2}{\mu_0}\right)dV-\int\nabla\cdot\frac{(E\times B)}{\mu_0}dV$$

$$=-\frac{\partial}{\partial t}\int(u_E+u_B)dV-\int\frac{(E\times B)}{\mu_0}\cdot da$$

$$\therefore\ \frac{dW}{dt}=\int(E\cdot J)dV=-\frac{\partial}{\partial t}\int(u_E+u_B)dV-\int S\cdot da$$

따라서 전하에 힘을 가해서 일을 하면, 단위 시간당 전하에 가한 한 일은 단위 부피당 전기에너지 u_E와 단위 부피당 자기에너지 u_B로 저장되거나 포인팅 벡터 $S=\dfrac{E\times B}{\mu_0}$(단위 시간당 단위 면적당 빠져나가는 에너지)의 형태로 주위로 에너지가 방출된다. 만약 전하에 일을 하지 않으면

$$\therefore \frac{dW}{dt}=\int(E\cdot J)dV=0=-\frac{\partial}{\partial t}\int(u_E+u_B)dV-\int S\cdot da$$

$$\frac{\partial}{\partial t}\int(u_E+u_B)dV=-\int S\cdot da$$

부피 V속에 저장된 전기에너지와 자기에너지가 시간에 따라 변하면 둘러싼 폐곡면을 통해 $S=\dfrac{E\times B}{\mu_0}$가 시간에 따라 방출된다. 포인팅 벡터 의미는 전자기학의 에너지 보존법칙을 설명해준다. 또한 $\vec{S}=\dfrac{\vec{E}\times\vec{B}}{\mu_0}$의 방향은 에너지가 방출되는 방향과 일치한다. 즉, 전자기파 전파 방향이다.

02 원천전하(ρ)와 전류(J)가 없는 공간에서 전자기학 파동방정식

맥스웰 방정식은 다음과 같다.

① $\nabla\cdot E=\dfrac{\rho}{\epsilon}=0$

② $\nabla\times E=-\dfrac{\partial B}{\partial t}$

③ $\nabla\cdot B=0$

④ $\nabla\times B=\mu_0 J+\mu_0\epsilon_0\dfrac{\partial E}{\partial t}=\mu_0\epsilon_0\dfrac{\partial E}{\partial t}$

$\nabla\times(\nabla\times A)=\nabla(\nabla\cdot A)-\nabla^2 A$ ➡ 벡터 항등식을 이용하자.

식 ②에 회전 연산자를 적용하면

$$\nabla\times(\nabla\times E)=-\frac{\partial}{\partial t}(\nabla\times B)$$

$$\nabla(\nabla\cdot E)-\nabla^2 E=-\frac{\partial}{\partial t}\left(\mu_0\epsilon_0\frac{\partial E}{\partial t}\right)$$

$$\nabla^2 E=\mu_0\epsilon_0\frac{\partial^2 E}{\partial t^2}$$

식 ④에 회전 연산자를 적용하면

$\nabla \times (\nabla \times B) = \mu_0 \epsilon_0 \frac{\partial}{\partial t}(\nabla \times E)$

$\nabla(\nabla \cdot B) - \nabla^2 B = \mu_0 \epsilon_0 \frac{\partial}{\partial t}\left(-\frac{\partial B}{\partial t}\right)$

$\nabla^2 B = \mu_0 \epsilon_0 \frac{\partial^2 B}{\partial t^2}$

일반적인 파동방정식은 $\nabla^2 f(r,t) = \frac{1}{v^2}\frac{\partial^2 f(r,t)}{\partial t^2}$ 이다. 공간을 통해 빠져나가는 전자기파는 전기장의 파동과 자기장의 파동형태로 나아간다. 그리고 속력은 $c = \frac{1}{\sqrt{\mu_0 \epsilon_0}}$ 상수이다. 전자기파가 빛이므로 진공에서의 빛의 속력이다. (특수상대론 탄생 배경)

그리고 앞에서 했던 포인팅 벡터 $\vec{S} = \frac{\vec{E} \times \vec{B}}{\mu_0}$ 가 빠져나가는 에너지의 방향을 설명하였으므로 전기장의 진동방향과 자기장의 진동방향은 전자기파의 전파 방향과 항상 수직을 이룬다.

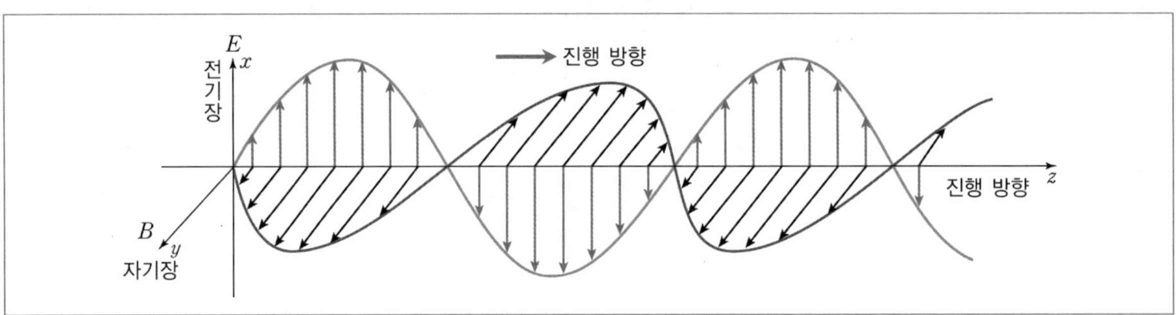

전기장과 자기장의 수식적 관계

$\vec{E} = E_0 \sin(kz - \omega t)\,\hat{x}$

$\vec{B} = B_0 \sin(kz - \omega t)\,\hat{y}$

이들의 수식적 관계는 맥스웰 방정식으로부터 이끌어 낼 수 있다. 실제 시험에서는 맥스웰 방정식으로 유도하는 것보다 아래와 같이 하는 것을 추천한다.

맥스웰 방정식 $\vec{\nabla} \times \vec{E} = -\frac{\partial \vec{B}}{\partial t}$ 으로부터 진폭 성분만 보면 전기장은 공간 미분이므로 $\nabla \times E$ ➡ kE_0, 자기장은 시간 미분이므로 $\frac{\partial B}{\partial t}$ ➡ $B_0 \omega$ 이다. $\omega = kc$ 라는 파동의 기본 성질을 대입하면

$$E_0 = cB_0$$

크기를 찾았으므로 방향으로 찾아보면 $\vec{S}=\dfrac{\vec{E}\times\vec{B}}{\mu_0}$ 로부터 S의 방향은 진행벡터 k방향과 일치하므로

$$\vec{B}=\hat{k}\times\frac{\vec{E}}{c}$$
$$\vec{E}=c\vec{B}\times\hat{k}$$

이렇게 찾는 것이 아주 효율적이고 정확하다. 위 식은 암기해두자. 실전에서 맥스웰 방정식으로 찾는 것은 아주 비효율적이고 정확도가 그렇게 높지 않음을 명심하자. 만약 위 그림처럼 $\vec{E}=E_0\sin(kz-\omega t)\hat{x}$ 이 주어진다면 자기장은 위 식을 이용하면 한방에 쓸 수 있다.

$$\vec{B}=\frac{E_0}{c}\sin(kz-\omega t)\,\hat{y}\ \ ;\ \hat{k}=\hat{z}\ ,\hat{k}\times\hat{x}=\hat{y}$$

03 빛의 세기와 포인팅 벡터와의 관계

빛의 세기 I는 단위 면적당 단위 시간당 에너지 방출을 의미한다. 포인팅 벡터는 단위 면적당 단위 시간당 빠져나가는 전자기파 에너지 벡터를 의미한다. 그런데 $S=\dfrac{E\times B}{\mu_0}$ 는 전기장과 자기장의 파동의 형태로 기술되어 있다. 전자기파는 진동이므로 진동의 에너지 세기를 구할 때는 시간 평균값을 고려해야 한다. 즉, 전기장과 자기장이 진동함에 따라 포인팅 벡터의 크기 역시 시간에 따라 변하기 때문이다.

빛의 세기 $I=|\langle S\rangle_t|$

예를 들어 z축으로 나아가는 전자기파를 고려해 보자.

$E=E_0\sin(kz-\omega t)\hat{x}$, $B=B_0\sin(kz-\omega t)\hat{y}$

$$S=\frac{E\times B}{\mu_0}=\frac{E_0B_0\sin^2(kz-\omega t)}{\mu_0}\hat{z}$$

$$I=|\langle S\rangle_t|=\frac{E_0B_0}{2\mu_0}=\frac{1}{2c\mu_0}E_0^2$$

04 광자의 탄성 충돌과 압력

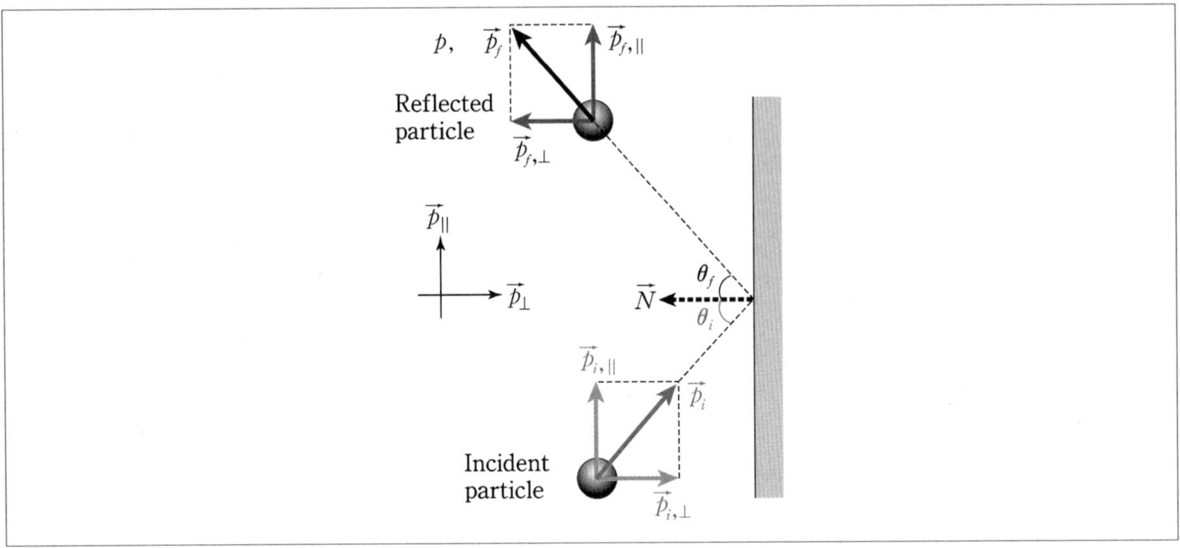

광자가 벽과 충돌 하였을 때 벽이 느끼는 압력 P를 구해보자. 빛은 정지질량이 없으므로 빛의 에너지는 $E=pc$ 이다. 탄성 충돌하면 에너지 불변 상황에 따라 2가지 형태의 운동량 변화량이 존재한다.

> ① 충돌 후 튀어 나감: $\Delta p = 2p\cos\theta$
> ② 연직방향으로 충돌 후 흡수: $\Delta p = p$

$$P = \frac{\langle F\rangle_t}{A} = \frac{1}{A}\left\langle \frac{\Delta p}{\Delta t}\right\rangle_t = \frac{2\cos\theta}{cA}\left\langle \frac{E}{\Delta t}\right\rangle_t = \frac{2\cos\theta}{c}\left\langle \frac{E}{A\Delta t}\right\rangle_t$$

$$= \frac{2\cos\theta}{c}\langle S\rangle_t = \frac{2I}{c}\cos\theta$$

> 물체가 받는 압력
> ① 입사각 θ로 들어와서 튀어 나갈 때: $P = \frac{2I\cos\theta}{c}$
> ② 연직으로 들어와서 흡수될 때: $P = \frac{I}{c}$

연습문제

정답_ 277p

18-B04

01 다음 그림은 전류와 전하가 없는 진공에서 $+\hat{y}$방향으로 진행하는 전자기파의 전기장 성분을 나타낸 것이다. 전기장은 yz평면에 있으며, 전기장의 진폭은 E_0이고 파장은 λ_0이다.

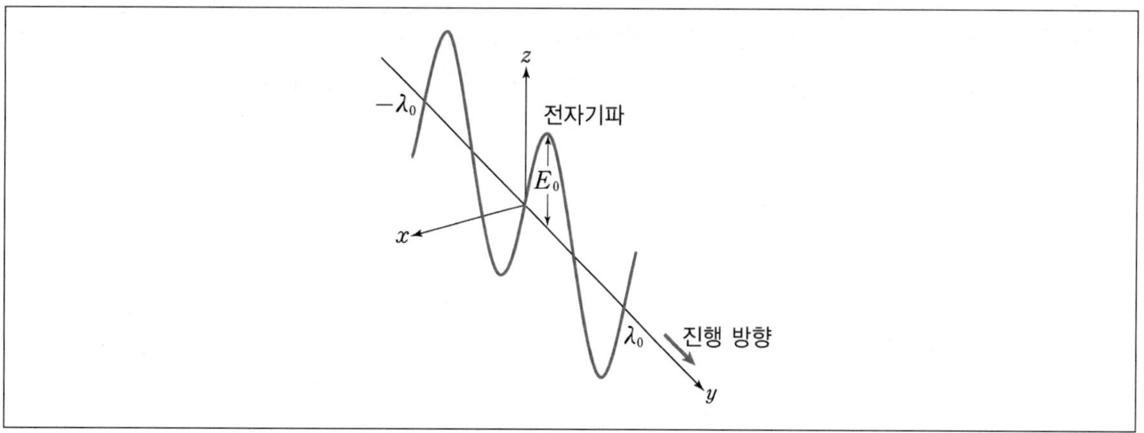

이때 <자료>를 참고하여 전류와 전하가 없는 진공에서 전자기파의 전기장 $\vec{E}$에 대한 파동 방정식을 풀이 과정과 함께 구하시오. 그림으로부터 전자기파의 전기장 $\vec{E}(y,\ t)$를 수식으로 표현하고, 자기장 $\vec{B}(y,\ t)$를 구하시오.

자료

- 전류와 전하가 없는 진공에서 전기장 $\vec{E}$와 자기장 $\vec{B}$에 대한 맥스웰 방정식은

$$\vec{\nabla}\cdot\vec{E}=0 \qquad \vec{\nabla}\times\vec{E}=-\frac{\partial\vec{B}}{\partial t}$$

$$\vec{\nabla}\cdot\vec{B}=0 \qquad \vec{\nabla}\times\vec{B}=\mu_0\epsilon_0\frac{\partial\vec{E}}{\partial t}$$

이다. 여기서 ϵ_0과 μ_0은 진공의 유전율과 투자율이다.

- 임의의 벡터 $\vec{F}$에 대해 $\vec{\nabla}\times(\vec{\nabla}\times\vec{F})=\vec{\nabla}(\vec{\nabla}\cdot\vec{F})-\nabla^2\vec{F}$ 이다.

16-B07

02 진공에서 $\hat{x}$방향으로 진동하는 자기장이 다음과 같다.

$$\begin{aligned}\vec{B}(z,t) &= B_0[\cos(kz+\omega t)+\cos(kz-\omega t)]\hat{x} \\ &= 2B_0\cos(kz)\cos(\omega t)\hat{x}\end{aligned}$$

이때 맥스웰 방정식을 사용하여 전기장 $\vec{E}$와 포인팅(Poynting) 벡터 $\vec{S}$를 각각 풀이 과정과 함께 구하시오. 또한 포인팅 벡터의 한 주기 동안 시간 평균값 $\langle \vec{S} \rangle_t$를 구하고, 그 값의 물리적 의미를 설명하시오.

(단, B_0은 상수이며 진공의 유전율과 투자율은 각각 ϵ_0과 μ_0이고 빛의 속력은 $c=\dfrac{1}{\sqrt{\epsilon_0\mu_0}}$이다.)

03 전류와 전하가 없는 진공에서 전자기파의 전기장 $\vec{E}(r,t) = E_0(-\hat{x}+\hat{y})\cos\left(k\left(\frac{x+y}{\sqrt{2}}\right)-\omega t\right)$이다. 자기장 $\vec{B}(r,\ t)$와 포인팅(Poynting) 벡터 $\vec{S}(r,\ t)$를 각각 구하시오. (단, 자기장은 $\vec{B} = \frac{1}{c}\hat{k}\times\vec{E}$ 이고, E_0은 상수, $c = \frac{1}{\sqrt{\mu_0\epsilon_0}}$은 광속, ϵ_0과 μ_0은 각각 진공의 유전율과 투자율이다.)

04 포인팅 벡터의 한 주기 동안 시간 평균값 $\langle \vec{S} \rangle_t$은 빛의 세기 I와 동일하다. 빛의 세기 I로 주어진 레이저가 있다. 레이저의 단면적은 A이다. (단, $E_0 = cB_0$, ϵ_0과 μ_0이고 빛의 속력은 $c = \dfrac{1}{\sqrt{\epsilon_0 \mu_0}}$이다.)

1) 전기장의 진폭 E_0를 구하시오.

2) 레이저가 물체에 완전히 흡수되었을 때 물체가 받는 평균 압력과 힘의 크기를 구하시오.

Part 02

05 다음 그림과 같이 yz 평면에 갇혀있는 전자기파를 나타낸 것이다.

입사파 : $E_{1y}(x,\ t) = E_0 \cos(kx - \omega t),\ B_{1z}(x,\ t) = B_0 \cos(kx - \omega t)$

반사파 : $E_{2y}(x,\ t) = -E_0 \cos(kx + \omega t),\ B_{2z}(x,\ t) = B_0 \cos(kx + \omega t)$

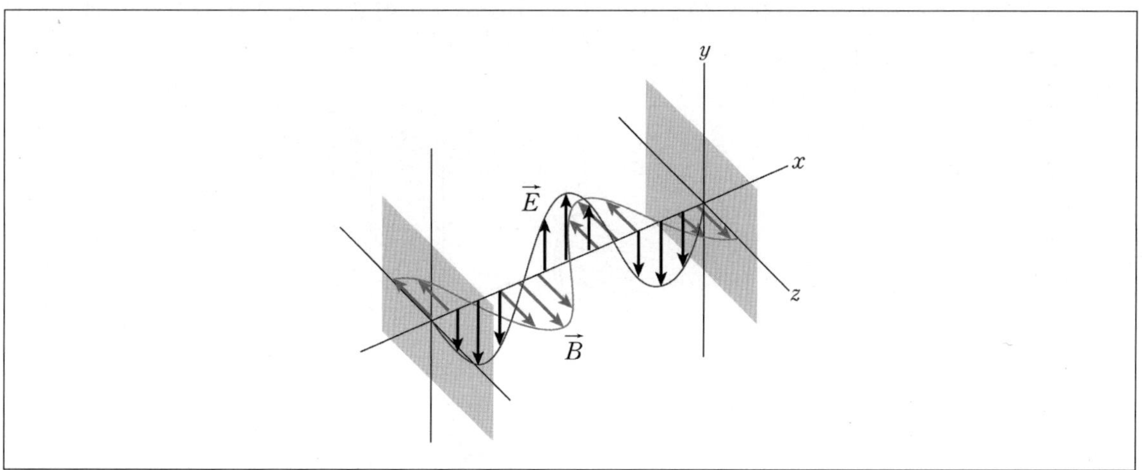

이때 갇혀있는 전자기파의 포인팅(Poynting) 벡터 $\vec{S}$를 각각 풀이 과정과 함께 구하시오. 또한 포인팅 벡터의 한 주기 동안 시간 평균값 $\langle \vec{S} \rangle_t$를 구하고, 그 값을 물리적 의미를 설명하시오. (단, B_0은 상수이며 진공의 유전율과 투자율은 각각 ϵ_0과 μ_0이고 빛의 속력은 $c = \dfrac{1}{\sqrt{\epsilon_0 \mu_0}}$ 이다.)

[참고 : $\cos(\alpha \pm \beta) = \cos\alpha\cos\beta \mp \sin\alpha\sin\beta$]

17-B07

06 다음 그림은 진공 속에서 동일한 두 원형 완전 반사체로 만들어진 비틀림 장치의 한 쪽 날개면 전체에 전자기파를 쬐어 주어 평형 상태에 있는 것을 나타낸 것이다. 이때 전자기파의 진행 방향과 반사체 면은 수직이며, 전자기파의 전기장은 $\vec{E}(z,\ t) = E_0\cos(kz - \omega t)\hat{x}$ 이고, 면적 A인 완전 반사체 중심과 축 사이의 거리는 R이다.

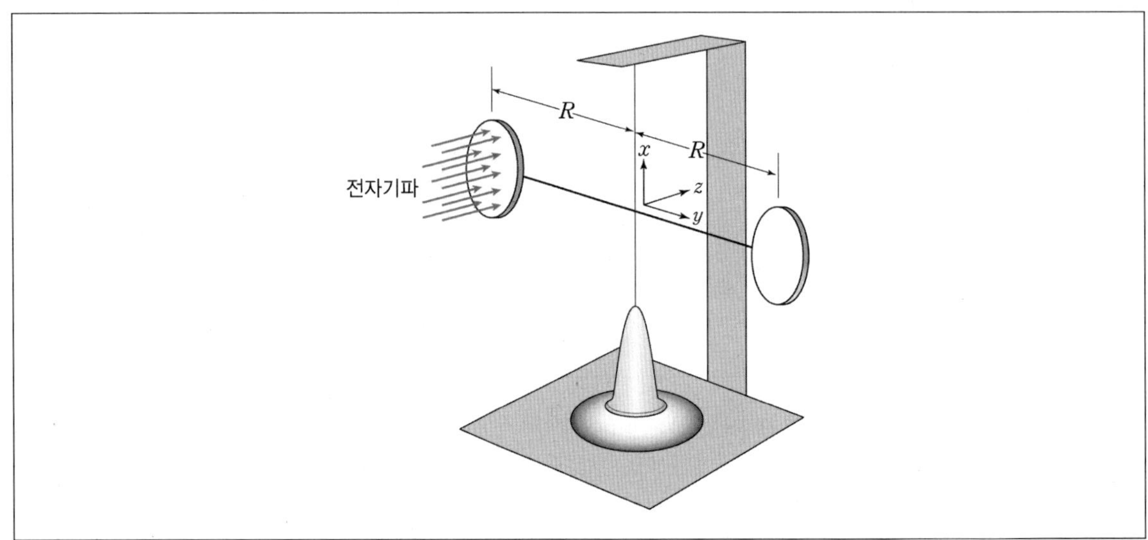

이때 단위 부피당 전자기파에 실린 평균 운동량(평균 운동량 밀도) $\langle \vec{g} \rangle = \langle \epsilon_0 (\vec{E} \times \vec{B}) \rangle$와 단위시간 동안 날개에 전달된 평균 운동량(평균 힘)을 구하시오. 또 이 장치에 전자기파가 작용하는 평균 돌림힘(평균 토크)의 크기 τ를 풀이 과정과 함께 구하시오. (단, 자기장은 $\vec{B} = \frac{1}{c}\hat{k} \times \vec{E}$ 이고, E_0은 상수, $c = \frac{1}{\sqrt{\mu_0 \epsilon_0}}$은 광속, ϵ_0과 μ_0은 각각 진공의 유전율과 투자율이다.)

07 다음 그림과 같이 2개의 원통형 도체가 중심을 공유하여 존재하는데 하나는 반경이 a인 원통형 도체 막대이고, 하나는 반경이 b인 아주 얇은 원통형 도체 껍질이다. 두 도체 사이 $a < \rho < b$에는 다음과 같이 전기장과 자기장이 형성되어있다.

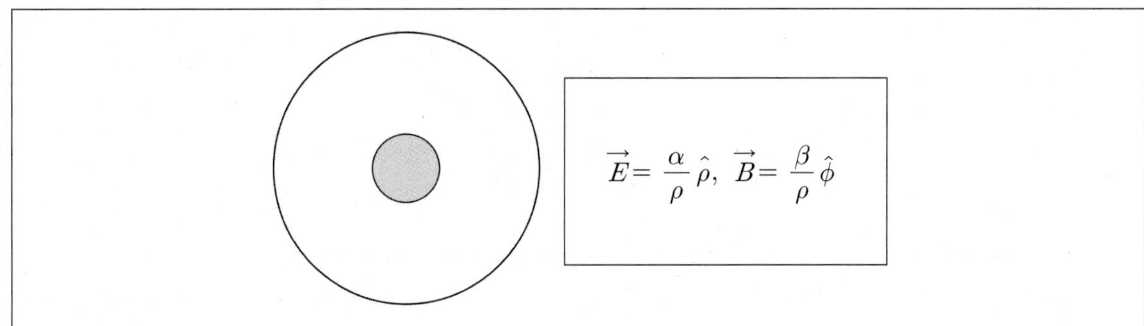

이때 원통형 도체 $a < \rho < b$ 에서 포인팅(Poynting) 벡터 $\vec{S}$를 각각 풀이 과정과 함께 구하시오. 또한, 반경이 ρ이고 $0 < z < L$인 원통형 단면적으로 단위 시간당 방출되는 에너지 P를 구하시오. (단, 진공의 유전율과 투자율은 각각 ϵ_0과 μ_0이고 빛의 속력은 $c = \frac{1}{\sqrt{\epsilon_0 \mu_0}}$이다.)

08 다음 그림과 같이 반경이 a이고 길이가 l이며, 전도율이 σ인 도체에 전류 I가 $+z$방향으로 흐르고 있다.

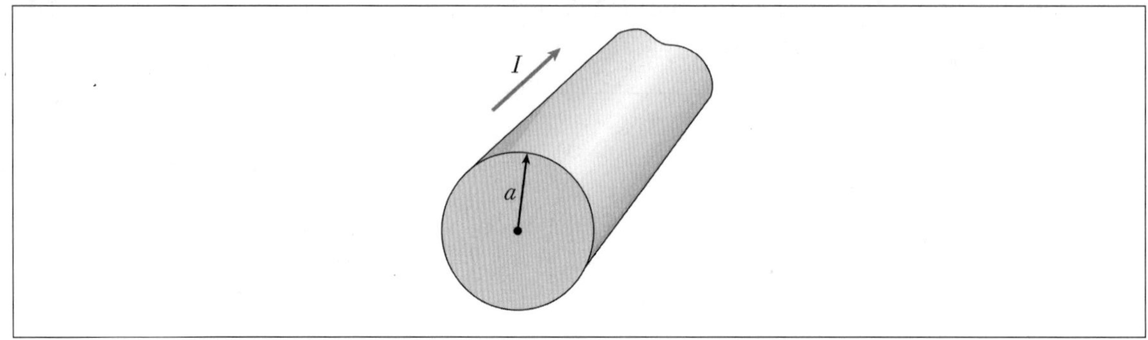

이때 내부에서 전기장 $\vec{E}$와 $r > a$에서 자기장 $\vec{B}$를 구하시오. 또한 도체 표면에서 포인팅(Poynting) 벡터 $\vec{S}$와 단위 시간당 에너지 방출량의 크기 P를 구하시오. (단, 진공의 유전율과 투자율은 각각 ϵ_0과 μ_0이다.)

자료

전류 밀도 $\vec{J}$가 흐르는 전도율 σ인 도선 내부에서 발생하는 전기장은 $\vec{E} = \dfrac{\vec{J}}{\sigma}$이다.

09 그림 (가)는 크기가 p_0인 물 분자의 쌍극자 모멘트 $\vec{p}=p_0\hat{z}$가 z축에 나란하게 놓여있는 모습을 나타낸 것이다. 그림 (나)는 외부 마이크로파에 의해서 물 분자가 진동하는 모습을 나타낸 것이다. 이것이 전자레인지의 원리이다.

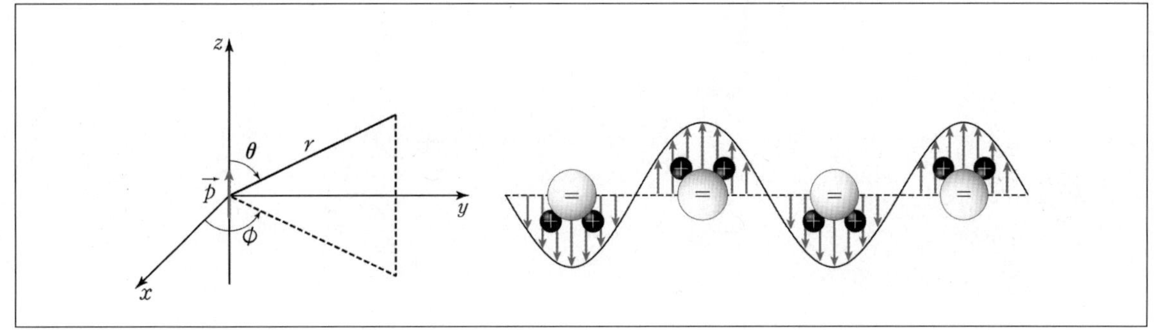

$kr \gg 1$인 공간에서 물 분자의 쌍극자 모멘트의 진동에 의해 발생되는 전기장은 다음과 같다.

$$\vec{E}(r,\ t) = -\frac{p_0\omega^2\sin\theta}{4\pi\epsilon_0 c^2 r}\cos(kr-\omega t)\,\hat{\theta}$$

이때 $kr \gg 1$인 공간에서 쌍극자 모멘트의 진동에 의해서 발생되는 자기장 $\vec{B}(r,\ t)$를 구하시오. 또한 포인팅(Poynting) 벡터 $\vec{S}$의 시간 평균값 $\langle \vec{S} \rangle_t$를 구하시오. 그리고 $r=r_0$인 영역에서 단위 시간당 방출되는 전자기파 에너지를 구하시오. (단, 진공의 유전율과 투자율은 각각 ϵ_0, μ_0이고 빛의 속력은 $c=\dfrac{1}{\sqrt{\mu_0\epsilon_0}}$이다.)

자료

- 구형 좌표계에서 미소 표면적은 $dA=r^2\sin\theta\, d\theta\, d\phi$이다.
- $\displaystyle\int_0^{\pi}\sin^3\theta\, d\theta = \frac{4}{3}$

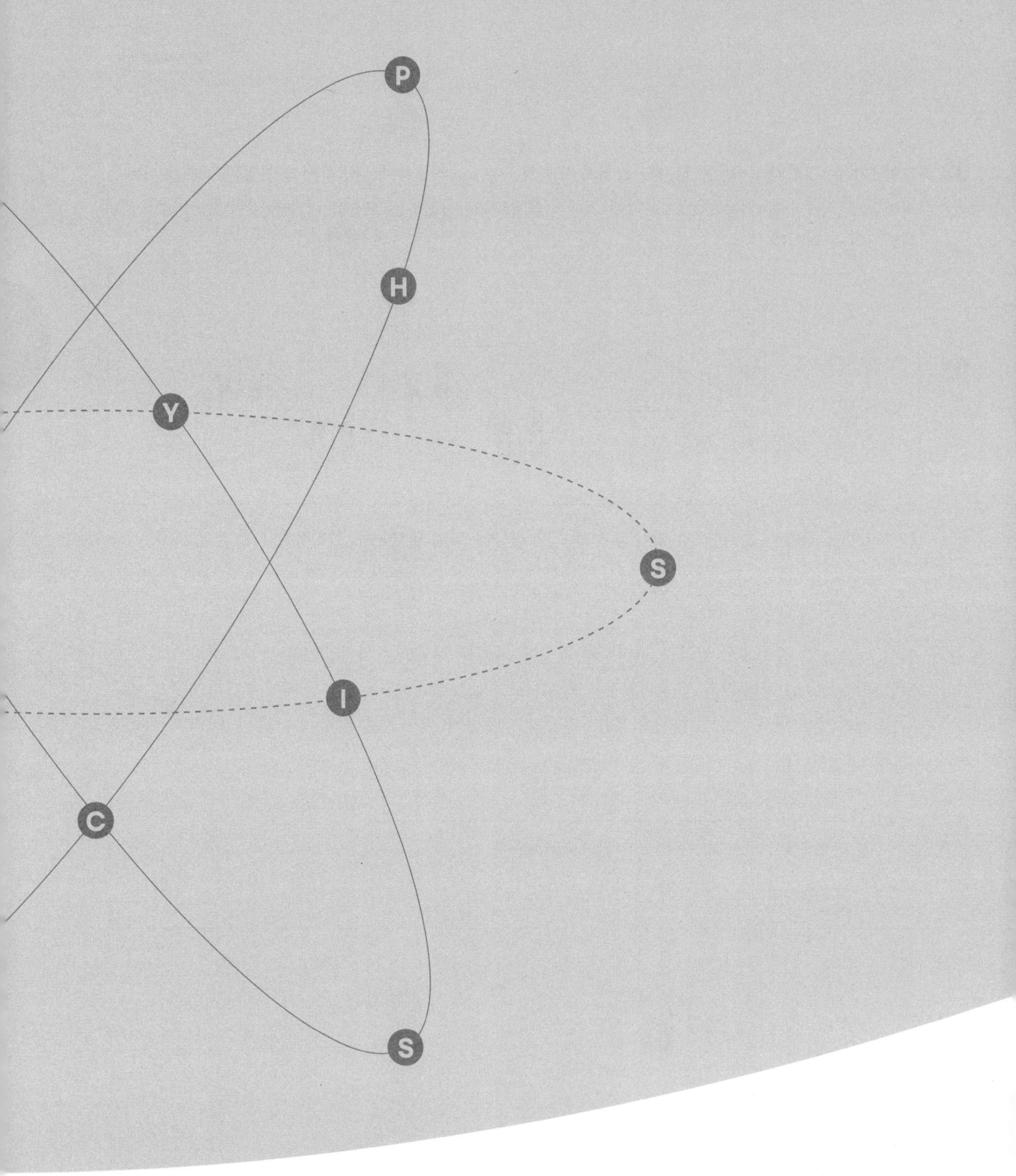

정승현
고전역학
전자기학

연습문제 정답

Part 01 | 고전역학 연습문제 정답

Chapter 01 심화 운동방정식

본문_ 22~34p

01 $\frac{v^2}{gL}$

02 1) $ma+kv+f=0$, 2) $t_{정지}=\frac{m}{k}\ln\left(1+\frac{kv_0}{f}\right)$

03 1) $z_0=\frac{\rho_0}{\rho_l}h$, 2) $b<2\sqrt{\frac{\rho_l g}{\rho_0 h}}$, $\omega=\sqrt{\frac{\rho_l g}{\rho_0 h}-\frac{b^2}{4}}$, 3) $\frac{z(t)}{z_0}=1+e^{-\frac{b}{2}t}\left(\cos\omega t+\frac{b}{2\omega}\sin\omega t\right)$

04 1) $m\frac{d^2x}{dt^2}+bv+kx=F_0\cos(\omega t)$, 2) $\tan\phi=\frac{b\omega}{k-m\omega^2}$, 3) $A=\frac{F_0}{b\omega}$

05 1) $a=\frac{um}{(m+M)T-mt}-g$, 2) $v=u\ln\frac{M+m}{M}-gT$

06 1) $M(t)=-2m\frac{t}{T}+3m$, 2) $a(t)=\frac{6g}{-\frac{t}{T}+3}-g$, 3) $v=(3\ln3-1)gT$

07 1) $M'=M+m\left(1-\frac{t}{T}\right)$, $M'a=P-M'g$, 2) $v=\frac{PT}{m}\ln\left(\frac{M+m}{M}\right)-gT$

08 $v=u\ln\frac{m_0}{m}$, $m=\frac{m_0}{e}$

09 1) $v=v_0e^{-\frac{k}{m}t}$ or $t=\frac{m}{k}\ln\frac{v_0}{v}$, 2) $s=\frac{m}{k}(v_0-v)$

10 1) $s=\frac{1}{2k}\ln\left(\frac{\frac{g}{k}}{\frac{g}{k}-V^2}\right)$, 2) $t=\frac{1}{2\sqrt{gk}}\ln\left(\frac{\sqrt{\frac{g}{k}}+V}{\sqrt{\frac{g}{k}}-V}\right)$

11 1) $s=\frac{1}{2k}\ln\left(\frac{v_0^2+\frac{g}{k}}{\frac{g}{k}}\right)$, 2) $v'=\frac{v_0\sqrt{\frac{g}{k}}}{\sqrt{v_0^2+\frac{g}{k}}}$

12 1) $a(t)=g-\frac{3k}{4\rho}\frac{v^2}{r}$, 2) $\frac{dr}{dt}=\frac{k}{4\rho}v$, 3) $a_t=\frac{1}{7}g$

13 1) $a=g-\frac{3k}{4\pi r^2\rho_1}v-\frac{\rho_2}{\rho_1}g$, $a(t)=g\left(1-\frac{\rho_2}{\rho_1}\right)e^{-\frac{3k}{4\pi r^2\rho_1}t}$, 2) $v_f=\frac{4\pi r^2 g}{3k}(\rho_1-\rho_2)$

Chapter 02 회전좌표계 역학과 중력장 운동

본문_ 54~66p

01 1) $a_c=\omega^2 v_0 t$, 2) $F_{외부}=m\omega v_0\sqrt{4+(\omega t)^2}$

02 1) $r(t)=\frac{v_0}{\Omega}\sinh\Omega t$, 2) $N=2m\,\Omega v_0\cosh\Omega t$

03 1) $\left|\frac{d\vec{L}}{dt}\right|=mR^2\omega\dot{\phi}\sin\theta=mgD\sin\theta$, 방향은 $\hat{\phi}$, 2) $\omega_p=\frac{gD}{R^2\omega}$, 방향은 $\hat{z}$

04 $\Omega=\frac{mgd}{I\omega}=\frac{2gd}{R^2\omega}$

05 1) $|\vec{\tau}|=\frac{\sqrt{2}}{2}MgD$, $+\hat{\phi}$, 2) $\Omega=\frac{MgD}{4I_0\omega}$, $+z$방향

06 1) $\vec{F}=-m\omega^2\vec{r}(t)$, 2) $\vec{\tau}=0$, 3) $\phi=\frac{\pi}{2}$

07 1) $r_s=\frac{\alpha+\sqrt{\alpha^2-3\beta\gamma}}{\beta}$, 2) $r_0=\frac{2\alpha}{\beta}>r_s$

08 $U_{\text{eff}}=-\frac{k}{r^4}+\frac{L^2}{2mr^2}$, $r_0=\frac{2}{L}\sqrt{km}$: 불안정한 평형점이다, $T=\frac{8\pi km^2}{L^3}$

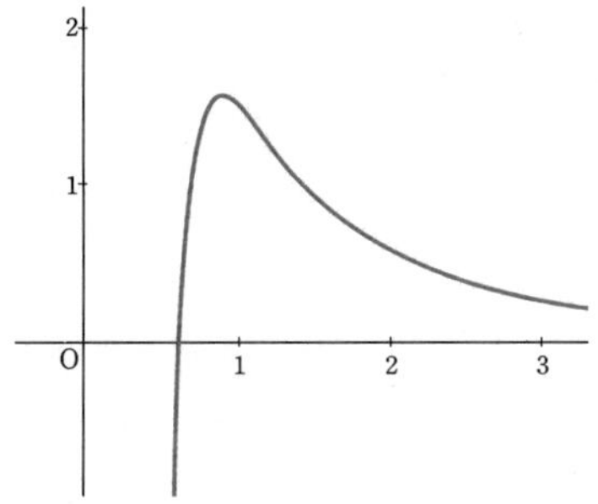

09 1) $U_{\text{eff}} = \dfrac{L^2}{2mr^2} + kr$, 2) $T = 2\pi\left(\dfrac{Lm}{k^2}\right)^{1/3}$

10 1) $U_{\text{eff}} = \dfrac{L^2}{2mr^2} + V = \dfrac{L^2}{2mr^2} - \dfrac{k}{r} - \dfrac{\alpha}{2r^2}$, 2) $\alpha < \dfrac{L^2}{m}$, 안정적인 원운동, 3) $T = \dfrac{2\pi m}{Lk^2}\left(\dfrac{L^2}{m} - \alpha\right)^2$

11 1) $U(x) = -\int F dx = \dfrac{1}{2}kx^2 - \dfrac{1}{4}k\dfrac{x^4}{\alpha^2}$, 2) $x_0 = 0$, 3) $E < U(\pm\alpha) = \dfrac{1}{4}k\alpha^2$

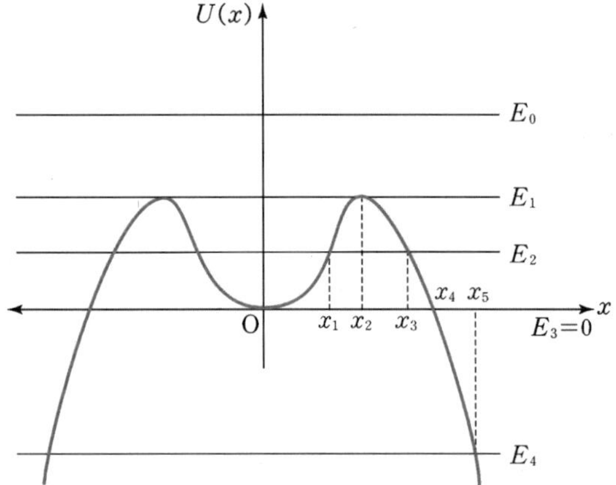

12 1) $F(x) = -\dfrac{2U_0}{a^2}\left(\dfrac{x^3}{a^2} - x\right)\hat{x}$, 2) $x_A = -a$, 3) $v_{\min} = \sqrt{\dfrac{U_0}{m}}$

13 ③

Chapter 03 라그랑지안 역학 기본

본문_76~87p

01 1) $L = \dfrac{1}{2}m\dot{r}^2 + \dfrac{1}{2}m\omega^2 r^2 - 2\pi\rho Gm\left(\dfrac{r^2}{3} - R^2\right)$, 2) $\ddot{r} + \left(\dfrac{4}{3}\pi\rho G - \omega^2\right)r = 0$, 3) $\omega < \sqrt{\dfrac{4\pi\rho G}{3}}$

02 1) $L = T - V = \dfrac{1}{2}m(l^2\dot{\theta}^2 + \dot{y}^2 + 2\dot{y}l\dot{\theta}\sin\theta) - mg(y - l\cos\theta)$, $\ddot{\theta} + \dfrac{g+a}{l}\sin\theta = 0$,

2) $Q_y = ml\dot{\theta}^2\cos\theta + m(g+a)\cos^2\theta$

03 1) $L=T-V=\frac{1}{2}m(a^2t^2+2R\dot{\theta}t[a_x\cos\theta+a_y\sin\theta]+R^2\dot{\theta}^2)-mg\left(\frac{1}{2}a_yt^2-R\cos\theta\right)$,

2) $\ddot{\theta}+a_x\cos\theta+a_y\sin\theta+g\sin\theta=0$, $\tan\theta_0=-\frac{a_x}{g+a_y}$, 3) $\omega=\sqrt{\frac{a_y+g}{R}}$

04 1) $L=T-V=\frac{1}{6}mL^2\dot{\theta}^2-\frac{1}{2}mgL\sin\theta$, 2) $\ddot{\theta}=\frac{3}{2}\frac{g}{L}\cos\theta$, 3) $\theta_c=\sin^{-1}\left(\frac{1}{3}\right)$

05 1) $L(\theta,\ \dot{\theta})=\frac{1}{3}m\ell^2\dot{\theta}^2-mg\ell\sin\theta$, 2) $\ddot{\theta}+\frac{3}{2}\frac{g}{\ell}\cos\theta=0$, 3) $v=\sqrt{\frac{3g\ell}{2}}$

06 1) $L=\frac{1}{2}m\left(\frac{\dot{r}^2}{\sin^2\alpha}+r^2\omega^2\right)-\frac{mgr}{\tan\alpha}$, 2) $\ddot{r}-r\omega^2\sin^2\alpha+g\cos\alpha\sin\alpha=0$, 3) $r_0=\frac{g\cos\alpha}{\omega^2\sin\alpha}$

07 1) $I_0=\frac{1}{2}mR^2$, 2) $L(\theta,\ \dot{\theta})=\frac{1}{4}mR^2\dot{\theta}^2+\frac{mgR}{2}(\cos\theta-1)$, 3) $\ddot{\theta}+\frac{g}{R}\sin\theta=0$

08 1) $L(r,\ \dot{r},\ \phi,\ \dot{\phi})=\frac{1}{2}(m+M)\dot{r}^2+\frac{1}{2}mr^2\sin^2\theta_0\dot{\phi}^2+Mg(l-r)-mgr\cos\theta_0$,

2) $(m+M)\ddot{r}-mr\sin^2\theta_0\dot{\phi}^2+(m\cos\theta_0+M)g=0$, 3) $L_z=\sqrt{r_0^3\sin^2\theta_0 m(m\cos\theta_0+M)g}$

09 $\ddot{\theta}+\frac{g}{R}\sin\theta-\omega^2\sin\theta\cos\theta=0$, $\theta_0=\cos^{-1}\left(\frac{g}{R\omega^2}\right)$, $\omega'=\sqrt{\omega^2-\left(\frac{g}{R\omega}\right)^2}$

10 1) $L=\frac{1}{6}ml^2\dot{\theta}^2+\frac{1}{6}ml^2\omega^2\sin^2\theta+\frac{mgl\cos\theta}{2}$, 2) $\ddot{\theta}-\omega^2\sin\theta\cos\theta+\frac{3g}{2l}\sin\theta=0$,

3) $\theta_0=\cos^{-1}\left(\frac{3g}{2l\omega^2}\right)$

11 1) $\ddot{r}-\omega^2r+g\sin\omega t=0$, 2) $r=\left(\frac{r_0}{2}-\frac{g}{4\omega^2}\right)e^{\omega t}+\left(\frac{r_0}{2}+\frac{g}{4\omega^2}\right)e^{-\omega t}+\frac{g}{2\omega^2}\sin\omega t$, 3) $\omega_c=\sqrt{\frac{g}{2r_0}}$

12 1) $L(r,\ \dot{r})=\frac{1}{2}m\dot{r}^2+\frac{1}{2}mr^2\omega^2\sin^2\alpha-mgr\cos\alpha$, $\ddot{r}-(\omega^2\sin^2\alpha)r+g\cos\alpha=0$,

2) $r_0=\frac{g\cos\alpha}{\omega^2\sin^2\alpha}$, 3) $r(t)=r_0+\epsilon\cosh((\omega\sin\alpha)t)$

01 1) $L=\frac{1}{2}(m+M)\dot{x}^2+\frac{3}{4}m\dot{s}^2+m\dot{x}\dot{s}\cos\theta+mgs\sin\theta-c$, 2) $(m+M)\dot{x}+m\dot{s}\cos\theta$,

3) $\ddot{s}=\dfrac{g\sin\theta}{\frac{3}{2}-\frac{m}{m+M}\cos^2\theta}$

02 1) $L=\frac{3}{4}m(R-r)^2\dot{\theta}^2+mg(R-r)\sin\theta$, $\ddot{\theta}=\frac{2g}{3(R-r)}\cos\theta$, 2) $v_c=2\sqrt{\frac{(R-r)g}{3}}$

03 1) $L=\frac{3}{4}m(R+r)^2\dot{\theta}^2+mg(R+r)(1-\cos\theta)$, 2) $\ddot{\theta}=\frac{2g\sin\theta}{3(R+r)}$, 3) $v_{cm}=\sqrt{\frac{4g(R+r)}{7}}$

04 1) $L=T-V=\frac{1}{2}(m+2M)\dot{X}^2+\frac{1}{2}mR^2\dot{\phi}^2+mR\dot{X}\dot{\phi}\cos\phi+mgR\cos\phi$,

2) $p_X=(m+2M)\dot{X}+mR\dot{\phi}\cos\phi=$ 보존

05 1) $T=\frac{1}{2}m(\dot{x}^2+\dot{y}^2)=\frac{1}{2}mR^2\omega^2+\frac{1}{2}mr^2(\dot{\theta}+\omega)^2+mR\omega r(\dot{\theta}+\omega)\cos\theta$, 2) $\ddot{\theta}+\frac{R}{r}\omega^2\sin\theta=0$,

3) $N=mr(\dot{\theta}+\omega)^2+mR\omega^2\cos\theta$

06 1) $L(x,\dot{x})=\frac{3}{4}M\dot{x}^2-\frac{1}{2}kx^2$, 2) $\omega=\sqrt{\frac{2k}{3M}}$, 3) $A=\frac{2\mu g}{\omega^2}$

07 1) $L=m\dot{x}^2+\frac{1}{2}m(\dot{x}-R\dot{\theta})^2+\frac{1}{4}mR^2\dot{\theta}^2-kx^2$, 2) $\omega=\sqrt{\frac{6k}{7m}}$, 3) $A_m=\frac{3\mu g}{\omega^2}=\frac{7\mu mg}{2k}$

08 1) $T=kx_{\max}=\frac{2}{3}mg$, 2) $\ddot{y}=\frac{g}{3}(2+\cos\omega t)$

09 1) $L=\frac{3}{2}m(\dot{x}^2+\dot{y}^2)+m\dot{x}\dot{y}-\frac{1}{2}kx^2+3mgx+mgy+mgl$, 2) $\omega=\sqrt{\frac{3k}{8m}}$, 3) $T_{\max}=\frac{8mg}{3}$

Chapter 05 라그랑지안 역학 – 정상 모드 진동

본문_105~110p

01 1) $L(x_1,\ x_2,\ \dot{x}_1,\ \dot{x}_2)=\frac{1}{2}m\dot{x}_1+\frac{1}{2}m\dot{x}_2-\frac{1}{2}kx_1^2-\frac{1}{2}k(x_2-x_1)^2$, 2) $\omega_1=\frac{\sqrt{5}+1}{2}$, $\omega_2=\frac{\sqrt{5}-1}{2}$,

3) ω_1일 때 $\frac{x_1}{x_2}=-\frac{\sqrt{5}+1}{2}$, ω_2일 때 $\frac{x_1}{x_2}=\frac{\sqrt{5}-1}{2}$

02 1) $L(x_1,\ x_2,\ \dot{x}_1,\ \dot{x}_2)=\frac{1}{8}m(\dot{x}_1+\dot{x}_2)^2+\frac{1}{24}(\dot{x}_1-\dot{x}_2)^2-\frac{1}{2}kx_1^2-\frac{1}{2}kx_2^2-\frac{1}{8}k(x_1+x_2)^2$,

2) $\omega_1=\sqrt{\frac{3k}{m}}$, $\omega_2=\sqrt{\frac{6k}{m}}$

03 1) $L=\frac{3}{4}m\dot{x}_1^2+\frac{3}{4}m\dot{x}_2^2-\frac{1}{2}kx_1^2-\frac{1}{2}kx_2^2-\frac{1}{2}k(x_2-x_1)^2$, 2) $\omega_1=\sqrt{\frac{2k}{3m}}$, $\omega_2=\sqrt{\frac{2k}{m}}$

04 1) $L(x_1,\ x_2,\ \dot{x}_1,\ \dot{x}_2)=\frac{3}{4}m\dot{x}_1^2+\frac{3}{2}m\dot{x}_2^2-\frac{1}{2}k(x_2-x_1)^2$, 2) $\omega_1=0$, $\omega_2=\sqrt{\frac{k}{m}}$,

3) $\Delta x_{\max}=\frac{3\mu mg}{k}$

05 1) $L=\frac{1}{2}m\dot{y}_1^2+\frac{1}{2}m(\dot{y}_1+\dot{y}_3)^2+\frac{1}{2}m\dot{y}_3^2-\frac{\alpha}{2}(2y_1+y_3)^2-\frac{\alpha}{2}(y_1+2y_3)^2$, 2) $m\ddot{y}_1+2\alpha y_1+\alpha y_3=0$,

3) $f=\frac{1}{2\pi}\sqrt{\frac{3\alpha}{m}}$

06 1) $L=\frac{1}{2}m\dot{x}_1^2+\frac{1}{2}m\dot{x}_2^2+\frac{1}{2}m\dot{x}_3^2-\frac{1}{2}k(x_2-x_1)^2-\frac{1}{2}k(x_3-x_2)^2$, 2) $\omega_1=\sqrt{\frac{k}{m}}$, $\omega_2=\sqrt{\frac{3k}{m}}$

Part 02 | 전자기학 연습문제 정답

Chapter 01 전자기학 기본과 쿨롱의 법칙

본문_ 145~159p

01 1) $\vec{E}=-\frac{\lambda}{4\pi\epsilon_0 R}(\sin\theta\,\hat{x}+(1-\cos\theta)\,\hat{y})$, 2) $V=\frac{\lambda\theta}{4\pi\epsilon_0}$

02 1) $E_{in}=\frac{\rho_0}{3\epsilon_0}r-\frac{\rho_0}{4\epsilon_0 R}r^2$, 2) $E_{out}=\frac{\rho_0 R^3}{12\epsilon_0 r^2}$, 3) $V_{in}=\frac{\rho_0}{6\epsilon_0}\left(R^2-r^2+\frac{r^3}{2R}\right)$

03 1) $\frac{\sigma_1}{\sigma_0}=\frac{1}{\sqrt{2}}$, 2) $E(z=a)=\frac{\sigma_1}{\epsilon_0}=\frac{\sigma_0}{\sqrt{2}\,\epsilon_0}$, 3) $V(z=a)=\frac{\sigma_1}{\epsilon_0}$

04 $x=\frac{Q^2}{2\epsilon_0 Ak}$

05 1) $\epsilon=2\epsilon_0$, 2) $Q_b=-\frac{\epsilon_0 AV}{d}$, 3) $F=\frac{\epsilon_0 AV^2}{d^2}$

06 1) $C=\frac{\epsilon_1+\epsilon_2}{2}\frac{A}{d}$, 2) $\sigma_1=\epsilon_1\frac{V_0}{d}$, $\sigma_2=\epsilon_2\frac{V_0}{d}$, 3) $\sigma_{b1}=(\epsilon_1-\epsilon_0)\frac{V_0}{d}$, $\sigma_{b2}=(\epsilon_2-\epsilon_0)\frac{V_0}{d}$

07 1) $E=\begin{cases}\frac{\sigma}{\epsilon_0} & ;0<z<\frac{d}{3},\frac{2d}{3}<z<d \\ \frac{\sigma}{\epsilon} & ;\frac{d}{3}<z<\frac{2d}{3}\end{cases}$, 2) $C=\frac{3A}{d}\left(\frac{\epsilon_0\epsilon}{\epsilon_0+2\epsilon}\right)$, 3) $\sigma_b=\left(\frac{\epsilon_0}{\epsilon}-1\right)\sigma$

08 1) $E_1=\frac{\epsilon_0 V_0}{\epsilon_0 s+\epsilon(x-s)}$, $E_2=\frac{\epsilon V_0}{\epsilon_0 s+\epsilon(x-s)}$,

2) $\sigma_s(x=0)=\epsilon E_1=\frac{\epsilon\epsilon_0 V_0}{\epsilon_0 s+\epsilon(x-s)}$, $\sigma_b=\vec{P}\cdot\hat{n}'=-\left(\frac{\epsilon-\epsilon_0}{\epsilon}\right)\sigma_s$,

3) $C(x)=\frac{\epsilon\epsilon_0 A}{\epsilon_0 s+\epsilon(x-s)}$, 4) $F_{\text{도체판}}=-\frac{1}{2}\frac{V_0^2\epsilon^2\epsilon_0 A}{[\epsilon_0 s+\epsilon(x-s)]^2}$

09 1) $C(x)=\frac{\epsilon_0 l}{d}[(k-1)x+l]$, 2) $U=\frac{dQ^2}{2\epsilon_0 l[(k-1)x+l]}$, 3) $F=\frac{dQ^2(k-1)}{2\epsilon_0 l[(k-1)x+l]^2}$, $+x$ 방향

10 1) $C=\frac{(\epsilon_1+\epsilon_2)\pi L}{\ln\frac{b}{a}}$, 2) $E(r)=\frac{V}{r\ln(b/a)}$

11 1) $\vec{P}=\left(\frac{K-1}{K}\right)\frac{Q}{4\pi r^3}\vec{r}\ (\vec{r}=r\hat{r})$, 2) $Q_T=Q+Q_b=\frac{Q}{K}$, 3) $U_E=\frac{Q^2}{8\pi K\epsilon_0}\left(\frac{b-a}{ab}\right)$

12 1) $E(r>c)=\frac{q}{4\pi\epsilon_0 r^2}$, 2) $\frac{Q_c}{Q_a}=-\frac{\epsilon-\epsilon_0}{\epsilon}$

13 1) $E=\frac{Q}{2\pi(\epsilon_0+\epsilon)r^2}$, 2) $\sigma_b=-\frac{(\epsilon-\epsilon_0)Q}{2\pi(\epsilon+\epsilon_0)R^2}$, 3) $C=4\pi(\epsilon_0+\epsilon)R$

14 1) $q'=-\frac{7}{3}q$, 2) $\Delta V=\frac{q}{18\pi\epsilon_0 R}$

15 1) $|\vec{E}(\rho)|=\frac{V}{\rho\ln(b/a)}$, $+\hat{\rho}$방향, 2) $Q_a=-\frac{2\pi L(\epsilon-\epsilon_0)V}{\ln(b/a)}$

Chapter 02 이미지 전하법

본문_168~173p

01 1) $\vec{E}=-\frac{\lambda}{5\sqrt{5}\,\epsilon_0 R}\hat{z}$, 2) $U=\frac{\lambda p}{5\sqrt{5}\,\epsilon_0 R}$

02 $\frac{1}{4\pi\varepsilon_0}\frac{27q^2}{40d}$

03 1) $F=k\frac{q^2}{4L^2}\hat{x}$, 2) $U=\frac{5kq^2}{2L}$

04 1) $E_p=\frac{kq^2}{d}\left(\frac{\sqrt{2}}{4}-1\right)$, 2) $E_p=\left(\frac{4\sqrt{3}-15}{24}\right)\frac{kq^2}{d}$

05 1) $Q=\frac{7}{18}q$, 2) $V(r=a)=\frac{2q}{9\pi\epsilon_0 b}$

06 1) $F=\frac{q^2ad}{4\pi\epsilon_0(a^2-d^2)^2}$, 2) $V=\frac{Q+q}{4\pi\epsilon_0 b}$

Chapter 03 전기장 경계조건 대칭성과 특수함수 활용

본문_ 184~186p

01 1) $A=-E_0, B=E_0R^3$, 2) $Q_b(\theta)=-\frac{\epsilon-\epsilon_0}{\epsilon}Q$

02 1) $A=-\frac{3\epsilon_0}{\epsilon+2\epsilon_0}E_0$, $B=\left(\frac{\epsilon-\epsilon_0}{\epsilon+2\epsilon_0}\right)E_0R^3$, 2) $\vec{P}=\left(\frac{\epsilon-\epsilon_0}{\epsilon+2\epsilon_0}\right)3\epsilon_0E_0\hat{z}$

03 1) $A=\frac{P_0}{3\epsilon_0}, B=\frac{P_0R^3}{3\epsilon_0}$, 2) $\vec{E}_{in}=-\frac{P_0}{3\epsilon_0}(\hat{r}\cos\theta-\hat{\theta}\sin\theta)=-\frac{P_0}{3\epsilon_0}\hat{z}$

Chapter 04 자기장과 로렌츠 힘

본문_ 200~210p

01 $B=\frac{\mu_0 I}{4\pi}\left(\frac{3\pi}{2a}+\frac{\sqrt{2}}{b}\right)$

02 1) $B_1=\frac{\mu_0 I}{2\pi a}$, $+z$ 방향, 2) $B_T=\frac{\sqrt{3}\mu_0 I}{2\pi a}$

03 1) $\vec{v}(t)=\left(v_0\cos\omega t,\ \frac{qE_0}{m}t,\ v_0\sin\omega t\right)$, 2) $\vec{S}(t)=\left(\frac{v_0}{\omega}\sin\omega t,\ \frac{qE_0}{2m}t^2,\ \frac{v_0}{\omega}(1-\cos\omega t)+z_0\right)$

04 1) $C=\frac{E}{B\omega}$, 2) $t_P=\frac{\pi}{\omega}$, 3) $\frac{F_E}{F_M}=\frac{1}{2}$

05 1) $B=\frac{\pi}{6}, -\hat{k}$, 2) $L=\frac{3}{25\pi}$

06 $$\vec{B}=\begin{cases}-\frac{\mu_0 I_0}{2\pi r}\hat{\phi} & ;r<a\\ -\frac{\mu_0 I_0 b}{\pi(a+2b)r}\hat{\phi} & ;a<r<b\end{cases}$$

07 $\frac{m'}{m}=32$

08 1) $\vec{B}=\begin{cases}\mu_0 nI\hat{z} & ;r<R \\ 0 & ;r>R\end{cases}$, 2) $\vec{A}=\begin{cases}\dfrac{\mu_0 nI}{2}r\hat{\phi} & ;r<R \\ \dfrac{\mu_0 nIR^2}{2r}\hat{\phi} & ;r>R\end{cases}$, 3) $\dfrac{L}{l}=\mu_0 n^2\pi R^2$

09 $P=\mu_0 nIL\left(\dfrac{1}{\sqrt{4L^2+R^2}}-\dfrac{1}{2\sqrt{L^2+R^2}}\right)$

10 $\vec{B}=\begin{cases}-\mu_0 J_0 z\hat{y} & ;-\dfrac{d}{2}\le z\le\dfrac{d}{2} \\ -\dfrac{\mu_0 J_0 d}{2}\hat{y} & ;z\ge\dfrac{d}{2} \\ +\dfrac{\mu_0 J_0 d}{2}\hat{y} & ;z\le-\dfrac{d}{2}\end{cases}$

11 $B=\dfrac{8\mu_0 I}{5\sqrt{5}a}$

Chapter 05 시간변화 맥스웰 방정식

본문_ 221~230p

01 1) $I=\dfrac{\mu_0 I_0}{2\pi R}v\ln\dfrac{a+L}{a}$, 2) $P=I^2R=\dfrac{\mu_0^2 I_0^2}{4\pi^2 R}v^2\left(\ln\dfrac{a+L}{a}\right)^2$

02 1) $\varepsilon=\dfrac{\mu_0\beta L}{2\pi}\ln\left(\dfrac{b}{a}\right)$, 2) $M=\dfrac{\mu_0 L}{2\pi}\ln\left(\dfrac{b}{a}\right)$

03 1) $B=\dfrac{\mu_0 I_0}{2\pi r}$, 2) $V=\dfrac{L\mu_0 aI_0}{2\pi}\ln\dfrac{3}{2}$

04 1) $\dfrac{3}{2}l^2B\omega$, 2) $E(r)=B\omega r$

05 1) $\varepsilon=B_0av$, $I=-\dfrac{B_0av}{R}\hat{\phi}$, $\vec{F}=-\dfrac{B_0^2a^2v}{R}\hat{z}$, 2) $L=\dfrac{mRv_0}{B_0^2a^2}$

06 1) $\epsilon=NBA\omega\sin\omega t$, 2) $P=\dfrac{\epsilon^2}{R}=\dfrac{(NBA\omega)^2}{R}\sin^2\omega t$, 3) $\langle P\rangle_t=\dfrac{(NBA\omega)^2}{2R}$

07 1) $|E_{내부}|=\dfrac{\beta\rho}{2}$, $|E_{외부}|=\dfrac{\beta R^2}{2\rho}$, 2) $|V|=\beta\pi R^2$, $-\hat{\phi}$방향

08 1) $B=\mu_0\beta t$, $+z$방향, 2) $E_{in}=\dfrac{\mu_0\beta}{2}\rho$; $\rho<a$, $E_{out}=\dfrac{\mu_0\beta R^2}{2\rho}$; $\rho>a$

09 1) $V_L=\dfrac{\mu_0 N^2 I_0\omega\cos\omega t}{l}\pi R^2$, 2) $\vec{E}=-\dfrac{\mu_0 N I_0\omega\cos\omega t}{2l}r\hat{\phi}$

10 1) $\vec{E}=\dfrac{\sigma}{\epsilon_0}\hat{z}=\dfrac{Q_0\sin\omega t}{\epsilon_0\pi R^2}\hat{z}$, $\vec{B}=\dfrac{\mu_0 Q_0\omega\cos\omega t}{2\pi R^2}r\hat{\phi}$, 2) $P=VI=\dfrac{Q_0^2\omega\sin\omega t\cos\omega t}{\pi\epsilon_0 R^2}h$, 3) $\langle P\rangle_t=0$

Chapter 06 매질에서의 자기장

본문_ 243~249p

01 $\vec{B}=\begin{cases} 0 \ ; z<0 \\ -\mu_1 K\hat{y} \ ; 0<z<\dfrac{h}{2} \\ -\mu_2 K\hat{y} \ ; \dfrac{h}{2}<z<h \\ 0 \ ; z>h \end{cases}$, $\vec{M}=\begin{cases} 0 \ ; z<0 \\ (1-\dfrac{\mu_1}{\mu_0})K\hat{y} \ ; 0<z<\dfrac{h}{2} \\ (1-\dfrac{\mu_2}{\mu_0})K\hat{y}; \dfrac{h}{2}<z<h \\ 0 \ ; z>0 \end{cases}$

02 1) $K=\sigma R\beta t_0$, 2) $B=\mu_0\sigma R\beta t_0$, 3) $E=\dfrac{\mu_0\sigma R\beta}{2}\rho$

03 1) $B=\dfrac{\mu_0\sigma\omega}{2}\left(\dfrac{2z^2+R^2}{\sqrt{z^2+R^2}}-2z\right)$, 2) $m=\dfrac{\pi\sigma w R^4}{4}$, $+z$

04 1) $\vec{B}_{외부}=0$, $\vec{B}_{내부}=\mu_0\vec{M}=\mu_0 M_0\hat{z}$, 2) $\vec{A}_{외부}=\dfrac{\mu_0 M_0 R^2}{2\rho}\hat{\phi}$

05 $\vec{F}=-\dfrac{3\mu_0 M M_0}{4\pi r^4}\hat{r}$, $v=\sqrt{\dfrac{3\mu_0 M M_0}{4\pi m r^3}}$

06 1) $B=\dfrac{\mu\mu_0}{\mu+\mu_0}\dfrac{NI}{\pi r}$, 2) $M=\left(\dfrac{\mu-\mu_0}{\mu+\mu_0}\right)\dfrac{NI}{\pi r}$, 3) $L=\dfrac{\mu_0^2 N^2 h}{(\mu_0+\mu)\pi}\ln\dfrac{b}{a}$

07 1) $B_1(\rho)=B_2(\rho)=\dfrac{\mu_0 I}{\pi\rho}$, 2) $\dfrac{L}{h}=\dfrac{\mu_0}{\pi}\ln\dfrac{b}{a}$

Chapter 07 전자기파와 에너지

본문_ 255~263p

01 1) $\nabla^2\vec{E}=\mu_0\epsilon_0\frac{\partial^2}{\partial t^2}\vec{E}$, 2) $\vec{E}(y,t)=E_0\sin(\frac{2\pi}{\lambda_0}[y-ct])\hat{z}$, $\vec{B}(y,t)=\frac{E_0}{c}\sin(\frac{2\pi}{\lambda_0}[y-ct])\hat{x}$

02 1) $\vec{E}=(0,-2cB_0\sin kz\sin\omega t,0)$, $\vec{S}=\frac{B_0^2c}{\mu_0}(\sin 2kz\sin 2\omega t)\hat{z}$, $\langle\vec{S}\rangle_t=0$,

2) 한주기 동안 외부로 에너지 방출이 없다.

03 1) $\vec{B}(r,\ t)=\frac{\sqrt{2}E_0}{c}(\hat{z})\cos\left(k\left(\frac{x+y}{\sqrt{2}}\right)-\omega t\right)$, 2) $\vec{S}(r,\ t)=\frac{\sqrt{2}E_0}{\mu_0 c}(\hat{x}+\hat{y})\cos^2\left(k\left(\frac{x+y}{\sqrt{2}}\right)-\omega t\right)$

04 1) $E_0=\sqrt{2\mu_0 cI}=\sqrt{\frac{2I}{\epsilon_0 c}}$, 2) $P=\frac{I}{c}=\frac{1}{2}\epsilon_0E_0^2$, $F=PA=\frac{\epsilon_0}{2}AE_0^2$

05 $E_y(x,\ t)=2E_0\sin kx\sin\omega t$, $B_z=2B_0\cos kx\cos\omega t$, $\vec{S}=\frac{E_0B_0}{\mu_0}\sin 2kx\sin 2\omega t\,\hat{x}$, $\langle\vec{S}\rangle_t=0$; 한 주기 동안 외부로 에너지 방출이 없다.

06 1) $\langle\vec{g}\rangle=\frac{\epsilon_0E_0^2}{2c}\hat{z}$, $\left\langle\frac{d\vec{p}}{dt}\right\rangle=\langle\vec{F}_{\text{날개}}\rangle=2\langle g\rangle Ac\hat{z}=\epsilon_0AE_0^2\hat{z}$, 2) $|\vec{\tau}|=\epsilon_0ARE_0^2$

07 1) $\vec{S}=\frac{\vec{E}\times\vec{B}}{\mu_0}=\frac{\alpha\beta}{\mu_0\rho^2}\hat{z}$, 2) $P=0$

08 1) $\vec{E}=\frac{\vec{J}}{\sigma}=\frac{I}{\sigma\pi a^2}\hat{z}$, 2) $\vec{B}=\frac{\mu_0 I}{2\pi\rho}\hat{\phi}$, 3) $\vec{S}=-\frac{I^2}{2\pi^2\sigma a^3}\hat{\rho}$, $P=\frac{I^2l}{\pi\sigma a^2}$

09 1) $\vec{B}(r,t)=-\frac{p_0\omega^2\sin\theta}{4\pi\epsilon_0c^3r}\cos(kr-\omega t)\hat{\phi}$, 2) $\langle\vec{S}\rangle_t=\frac{p_0^2\omega^4\sin^2\theta}{32\pi^2\mu_0\epsilon_0^2c^5r^2}\hat{r}=\frac{\mu_0p_0^2\omega^4\sin^2\theta}{32\pi^2cr^2}\hat{r}$,

3) $P=\frac{p_0^2\omega^4}{12\pi\mu_0\epsilon_0^2c^5}=\frac{\mu_0p_0^2\omega^4}{12\pi c}$

정승현
고전역학
전자기학

초판인쇄 | 2025. 3. 10. **초판발행** | 2025. 3. 15. **편저자** | 정승현
발행인 | 박 용 **발행처** | (주)박문각출판 **등록** | 2015년 4월 29일 제2019-000137호
주소 | 06654 서울특별시 서초구 효령로 283 서경 B/D **팩스** | (02)584-2927
전화 | 교재 문의 (02) 6466-7202, 동영상 문의 (02) 6466-7201

저자와의
협의하에
인지생략

ISBN 979-11-7262-395-1 | 979-11-7262-393-7(SET)
정가 22,000원